"十四五"职业教育国家规划教材

机械基础（多学时）
（第2版）

主　编　张国军　周　静
副主编　苏世鹏　王金珠　朱　浩
参　编　陈　晓　郭　茜　张小强
主　审　朱仁盛

北京理工大学出版社
BEIJING INSTITUTE OF TECHNOLOGY PRESS

内容简介

本书编写过程中，从机械类专业学生毕业后从事的职业岗位（群）必备的机械基础知识出发，落实立德树人根本任务，以能力为本位，对相关的传统课程内容进行较大整合，突出工匠精神养成和专业技术积累。

本书围绕培养目标，贴近生产实际，融入职业技能等级标准有关内容选取安排教学内容。内容包括：杆件的静力分析、直杆的基本变形、工程材料、连接、常用机构、支承零部件、机械传动、机械零件的精度、气压传动与液压传动、机械基础综合实践。

全书图文并茂、通俗易懂、精练实用、通用性强，适应"1+X"证书制度试点工作需要，可作为职业院校的机械类相关专业的教学用书，也可作为有关行业的岗位培训教材及相关人员自学用书。

版权专有　侵权必究

图书在版编目（CIP）数据

机械基础：多学时 / 张国军，周静主编 . -- 2 版
. -- 北京：北京理工大学出版社，2019.10（2024.2 重印）
ISBN 978 - 7 - 5682 - 7801 - 0

Ⅰ.①机… Ⅱ.①张…②周… Ⅲ.①机械学 – 高等职业教育 – 教材 Ⅳ.① TH11

中国版本图书馆 CIP 数据核字（2019）第 248812 号

责任编辑：陆世立　　　　**文案编辑**：陆世立
责任校对：周瑞红　　　　**责任印制**：边心超

出版发行 /	北京理工大学出版社有限责任公司
社　　址 /	北京市丰台区四合庄路 6 号
邮　　编 /	100070
电　　话 /	（010）68914026（教材售后服务热线）
	（010）68944437（课件资源服务热线）
网　　址 /	http://www.bitpress.com.cn
版 印 次 /	2024 年 2 月第 2 版第 7 次印刷
印　　刷 /	定州市新华印刷有限公司
开　　本 /	787 mm×1092 mm　1/16
印　　张 /	24
字　　数 /	560 千字
定　　价 /	49.70 元

图书出现印装质量问题，请拨打售后服务热线，负责调换

前言
FOREWORD

党的二十大报告提出："建设现代化产业体系。坚持把发展经济的着力点放在实体经济上，推进新型工业化，加快建设制造强国、质量强国、航天强国、交通强国、网络强国、数字中国。""机械基础"是职业院校机械类及工程技术类相关专业的一门基础课程。通过本课程的学习，使学生掌握必备的机械基本知识和基本技能，懂得机械工作原理，了解机械工程材料性能，准确表达机械技术要求，正确操作和维护机械设备，形成一定的专业技术积累；培养学生分析问题和解决问题的能力，使其形成良好的学习习惯，具备继续学习专业技术的能力；对学生进行专业精神、职业精神和工匠精神培养，进行职业道德教育，强化学生职业素养养成，使其形成严谨、敬业的工作作风，为今后解决生产实际问题和职业生涯的发展奠定基础。

本教材编写的指导思想是：全面落实立德树人根本任务，弘扬劳动精神、奋斗精神、奉献精神、创造精神、勤俭节约精神，培育时代新风新貌。通过理论与技能的学习，有机融入专业精神、职业精神和工匠精神。教材紧扣大纲，强调基础，图表呈现，通俗实用，并具有以下特点：

（1）构建"单元+课题"的内容体系。以职业教育国家教学标准为基本遵循，根据当前职业教育改革的新理念、新模式，参照国外优秀教材的结构、特点，针对职业教育生源多样化特点，注重满足分类施教、因材施教针的需要，遵循技术技能人才成长规律和学生认知特点，以单元、课题的形式重构教材内容和体系，使理论知识与基本技能相融合，知识传授与技术技能培养并重，通过学习目标、课题导入、知识链接、知识梳理、学后评量等环节，引导学生由浅入深地学习，激发学生学习兴趣，便于学生知识建构。本教材适应项目式、案例式、模块化等不同教学方式要求。

（2）图文并茂、言简意赅、通俗易懂、贴近实际。将传统教材中大量冗余烦琐的知识内容表格化、图片化，减少了过多的理论阐述和逻辑推导过程，提升了教材的直观性和可读性。

（3）体现以能力为本位的职教理念。删除与学生将来从事的工作相关度不大的纯理论性的教学内容以及繁冗的计算，以学生的"行动能力"为出发点组织教材，突破此类传统教材只重视理论知识传授，忽视技能的做法，有机地将理论与实际操作技能进行融合，使学生在掌握机械基础知识的同时，掌握必备的机械操作基础技能。内容科学先进、针对性强。

（4）突出"做中学"。将传统教材中的例题讲解改成"做一做"，使学生运用所学的知识解决实际，让学生在"做"中巩固所学知识，提升应用能力。

（5）产教融合、科教融汇。教材编写组邀请行业企业的高级工程师深度参与教材编写，既保证了教材内容与职业标准的对接，又及时吸收产业发展新技术、新工艺、新规范，使教材内容紧跟产业发展趋势和行业人才需求，反映产业技术升级，反映典型岗位（群）职业能力要求，行业特点鲜明。

（6）初步实现教材立体化呈现。围绕深化教学改革和"互联网+职业教育"发展需求，

FOREWORD

本教材对纸质材料编写、配套资源开发、信息技术应用进行了一体化设计,初步实现教材立体化呈现。

(7)适应"1+X"证书制度试点工作需要。教材将机械制造行业的相关职业技能等级标准的有关内容及要求有机融入教材内容,利于学校使用单位推进书证融通、课证融通,能很好地适应"1+X"证书制度试点工作需要。

本教材可作为职业院校数控技术应用专业等机械、机电类相关专业的教学用书,也可作为有关行业的岗位培训教材及有关人员自学用书。

本书的参考教学时数为128学时+2个专用实践周,各教学单元的推荐学时分配如下表:

序号	单元	建议学时数(128+2W)
1	概论	8
2	单元一 杆件的静力分析	8
3	单元二 直杆的基本变形	18
4	单元三 工程材料	10
5	单元四 连接	8
6	单元五 常用机构	12
7	单元六 支承零部件	8
8	单元七 机械传动	24
9	单元八 机械零件的精度	12
10	单元九 气压传动与液压传动	20
11	单元十 机械基础综合实践	2W

参与本书编写工作的有:盐城机电高等职业技术学校张国军(单元四、单元十,单元三、五部分内容),盐城市经贸高级职业学校周静(单元二、单元九,单元八部分内容),盐城机电高等职业技术学校陈晓(概论、单元一,单元六、七部分内容),江苏无锡立信高等职业技术学校郭茜(单元三、单元五),浙江省嘉善中等专业学校苏世鹏(单元六、七部分内容),江苏省连云港大港中专张小强(单元八部分内容),东风悦达起亚汽车有限公司王金珠参加了本书资料的收集、整理工作,盐城机电高等职业技术学校朱浩参与了部分内容的编写、信息化资源的补充工作。全书由张国军、周静任主编,苏世鹏、王金珠、朱浩任副主编。与本书配套使用的教学资源可通过书末的"教学资源索取单"提供的方式获得。

江苏联合职业技术学院泰州机电分院朱仁盛审阅全书,对书稿提出了宝贵的修改意见,提高了书稿质量,在此表示衷心的感谢。

由于编者水平有限,书中错漏之处在所难免,敬请读者批评指正。

编 者

目录

CONTENTS

0 概论 ·· 1

单元一 杆件的静力分析 ··· 20
课题一 力的相关概念 ··· 20
课题二 受力图及其应用 ·· 29
*课题三 平面力系的平衡方程及应用 ··· 36

单元二 直杆的基本变形 ··· 46
课题一 直杆的轴向拉伸与压缩 ··· 47
课题二 材料的力学性能 ·· 54
课题三 连接件的剪切与挤压 ·· 59
课题四 圆轴扭转 ··· 62
课题五 直梁弯曲 ··· 66
*课题六 直杆变形的其他概念 ··· 70

单元三 工程材料 ·· 74
课题一 黑色金属材料 ··· 74
课题二 有色金属材料 ··· 96
*课题三 其他常用工程材料 ··· 105
课题四 材料的选择及运用 ··· 111
课题五 调查常用工程材料的市场销售情况 ··· 116

单元四 连接 ·· 117
课题一 键连接与销连接 ·· 117
课题二 螺纹连接 ··· 124
课题三 联轴器与离合器 ·· 131
课题四 弹簧 ··· 136
课题五 连接的拆装 ·· 140

单元五 常用机构 150
- 课题一 平面四杆机构 150
- 课题二 凸轮机构 163
- *课题三 间歇运动机构 173
- 课题四 观察与分析机械设备常用机构 179

单元六 支承零部件 181
- 课题一 轴 181
- 课题二 轴承 189
- 课题三 轴上零件的安装与拆卸 198

单元七 机械传动 204
- 课题一 带传动 204
- 课题二 链传动 212
- 课题三 齿轮传动 218
- 课题四 蜗杆传动 231
- 课题五 带（链）传动的安装与调试 239
- 课题六 轮系与减速器 245

单元八 机械零件的精度 258
- 课题一 极限与配合 258
- 课题二 几何公差 279
- 课题三 常用测量量具的使用 298

单元九 气压传动与液压传动 313
- 课题一 气压传动与液压传动的工作原理 313
- 课题二 气压传动 318
- 课题三 液压传动 327
- 课题四 气动（液压）传动回路的搭建 345

单元十 机械基础综合实践 352
- 课题一 平口钳的拆装 352
- 课题二 齿轮泵的拆装 361
- 课题三 CA6140型车床床头箱的拆装 367

参考文献 375

0 概 论

学习目标

1. 了解机械发展简史，尤其是我国机械发展简史；
2. 了解机器的组成与结构；
3. 了解机械零件的材料、结构和承载能力；
4. 了解摩擦、磨损、机械润滑和机械密封；
5. 了解节能环保与安全防护常识；
6. 了解课程的学习任务和要求。

课题导入

想一想：

为什么一支筷子比一把筷子容易折断？为什么手握扳手的端部拧螺母就很省力？为什么小小的千斤顶就能将汽车顶起来？为什么用力蹬脚蹬自行车就会前进？如图0-1所示。

你能再举出一些身边存在的与机械应用相关的现象吗？你能从现象中总结出其中的规律吗？

图0-1 机械应用示例

看一看：

你熟悉图0-2所示的机械吗？你懂得这些机械的工作原理吗？

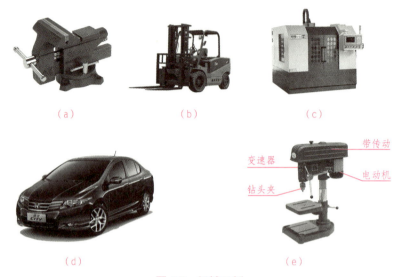

图0-2 机械示例

(a)台虎钳；(b)叉车；(c)数控机床；(d)汽车；(e)台钻

一、机械发展简史

机械是人类在长期的生产实践中创造出来的技术装置，是提高社会生产力水平的工具，也是人类文明程度的标志。回顾机械发展的历史，人类为了适应生产和生活上的需要，从打磨石刀和石斧等简单工具开始，到利用杠杆、滚子、绞盘等简单机械从事建筑和运输，再到汽车、内燃机、缝纫机、洗衣机以及机器人的应用，经历了漫长的岁月。今天，无论是人们的衣、食、住、行，还是能源、材料、信息等工程领域的发展都离不开机械。从小小的螺钉、自行车到机床设备、汽车、大型船只都是机械产品。

我国机械制造与
创造发明史——
机械年谱

在古代就有许多机械发明与创造，如图0-3所示的机械，它们作为劳动工具，大大提高了生产效率。到了18世纪，英国人瓦特在1782年发明了往复式蒸汽机，促进了产业革命，使机械得到迅猛发展，以蒸汽机、内燃机等为动力源的机械设备(见图0-4~图0-6)的出现促进了制造业、运输业的快速发展，极大地改变了人类的生产方式和生活方式。20世纪中后期以来，随着机电一体化技术的深入应用，机器人(见图0-7)、航天器(见图0-8)、宇宙探测器等众多高科技的机械产品促进了人类社会的繁荣。进入 21 世纪，机械正朝着高速度、高精度、自动化、智能化的方向发展。

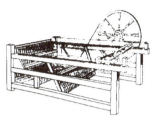

图 0-3　古代机械　　　　　　　图 0-4　珍妮纺纱机　　　　　图 0-5　早期汽车
(a)脚踏车床；(b)指南车

图 0-6　内燃机车　　　　　　　图 0-7　机器人　　　　　　　图 0-8　航天器

中国是世界上机械发展较早的国家之一。我国古代人民在机械方面有过许多杰出的创造与发明，在动力的利用和机械结构的设计上都有自己的特色。夏朝发明了车子；周朝有人利用卷筒原理制作辘轳；汉武帝时制造出水利方面用的筒车(即翻车)；公元 132 年，张衡创造了世界上第一台地震仪，即候风地动仪(见图 0-9)。晋朝的记里鼓车(见图 0-10)是配有减速齿轮系的古代车辆，它所应用的减速齿轮系统已经相当复杂，可以说是现代车辆上计程仪的先驱。机碓和水碾甚至应用了凸轮原理。

图 0-9　候风地动仪　　　　　　　　　图 0-10　记里鼓车

传说早在 5 000 多年前，黄帝时代就已经发明了指南车，如图 0-11 所示。三国时期，马钧所造的指南车除用齿轮传动外，还有自动离合装置，利用齿轮传动系统和离合装置来指示方向。

1086年，苏颂和韩公廉设计的水运仪象台（见图0-12）是以水为动力来运转的天文钟，已具备现代天文台的雏形，其机械传动装置类似现代钟表的擒纵器，被英国的李约瑟认为"很可能是欧洲中世纪天文钟的直接祖先"。

图0-11 指南车

图0-12 水运仪象台

但是，由于我国经历了漫长的封建社会，加上帝国主义的侵略和压迫，因此在新中国成立以前，机械工业仍处于非常落后的状态。

新中国成立后，我国的科学技术和机械工业有了较快的发展。在第一个五年计划期间，建立了一批大型机械制造厂，使机械工业由过去只能进行零星的修配，跨越到能自行制造飞机、汽车和各种机床，并为我国机械工业今后的发展奠定了坚实的基础。1956年我国制造出第一架喷气式歼击机"歼—5"，同年制造出第一辆"解放牌"汽车。在以后的几个五年计划期间，又从制造一般的机械设备发展到制造大型、精密、尖端的机械产品。1958年我国制造的第一个原子反应堆和回旋加速器投入运行。1961年12月，江南造船厂成功地建成国内第一台12 000 t水压机（见图0-13），为中国重型机械工业填补了一项空白。1962年制成第一架超声速歼击机"歼—7"。1965年制成高精度万能外圆磨床，达到当时的世界先进水平。1970年成功地发射了第一颗人造地球卫星"东方红"。1971年制成第一台3×10^5 kW双水内冷发电机。

改革开放以来，我国机械工业总量规模发展迅速，机械产品技术水平大幅提升，中国机械工业在世界机械工业中的地位不断提高。目前，我国制造业规模、外汇储备稳居世界第一。建成世界最大的高速铁路网、高速公路网，机场港口、水利、能源、信息等基础设施建设取得重大成就。基础研究和原始创新不断加强，一些关键核心技术实现突破，战略性新兴产业发展壮大，载人航天、探月探火、深海深地探测、超级计算机、卫星导航、量子信息、核电技术、新能源技术、大飞机制造、生物医药等取得重大成果，进入创新型国家行列。

中国制造2025

图0-13 万吨水压机

二、机器的组成与结构

机器是人们根据使用要求而设计的一种执行机械运动的装置，用来变换或传递能量、物料与信息，以代替或减轻人们的体力劳动和脑力劳动。

1. 机器的组成

图 0-14 所示为一辆小型汽车的组成示意图。从图 0-14 中可看出，小汽车由原动部分、传动部分、执行部分、控制部分与辅助部分等组成。

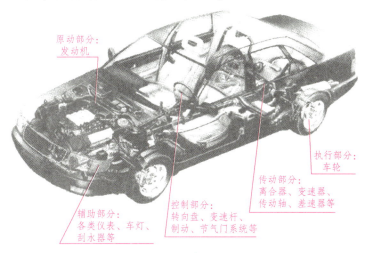

图 0-14　汽车的组成

图 0-15 所示为普通洗衣机的组成示意图，从图 0-15 中可看出，常用洗衣机由动力、传动、执行、控制等部分组成，用以代替人进行衣物的洗涤。

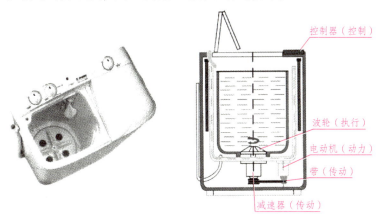

图 0-15　普通洗衣机的组成

根据对其他机器的分析，也可得到相同的结论，即机器主要由动力部分、传动部分、执行部分和控制部分组成，这 4 个部分之间的关系如图 0-16 所示。

机器各组成部分的功能见表 0-1。

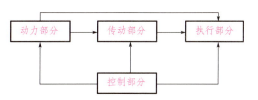

图 0-16　机器组成部分间的关系

表 0-1　机器各组成部分的功能

组成部分	功能	实例
动力部分	将其他类型的能量转换为机械能，给机器提供动力，驱动机器各部件运动	电动机、内燃机、空气压缩机等
传动部分	将原动部分的运动和动力传递给执行部分。通常由一些机构(连杆机构、凸轮机构)或传动形式(带传动、齿轮传动)组成	带传动、螺旋传动、齿轮传动、连杆机构等
执行部分	直接完成机器的工作任务，处于整个传动装置的终端	金属切削机床中的主轴、滑板、车辆的车轮等
控制部分	使机器各部分按一定顺序和规律实现运动，完成给定的工作循环，保证机器的启动、停止和正常协调动作	离合器、制动器、电动机开关、机电一体化产品(数控机床、机器人)中的控制装置等

2. 机器的结构

冲压机的结构如图 0-17 所示，汽油机的结构如图 0-18 所示。

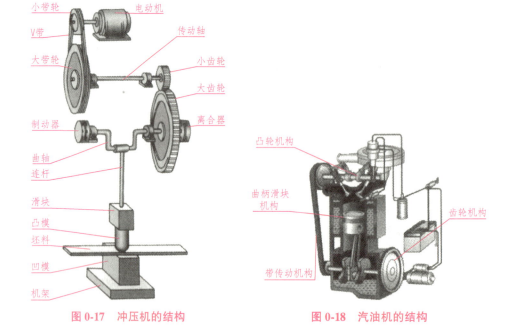

图 0-17　冲压机的结构　　　　图 0-18　汽油机的结构

概括对各类机器的结构分析，可得到机器的结构，如图 0-19 所示。

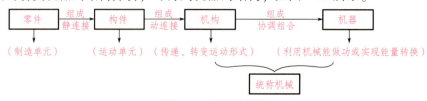

图 0-19　机器的结构

(1) 零件。

零件是构成机器的不可拆的制造单元体，相互间无相对运动。在各种机器中普遍使用的零件称为通用零件，如螺栓(母)、轴、键、齿轮、弹簧等；只在某些机器中使用的零件称为专用零件，如曲轴、连杆、滑块、风扇的叶片、起重机的吊钩等。常见零件按结构分类的类型参见表0-2。

表0-2 常见的零件类型

类型	结构图例	一般材料	受力情况
轴套类		钢	一般承受垂直于轴心线方向的作用力
盘盖类		铸铁、钢、非金属材料	盘与盖一般具有载重能力，要有一定的厚度；盖一般装在箱体上
叉架类		铸铁、钢、非金属材料	承受垂直于叉架杆轴线的作用力
箱体		铸铁、钢、非金属材料	具有相应的承重能力

(2) 部件。

在机器中，由若干零件装配在一起构成的具有独立功能的部分称为部件，如轴承、联轴器、离合器、减速器等。为简便起见，一般用"零件"一词泛指零件和部件。

(3) 构件。

构成机器的各个相对运动单元体称为构件。构件一般由若干个零件刚性连接而成，也可是单一的零件。

(4) 机构。

由一些相对独立运动的构件组成的装置称为机构。机构只能实现运动和力的传递与变换。复杂的机器由多种机构构成，而简单的机器可能只含有一种机构。

由机器的结构可见，机构的性能和零件的质量决定着机器的完善程度。

如果不考虑做功或实现能量转换，只从结构和运动的角度去分析，机构与机器之间并无区别，因此将机构和机器统称为机械。

3. 机械的类型

按照机械主要用途的不同，机械的类型参见表 0-3。

表 0-3　机械的类型

机械类型	主要用途	实例
动力机械	变换能量	电动机、内燃机、发电机、液压泵、压缩机
加工机械	改变物料的状态、性质、结构和形状	金属切削机床、粉碎机、压力机、织布机、轧钢机、包装机
运输机械	改变人或物料的空间位置	汽车、机车、缆车、轮船、飞机、电梯、起重机、输送机
信息机械	获取或处理各种信息	复印机、打印机、绘图机、传真机、计算机、数码照相机、数码摄像机

三、机械零件的材料、结构工艺性和承载能力

1. 机械零件的材料

工程材料的应用是社会生产和人类生活的物质基础，从石器时代发展到今天的复合材料和纳米材料时代，每一种新材料的出现，都会给社会带来巨大的变化。常用金属材料见表 0-4。

表 0-4　常用金属材料

材料	主要特点	制造的零件实例	使用场合说明
铸铁	碳质量分数 $\omega_C >$ 2.11% 的铁碳合金，具有优良的铸造性、减摩性、切削加工性，但强度、塑性和韧性较差，不能进行锻造	齿轮箱　汽车曲轴	低牌号的灰铸铁（HT100、HT150）可制造盖、座、床身等零件；高牌号的灰铸铁（HT200～HT350）可制造承受中等静载荷的零件，如联轴器、带轮、飞轮、机体等。可锻铸铁和球墨铸铁可制造要求强度和耐磨性较高的零件，如曲轴、凸轮轴、管接头、轴套等。特殊性能铸铁用于耐热、耐蚀、耐磨等场合
钢	$0.02\% \leq \omega_C \leq$ 2.11% 的铁碳合金，具有较高的强度、韧性和塑性；可以采用铸造、锻造、焊接、冲压、切削等方法加工成形，还可以通过热处理方法改善性能	螺母　齿轮　板弹簧　麻花钻头　滚动轴承　防盗窗	钢的品种繁多，是应用最广泛的金属材料。$\omega_C \leq 0.25\%$ 的低碳钢可制作铆钉、螺钉、连杆、渗碳零件等；$0.25\% < \omega_C \leq 0.60\%$ 的中碳钢可制作齿轮、轴、蜗杆、丝杠、连接件等；$\omega_C > 0.60\%$ 的高碳钢可制作弹簧、工具、模具等。合金结构钢可制造各类机械零件；合金工具钢用于制造刀具、模具、量具等；特殊性能钢，如不锈钢、耐热钢、耐磨钢等，用于特殊工况；铸钢用于铸造要求较高的复杂形状的零件，如机座、箱壳、大齿轮等

续表

材料	主要特点	制造的零件实例	使用场合说明
铜合金	减摩性和耐蚀性好	铜套	常用铸造铜合金制作阀体、管接头等耐蚀零件及蜗轮、轴瓦、螺母等耐磨零件
铸造锡基和铅基轴承合金	减摩性、抗烧伤性、磨合性、耐蚀性、韧性和导热性均良好	轴瓦	用于制作滑动轴承的减摩层

除金属材料外，工程中也大量使用了非金属材料和复合材料。非金属材料包括除金属材料外的几乎所有材料，如塑料、橡胶、陶瓷、粉末冶金、木料、毛毡、皮革、棉丝等。常用非金属材料见表 0-5。

表 0-5 常用非金属材料

材料	材料类型	材料应用
工程塑料	热塑性塑料：如聚乙烯、有机玻璃、尼龙等	用于制作一般结构零件、减摩和耐磨零件、传动件、耐腐蚀件、绝缘件、密封件、透明件等
	热固性塑料：如酚醛塑料、氨基塑料等	
橡胶	普通橡胶	用于制作密封件、减振件、传动带、输送带、轮胎、胶辊等
	特种橡胶	
陶瓷材料		现代机械装置，特别是高温机械部分，使用陶瓷材料将是一个重要方向，如汽车火花塞采用陶瓷制造

复合材料是由两种或两种以上不同性质的材料，通过物理或化学的方法，在宏观(微观)上组成具有新性能的材料，如粉末冶金材料、导电性塑料、光导纤维等。复合材料的综合性能优于原组成材料而满足各种不同的要求。复合材料主要分为结构复合材料和功能复合材料两大类。复合材料对现代科学技术的发展有十分重要的作用。复合材料的研究深度和应用广度及其生产发展的速度和规模，已成为衡量一个国家科学技术先进水平的重要标志之一。图 0-20 为复合材料在工程中的应用。

图 0-20 上海杨浦大桥的桥面采用复合材料

材料选用原则见表 0-6。

表 0-6　材料选用原则

考虑因素		材料选用说明
使用要求	工作情况	零件表面相对滑动性能要求较高，应选用减摩性和耐磨性好的材料；在高温下工作的零件，选用耐热材料；在腐蚀介质中工作的零件，选用耐腐蚀的材料
	受载情况	零件尺寸取决于强度，且尺寸和质量又有所限制时，选用强度较高的材料；零件尺寸取决于刚度，选用弹性模量较大的材料；零件的接触应力比较高，选用可进行表面强化处理的材料
工艺要求	铸造性能	结构复杂的箱体类零件，宜采用铸造毛坯；重要的轴类和盘类零件，宜采用锻造毛坯；需要进行热处理的零件，宜采用合金钢；需要进行焊接的零件，宜采用低碳钢
	锻造性能	
	焊接性能	
	切削加工性能	
	热处理性能	
经济性	相对价格	单件或小批量生产时，推荐焊接结构，尽量利用库存材料或采用代用材料；零件的不同部位要求有所区别时，可用普通材料并对局部进行强化处理，也可采用不同材料的组合式结构；质量不大的零件要重视加工工艺，以防加工费用大于材料费；尽量减少同一机械中所用材料的品种；尽可能少用价格较高的有色金属和稀有金属，多用碳钢和铸铁等
	生产批量	

2. 机械零件的结构工艺性

机械零件应当满足结构工艺要求，以方便加工、节省材料、节约工时、提高工效、降低成本、保证质量。机械零件的结构工艺性是指在进行零件设计时，从选材、毛坯制造、机械加工、装配以及保养、维修等方面所考虑的工艺问题。例如，铸造零件要考虑木模从砂型中顺利取出，要有起模斜度，铸件的厚度不能低于 8 mm，否则会出现铸造空洞；锻造零件要留有足够的加工余量，内孔太小时不留冲孔，只能在加工时钻孔；毛坯的长度要留出足够的尺寸余量，如果齿轮直径大于 500 mm，则不能用锻造的方法，只能采取铸造的方法获得；机械加工时要留出相应的中心孔、退刀槽、越程槽；热处理时要考虑热变形，等等。

又如，对于图 0-21 所示的台阶轴，为了便于装配零件，其结构工艺要求有：①去飞边并在轴端制出 45°倒角；②需要磨削加工的轴段，要留有砂轮越程槽；③需要切制螺纹的轴段，要留有退刀槽。

机械零件具有良好的结构工艺性是指在既定的生产条件下，能够方便而经济地生产出来，并便于装配成机器这一特性。影响机械零件结构工艺性的因素很多，涉及材料选择、毛坯准备、机械加工、装配维修等各方面。

图 0-21　台阶轴

3. 机械零件的承载能力

机械零件丧失工作能力或达不到要求的性能时，称为失效。机械零件主要的失效形式有：因强度不足而断裂，过大的弹性变形或塑性变形，摩擦表面的过度磨损、打滑或过热，连接松动，压力容器、管道等的泄漏，运动精度达不到要求等。零件不发生失效时的安全工作限度称为工作能力，对于载荷而言的工作能力称为承载能力。

例如，乘坐电梯时，如果乘坐的人过多，电梯就会报警并提示"超载"导致电梯无法正常工作，这就是由于电梯的承载能力不足造成的。再如，图 0-22 所示的钢丝绳电动葫芦的起吊量受其承载能力的限制；图 0-23 所示汽车轮胎的紧固螺栓在使用过程中需要具有一定的承载能力，以保障司乘人员的安全。

图 0-22　钢丝绳电动葫芦

图 0-23　汽车轮胎的紧固螺栓

任何机械零件工作时都会受到力的作用，在这些力的作用下，材料所表现出来的性能称为材料的力学性能。力学性能主要包括强度、塑性、硬度、韧性和疲劳强度等。强度是反映机械零件承受载荷时抵抗破坏能力的重要指标。

四、摩擦、磨损、机械润滑和机械密封

1. 摩擦

两个相互接触的表面发生相对运动或具有相对运动趋势时，在接触表面间产生的阻止相对运动或相对运动趋势的现象称为摩擦。阻止相对运动或相对运动趋势的力称为摩擦力。摩擦是自然界普遍存在的现象。摩擦的常见分类方法见表 0-7。

表 0-7　摩擦的常见分类方法

分类方法	类型	含义
按运动形式分	滑动摩擦	两接触表面存在相对滑动时的摩擦
	滚动摩擦	两物体沿接触表面滚动时的摩擦
按运动状态分	静摩擦	两接触表面存在相对运动趋势，但尚未发生相对运动时的摩擦
	动摩擦	两接触表面存在相对运动时的摩擦
按发生物体分	内摩擦	同一物体各部分之间发生的摩擦
	外摩擦	两物体接触表面间发生的摩擦
按摩擦副的表面润滑状态分	干摩擦	摩擦面不加润滑剂的摩擦
	边界摩擦	在摩擦副间施加润滑剂后，使摩擦副的表面吸附一层极薄的润滑剂膜的摩擦
	液体摩擦	在摩擦副间施加润滑剂后，摩擦副的表面被一层具有一定压力和厚度的润滑膜完全隔开的摩擦
	混合摩擦	兼有干摩擦、边界摩擦和液体摩擦中两种摩擦状态以上的摩擦状态

在工程和生活中，摩擦有其有利的一面，例如，举重运动员在抓举前要抹防滑粉，从而增大手握杠铃时的摩擦力；自行车上的制动装置也充分利用了摩擦。摩擦也有其不利的

一面，例如，机器运转时产生的摩擦会造成能量的无益损耗和机器使用寿命的缩短。相互摩擦的两个零件会产生磨损，磨损到一定程度，零件就会失效。

> **想一想：**
> 1) 在雪地上行驶的车辆，通常都要在车轮上加装铁链，你能说出其中的原因吗？
> 2) 戴在手上的戒指取不下来时，你有什么好办法吗？其原理又是什么？

2. 磨损

一切进行相对运动的机械零部件表面间都存在摩擦现象，都会产生磨损。磨损一般来源于摩擦，但在具体工作条件下影响磨损的因素很多。一般地说，磨损随着载荷和工作时间的增加而增加，软的材料比硬的材料磨损严重。磨损的常见类型见表0-8。

表0-8 磨损的常见类型

类型	损伤机理	破坏形式	工程实例
黏着磨损	两相对运动的表面，由于黏着作用，使材料由一表面转移到另一表面	轻微磨损、涂抹、划伤、咬黏	活塞与气缸壁的磨损
磨粒磨损	摩擦过程中，由硬颗粒或硬凸起等对摩擦表面进行微观切削	产生磨屑或形成划伤	犁铧和挖掘机铲齿的磨损
表面疲劳磨损	摩擦表面材料的微观体积受循环应力作用，形成表面疲劳裂纹，并分离出微片或颗粒	摩擦表面出现"麻坑"，故又称之为"点蚀"	润滑良好的齿轮传动和滚动轴承产生的点蚀
腐蚀磨损	摩擦过程中，金属与周围介质发生化学或电化学反应而引起	表面腐蚀破坏	化工设备中与腐蚀介质接触的零部件的腐蚀磨损

单位时间（或单位行程、每一转、每一次摆动）内材料的磨损量称为磨损率。机械零件典型的磨损过程分为磨合磨损、稳定磨损和剧烈磨损3个阶段，见表0-9。

表0-9 磨损过程

磨损过程	主要特点
磨合磨损阶段	磨损量较大，经短时间磨合后，磨损率降低，为进入稳定磨损阶段创造了条件，是一种有益磨损
稳定磨损阶段	磨损率趋于稳定和缓和，经历的时间较长，标志着零件的使用寿命
剧烈磨损阶段	磨损率急剧增高，摩擦副温度迅速升高，表面发生严重损坏，机械效率下降，可能产生异常噪声和振动

3. 机械润滑

进行有效的润滑，使摩擦副尽可能在液体摩擦或混合摩擦状态下工作，是减少磨损的重要措施。通过润滑，还可以达到降低温升、防止锈蚀、缓和冲击、减小振动、清除磨屑或形成密封等目的。

摩托车零件的相对运动会产生摩擦、挤压、黏合等形式的损坏,造成噪声与振动,修理人员在维护时要定期给摩托车加注润滑油,用来减少摩擦,防止零件黏合,降低噪声。无论汽车、拖拉机、飞机、轮船,还是机床设备等大型机械,抑或是手表、时钟、电风扇等家用机械,都要定期润滑。

摩擦副供给润滑剂后,随运动参数、动力参数、几何尺寸、工况条件、接触状况、润滑剂性能指标等的不同,将呈现流体润滑、弹性流体动力润滑、边界润滑和混合润滑4种润滑状态。

用于润滑、冷却和密封机械摩擦部分的物质称为润滑剂。润滑剂分矿物性润滑剂(如机械油)、植物性润滑剂(如蓖麻油)和动物性润滑剂(如牛脂)。此外,还有合成润滑剂,如硅油、脂肪酸酰胺、油酸、聚酯、合成酯、羧酸等。根据外形,润滑剂分为油状液体润滑油、油脂状半固体润滑脂和固体润滑剂。在一般机械中,通常采用润滑油或润滑脂来润滑。常用的润滑方法及装置参见表0-10。

表0-10 常用的润滑方法及装置

润滑方法		润滑原理及润滑装置	应用场合
油润滑	手工加油润滑	操作人员用油壶或油枪将油注入设备的油孔、油嘴或油杯中,使油流至需要润滑的部位	用于低速、轻载、间歇工作的开式齿轮、链条及其他摩擦副的滑动面润滑
	滴油润滑	用油杯供油,利用油的自重流至摩擦表面。常用油杯有针阀式油杯、均匀滴油杯和油绳式油杯	多用于数量不多而又容易靠近的摩擦副上,如机床导轨、齿轮、链条等部位的润滑
	油环润滑	油环挂在水平轴上,下部浸入油中,依靠摩擦力被轴带动旋转,将带起的润滑油摔到需润滑的部位	用于低速旋转,润滑轴承
	油浴和飞溅润滑	利用旋转构件(如齿轮、蜗杆或蜗轮等)将油池中的油带至摩擦部位	用于闭式齿轮传动、蜗杆传动和内燃机等
	喷油润滑	压力油通过喷嘴喷至摩擦表面,既有润滑作用又有冷却作用	对于$v>10$ m/s齿轮传动,应采用喷油润滑,将油喷到啮合处的齿隙中
	压力润滑	利用油泵、阀和管路等装置将油箱中的油以一定压力输送到多个摩擦部位润滑,即压力强制循环润滑	润滑点多而集中、载荷较大、转速较高的重要机械设备,如内燃机、机床主轴箱等,常采用这种润滑方法
脂润滑	人工加脂		用于润滑点不多、单机设备上的轴承、链条等部位
	脂杯加脂		
	集中润滑系统供脂	集中供脂装置一般由储脂罐、给脂泵、给脂管和分配器等部分组成	用于润滑点很多的大型设备、成套设备

润滑系统的科学管理和正确维护对促进企业生产发展、提高经济效益有着极其重要的意义。"五定"是搞好润滑管理的有效措施。其主要内容为:

1)定点:根据设备润滑卡片上指定的润滑部位、润滑点和检查点(油标、窥视孔等),实施定点加油、添油和换油,并检查油面高度和供油情况。

2)定质:各润滑部位所加油或脂的牌号和质量必须符合润滑卡片上的要求,不得随便采用代用材料和掺配使用。

3)定量:按照润滑规定的油和脂数量添加到润滑部位和油箱、油杯。

4)定期:按照润滑规定的时间间隔添加油和换油。一般来说,设备的油杯、手泵、手按油阀和机床导轨、光杠等处每班加油1~2次;脂杯、脂孔每周加脂1次或每班拧进1~2转;油箱每月检查加油2次,或定期抽样化验,按质换油。

5)定人:按润滑卡片上分工规定,各司其职。

4. 机械密封

为防止机械装置内部的水、油等液态物质渗漏和外部水分、灰尘进入机器内部,机器常设置密封装置,如手表的防水圈及高压锅、水龙头的密封圈。

励行根:匠心39年打造核电密封领域"中国芯"

密封的目的在于阻止润滑剂和工作介质泄漏,防止灰尘、水分等杂物侵入机器。

密封分为静密封和动密封两大类。两零件结合面间没有相对运动的密封称为静密封,如减速器上、下箱体凸缘处的密封,轴承闷盖与轴承座端面的密封等。实现静密封的方法有:靠结合面加工平整并有一定宽度,加金属或非金属垫圈、密封胶等。动密封可分为往复动密封、旋转动密封和螺旋动密封。旋转动密封的类型参见表0-11。

表0-11 旋转动密封的类型

类型		示意图	相关说明
接触式密封	毡圈密封		利用毡圈的弹性变形对轴表面的压力,封住轴与轴承盖间的间隙; 适用于轴线速度 $v<10$ m/s、工作温度低于125 ℃的轴上; 常用于脂润滑轴承的密封,轴颈表面粗糙度 Ra 不大于0.8 μm
	唇形密封圈密封		依靠唇部自身的弹性和弹簧的压力压紧在轴上实现密封; (a)图为唇形密封圈的组成; (b)图唇口对着轴承安装的方向,主要用于防止漏油; (c)图反向安装两个密封圈,既可防止漏油又可防尘。 主要用于轴线速度 $v<20$ m/s、工作温度低于100 ℃的油润滑的密封
	机械密封		在液体压力和弹簧的压力作用下,动环与静环的端面紧密贴合,构成良好密封; 用于高速、高压、高温、低温或强腐蚀条件下的转轴密封

续表

类型		示意图	相关说明
非接触式密封	缝隙沟槽密封	δ—缝隙的间隙大小	为了提高密封效果,常在轴承盖孔内制有几个环形槽,并充满润滑脂; 适用于干燥、清洁环境中脂润滑轴承的外密封
	曲路密封		在轴承盖与轴套间形成曲折的缝隙,并在缝隙中充填润滑脂,形成曲路密封; 适用于油润滑和脂润滑,且转速越高,密封效果越好

五、节能环保与安全防护

1. 节能常识

能源是为人类的生产和生活提供各种能力和动力的物质资源,是国民经济的重要物质基础。能源的开发和有效利用程度以及人均消费量是生产技术和生活水平的重要标志。

（1）能源的种类。能源的种类见表0-12。

表0-12 能源的种类

分类方法	能源的种类 类型		相关说明
按能源的基本形态分	一次能源	再生能源	自然界中本来就有的各种形式的能源,如太阳能。人们对一次能源又进一步加以分类,凡是可以不断得到补充或能在较短周期内再产生的一次能源称为再生能源,如风能、水能、海洋能、潮汐能、太阳能和生物能等;不可以得到补充或不能在较短周期内再产生的一次能源称为非再生能源,如煤、石油和天然气等
		非再生能源	
	二次能源		由一次能源经过转化或加工制造而产生的能源,如电力、氢能、石油制品、制气、液化油、蒸汽和压缩空气等
根据能源使用的类型分	常规能源		常规能源包括一次能源中的可再生的水力资源和不可再生的煤、石油、天然气等资源
	新能源		新能源是相对于常规能源而言的,包括太阳能、风能、地热能、海洋能、生物能以及用于核能发电的核燃料等能源。由于新能源的能量密度较小,或品位较低,或有间歇性,按已有的技术条件转换利用的经济性尚差,还处于研究、发展阶段,只能因地制宜地开发和利用;但新能源大多数是再生能源,资源丰富,分布广阔,是未来的主要能源之一
按是否作为商品销售分	商品能源		凡进入能源市场作为商品销售的能源,如煤、石油、天然气和电等均为商品能源。国际上的统计数字仅限于商品能源
	非商品能源		主要指薪柴和农作物残余(秸秆等)

(2)节能。节能的中心思想是采取技术上可行、经济上合理以及环境和社会可接受的措施，以更有效地利用能源资源。

为了达到节能目的，需要从能源资源的开发到终端利用的各方面入手，更好地进行科学管理和技术改造，以达到高的能源利用效率和降低单位产品的能源消费。由于常规能源资源有限，而世界能源的总消费量随着工农业生产的发展和人民生活水平的提高越来越大，世界各国十分重视节能技术的研究(特别是节约常规能源中的煤、石油和天然气，因为这些还是宝贵的化工原料，尤其是石油，它的世界储量相对很少)，千方百计地寻求代用能源，开发利用新能源。

2. 环境保护常识

大自然是人类赖以生存发展的基本条件，人类的生存和发展都依赖于对环境和资源的开发利用。尊重自然、顺应自然、保护自然，是全面建设社会主义现代化国家的内在要求。必须牢固树立和践行绿水青山就是金山银山的理念，推动绿色发展，促进人与自然和谐共生。

环境保护是指人类为解决现实的或潜在的环境问题，协调人类与环境的关系，保障经济社会的持续发展而采取的各种行动。其内容主要包括以下几方面。

(1)防治由生产和生活引起的环境污染。包括防治工业生产排放的"三废"(废水、废气、废渣)、粉尘、放射性物质以及产生的噪声、振动、恶臭和电磁微波辐射；交通运输活动产生的有害气体、废液、噪声，海上船舶运输排出的污染物；工农业生产和人民生活使用的有毒有害化学品，城镇生活排放的烟尘、污水和垃圾等造成的污染。

(2)防止由建设和开发活动引起的环境破坏。包括防止由大型水利工程、铁路、公路干线、大型港口码头、机场和大型工业项目等工程建设对环境造成的污染和破坏；农垦和围湖造田活动、海上油田、海岸带和沼泽地的开发、森林和矿产资源的开发对环境的破坏和影响；新工业区、新城镇的设置和建设等对环境的破坏、污染和影响。

(3)加强环境保护与教育。

为保证企业的健康发展和可持续发展，文明生产与环境管理、保护的主要措施有：

1)严格遵守劳动纪律和工艺纪律，遵守操作规程和安全规程。

2)做好厂区和企业生产现场的绿化、美化、净化，严格做好"三废"(废水、废气、废渣)处理工作，消除污染源。

3)保持厂区和生产现场的清洁、卫生。

4)合理布置工作场地，物品摆放整齐，便于生产操作。

5)机器设备、工具仪器、仪表等运转正常，保养良好。

6)坚持安全生产，安全设施齐备，建立健全的管理制度，消除事故隐患。

7)保持良好的生产秩序。

8)加强教育，坚持科学发展和可持续发展的生产管理观念。

3. 安全防护常识

在加工和使用机械产品的工程中，安全主要是人身安全和设备安全，要防止人身伤害事故和机械产品非正常损坏事故，消除各类事故隐患，需采取相对应的防护措施，利用各种方法与技术，使工作者确立"安全第一"的观念，使工厂设备的防护及工作者的个人防护得以改善。

（1）安全制度建设。根据行业特点和企业实际，建立相符合的安全规章制度，落实安全规章制度，强化安全防范措施。对新工人进行厂级、车间级、班组级三级安全教育。例如：

1）工人安全职责。

①参加安全活动，学习安全技术知识，严格遵守各项安全生产规章制度。

②认真执行交接班制度，接班前必须认真检查本岗位的设备和安全设施是否齐全完好。

③精心操作，严格执行工艺规程，遵守纪律，记录清晰、真实、整洁。

④按时巡回检查，准确分析、判断和处理生产过程中的异常情况。

⑤认真维护、保养设备，发现缺陷及时消除，并做好记录，保持作业场所清洁。

⑥正确使用、妥善保管各种劳动防护用品、器具和防护器材、消防器材。

⑦不违章作业，并劝阻或制止他人违章作业，对违章指挥有权拒绝执行的同时，及时向上级领导报告。

2）车间管理安全规则。

①车间应保持整齐、清洁。

②车间内的通道、安全门进出应保持畅通。

③工具、材料等应分开存放，并按规定安置。

④车间内保持通风良好、光线充足。

⑤安全警示标志醒目到位，各类防护器具设放可靠，方便使用。

⑥进入车间的人员应佩戴安全帽，穿好工作服等防护用品。

3）设备操作安全规则。

①严禁为了操作方便而拆下机器的安全装置。

②使用机器前应熟读其说明书，并按操作规则正确操作机器。

③未经许可或不太熟悉的设备，不得擅自操作使用。

④禁止多人同时操作同一台设备，严禁用手摸机器运转着的部分。

⑤定时维护、保养设备。

⑥发现设备故障应做记录并请专人维修。

⑦如发生事故应立即停机，切断电源，并及时报告，注意保持现场。

⑧严格执行安全操作规程，严禁违规作业。

（2）采取安全措施。为防止人身伤害，在机械产品自身制造和使用过程中应采取相应安全措施。

1）隔离将运动的机械部件，带高温、高压的机械部件用防护罩隔离，如机床的防护罩；也可将工作场地用围栏围起来，防止无关人员靠近。

2）在危险部位设置警告牌，或采用语音提示等方式，如车间"起重臂下严禁站人"等提示。

3）保护设置保护机构，在可能发生安全事故时停止机器工作，保护人身安全。如冲床的保护装置，在操作人员失误时冲床可以自动停止工作，起到保护操作工安全的作用。

4）采取措施，降低伤害程度。例如，在噪声巨大的加工车间佩戴耳罩，在灰尘严重的铸造车间戴口罩，在焊接时使用护目镜等。

5）机械零件的表面处理，如抛光、电镀、化学镀、发蓝等方法都能有效地起到防锈作用。常用的防锈方法，如涂抹防锈油、油漆等也能起到防护作用。

6）机械在生产、运输、工作中也会受到环境中的腐蚀性气体、液体损伤，受到意外磕碰等伤害，应该采取防护措施。密封表面处理、加装防护罩、合理包装是常用的防护措施。

7）为防止铁屑等进入传动系统，机床上广泛采用防护罩。

（3）合理包装。

1）要求不高、不易损坏的机械，可以采取简易包装；体积小、轻质的机械产品或机械零件，如小螺钉、螺母、单个轴承等，可采用纸盒、瓦楞纸箱包装或塑料袋、塑料盒包装。

2）要求较高的机械产品采用木箱包装，包装箱要求防水、防潮，内部敷设油毡或塑料膜，机械先用塑料罩包装，放入干燥剂后再装入包装箱；较重的机械还要考虑包装箱的强度，在吊装和运输过程中不被损坏；包装箱要有明显标志，标明产品名称、重量、生产单位、放置要求等内容。

六、本课程的学习任务与要求

1. 学习任务

本课程是中等职业学校机械大类专业的一门基础课程。其学习任务如下：

1）使学生掌握必备的机械基本知识和基本技能，懂得机械工作原理，了解机械工程材料的性能，正确操作和维护机械设备。

2）培养学生分析问题和解决问题的能力，使其形成良好的学习习惯，具备继续学习专业技术知识的能力。

3）对学生进行职业意识培养和职业道德教育，使其形成严谨、敬业的工作作风，为今后解决生产实际问题和职业生涯的发展奠定基础。

2. 学习要求

通过本课程的学习，应该使学生达到下述基本要求：

1）具备对构件进行受力分析的基本知识，会判断直杆的基本变形。

2）了解机械工程常用材料的种类、牌号和性能。

3）熟悉常用机构的结构和特性，掌握主要机械零部件的结构和特点。

4）了解机械零件几何精度的国家标准，读懂极限与配合、几何公差的标注。

5）了解气压传动和液压传动的原理和特点，熟悉各种元件的作用、结构及符号，并读懂简单的传动系统图。

6）使学生具备执行国家标准、查阅和使用技术资料的能力。

7）了解机械的节能环保与安全防护知识，具备改善润滑、降低能耗、减小噪声等方面的基本能力。

与公共文化基础课程相比，本课程更加结合工程实际；与专业技能课程相比，本课程具有承上启下的作用，既能培养学生的工程素养，又能更好地服务于学生学习，使其掌握后续专业技术。本课程突出综合性、实践性和创新性。因此在学习机械基础课程时，要理论联系实际，联系日常生活、专业工种中的具体实例，培养和提高学生的分析问题和解决问题的能力。

知识梳理

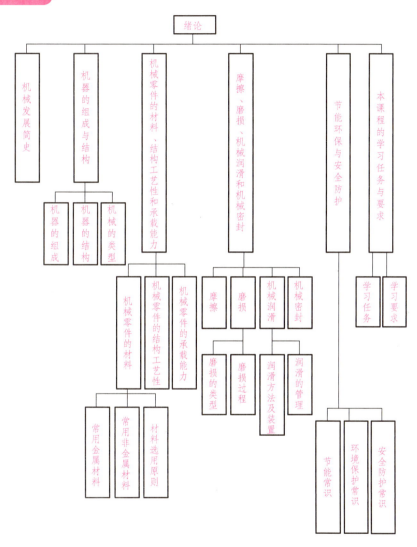

单元一

杆件的静力分析

在生产和生活中,力虽然看不见,摸不着,但无处不在。生活中,任何物体都在受力的作用,而且不止一个力。人们用手推、拉、掷、举物体时,由于肌肉紧张收缩的感觉,产生了对力的感性认识;随着生产的发展,又进一步认识到物体机械运动状态的改变和物体形状大小的改变,都是由于其他物体对该物体施加力的结果。例如,水流冲击水轮机叶片带动发电机转子转动,起重机起吊重物,弹簧受力后伸长或缩短等。

生产实践中,人们利用杠杆、滑轮可以省力;现代工程结构的建设过程更是凝结了人类科学用力的智慧结晶,如图 1-1-1 所示的 2008 年北京奥运会的标志性建筑——国家体育馆("鸟巢"),其独特的力学结构是科学用力的典型案例。

图 1-1-1 北京奥运会"鸟巢"

课题一　力的相关概念

学习目标

1. 掌握力的概念与基本性质;
2. 了解刚体、平衡的概念;
3. 掌握力矩、力偶的概念;
4. 了解力向一点平移的结果。

课题一 力的相关概念

课题导入

当构件受到外力作用时会发生什么情况呢?有3种可能:一是构件保持平衡,即保持静止或做匀速直线运动;二是构件改变运动状态,由静变动,由动变静,由快到慢,或改变运动方向;三是物体产生变形,甚至发生破坏。了解力的相关概念,有助于正确使用机器、设备,避免生产事故发生。

想一想:
图1-1-2所示为杂技演员的顶缸表演,大缸就像粘在头顶一样,不会掉下来,为什么呢?

图1-1-2 顶缸示意图

知识链接

一、力的概念

力是物体间的相互作用,其作用效应如图1-1-3和图1-1-4所示。

图1-1-3 改变物体的运动状态

图1-1-4 改变物体的形状

力的概念

1. 力的特点

1)力离开了物体,是不能存在的。

2)力总是成对地出现于物体之间。其相互作用的方式有直接接触(如人推小车),也有不直接接触而相互吸引或排斥(如地球对物体的引力、磁铁的引力等)。

3)分析物体的受力,就是分析其他物体对该物体的作用。

4)力对物体作用的效果取决于图 1-1-5 所示的 3 个要素,其中任何一个要素有了改变,力的作用效果也必然改变。

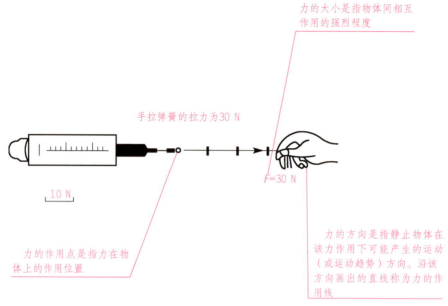

图 1-1-5　力的三要素

2. 力的类型和单位

工程中,力的类型和单位见表 1-1-1。

表 1-1-1　力的类型和单位

力的类型	单位(国际单位制)
集中力	牛顿(N)、千牛顿(kN)
分布力	帕斯卡(Pa,1 Pa=1 N/m^2)、兆帕斯卡(MPa,1 MPa=1 N/mm^2)

3. 力的表示

力是矢量,用黑体字母(如 $\boldsymbol{F}$)或字母上加一横表示(如 $\vec{F}$),也可用示意图表示,如图 1-1-6 中的箭头线段。

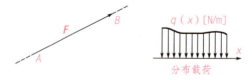

图 1-1-6　力的示意图

4. 力系

作用于同一物体上的一群(两个或两个以上)力称为力系。

二、刚体与平衡的概念

1. 刚体

受力时不变形的物体称为刚体。刚体是一个理想的力学模型,实际中并不存在。当物体的尺寸和运动范围都远大于其变形量时,可将其视为刚体。

2. 平衡

物体相对于地面保持静止或做匀速直线运动的状态称为平衡。

3. 平衡条件

使物体平衡时,作用在刚体上的力应当满足的必要条件和充分条件称为平衡条件。

三、力的基本性质

1. 性质一(二力平衡公理)

作用在同一刚体上的两个力,若大小相等,方向相反,作用于同一直线上,则刚体保持平衡状态,如图 1-1-7 所示。

只受两个力作用而保持平衡的构件,称为二力构件(或二力杆)。图 1-1-8 所示的桥梁桁架中的杆均为二力杆。

图 1-1-7 二力平衡

图 1-1-8 桥梁桁架中的二力构件

> **做一做:**
> 用手指勾住钢笔的卡子,如图 1-1-9 所示,如何才能使笔平衡?

图 1-1-9 手勾钢笔

2. 性质二(力的平行四边形法则)

作用于物体上某一点的两个力,可以合成为一个力,称为合力。合力的作用点仍为该点,合力的大小和方向用以此两个力为邻边构成的平行四边形的对角线表示，如图1-1-10所示。

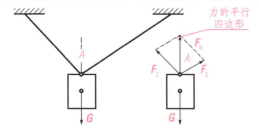

图 1-1-10　力的平行四边形法则

做一做：

两人合抬一桶水，如图1-1-11所示，两人手臂间的夹角α大一些省力，还是小一些省力？

图 1-1-11　力的平行四边形法则应用

推论： 三力平衡汇交原理——刚体在3个共面但互不平行的力作用下平衡，则此3个力的作用线必交于一点，如图1-1-12所示。由性质一和性质二可证明此点。

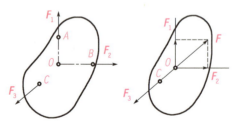

图 1-1-12　三力平衡汇交原理

做一做：

如图1-1-13所示，不锈钢零件孔中有断铰刀，当用力敲打扁冲时，靠挤压的钢球可将断铰刀挤出，以避免工件报废。试分析此方法运用了力的哪些基本性质。

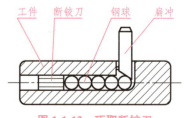

图 1-1-13　巧取断铰刀

3. 性质三（作用力与反作用力公理）

任意两个相互作用物体之间的作用力和反作用力同时存在，它们大小相等，方向相反，作用线共线，分别作用在这两个物体上，如图 1-1-14 所示。

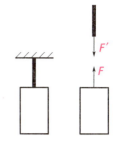

图 1-1-14　作用力与反作用力示意图

做一做：

让两位同学各拿一同一规格的弹簧秤，先将两秤搭连后，再各自向相反的方向拉，如图 1-1-15 所示。观察两秤显示的读数关系如何？

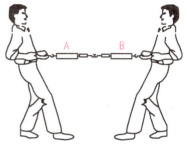

图 1-1-15　作用力与反作用力的验证

图 1-1-16 所示的火箭、水上快艇均靠反作用力推动前行。

作用力与反作用力
实例

图 1-1-16　作用力与反作用力的应用

4. 性质四（加减平衡力系公理）

作用于刚体上的力系中，加上或减去一个平衡力系，不会改变原力系对该物体的运动效果，如图 1-1-17 所示。

推论： 力的可传性原理——作用在刚体上的力，可沿其作用线任意移动其作用点，而不改变其对刚体的作用效果，如图 1-1-18 所示。

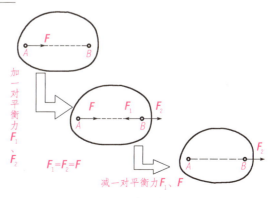

图 1-1-17　加减平衡力系公理

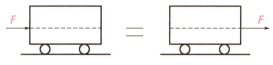

图 1-1-18 力的可传性原理

四、力矩、力偶

1. 力矩

力使物体绕某一点(某一轴)转动效应的度量，称为力对点(力对轴)之矩，简称力矩。图 1-1-19 所示的工程实例均为力矩原理的应用。

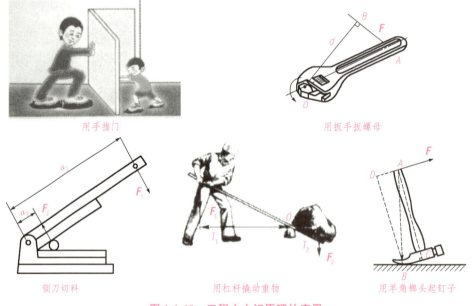

图 1-1-19 工程中力矩原理的应用

1) 力矩通常用字母 M 表示，计算公式为

$$M_o = \pm F \cdot L$$

式中，下标 O 表示矩心，即物体围绕转动的中心；L 为力臂，从矩心到力作用线的垂直距离。

2) 力矩的正负号规定：使物体绕矩心逆时针转动时为正，反之为负。

3) 在国际单位制中，力矩的单位是牛顿·米（N·m）。

4) 合力矩定理：对于平面汇交力系，合力对平面内任一点的矩，等于力系中各分力对同一点的力矩的代数和。

5) 力矩的性质：

① 当力等于零或力的作用线通过矩心时，力矩等于零。

② 力沿其作用线移动时，力对点之矩不改变。

③力可以对其作用平面内的任意点取矩,矩心不同,所求的力矩的大小和转向就可能不同。

2. 力偶

由两个大小相等,方向反向的平行力组成的力系,称为力偶。图 1-1-20 中所示的两个力构成一力偶(F、F')。

图 1-1-20　力偶

1)力偶的作用面:力偶中两个力的作用线所决定的平面。

2)力偶臂 d:力偶中两个力的作用线间的垂直距离。

3)力偶矩 M:力偶中任一力的大小与力偶臂的乘积(即 $M=\pm Fd$),称为力偶矩。力偶矩是力偶对物体作用效应的度量,其正负号的规定及其单位与力矩相同。

4)力偶的作用效果:改变物体转动状态或引起物体扭曲变形。

5)力偶的三要素:力偶矩的大小、作用面、转动方向。此三要素决定力偶对刚体作用的效果。同一平面内的两个力偶,如果力偶矩相等,则彼此等效。

6)力偶的性质:

①力偶没有合力,也不能用一个力来平衡,只能用力偶来平衡。

②力偶对平面内任一点的矩等于力偶矩,力偶矩与矩心的位置无关。

③若力偶矩大小不变,力偶转动方向不变,同时改变力偶中力的大小和力偶臂的大小,不会改变力偶对刚体的作用效应。

7)平面力偶系的合成:同一平面内几个力偶可以合成为一个合力偶。合力偶矩等于各分力偶矩的代数和,即 $M = \sum m_i$。

工程实例:图 1-1-21 所示均为力偶在工程实际中的应用。

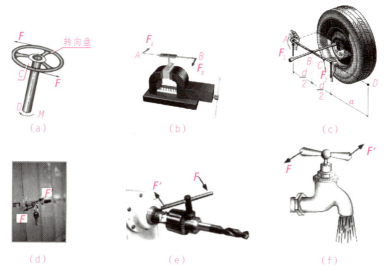

图 1-1-21　力偶的工程应用

(a)操纵转向盘;(b)钳工攻螺纹;(c)拆装轮胎螺栓;(d)钥匙开锁;(e)松紧钻夹头;(f)拧水龙头

五、力的平移

力的平移定理：作用于刚体的力可以平行移动到刚体上的任意一指定点，但同时必须附加一个力偶，其力偶矩等于原来的力对新作用点的矩，如图 1-1-22 所示。

力的平移定理表明：可以将一个力分解为一个力和一个力偶；反过来，也可以将同一平面内的一个力和一个力偶合成为一个力，表明力系可向一点简化。

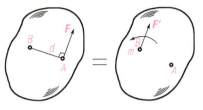

图 1-1-22　力的平移

> **做一做：**
> 图 1-1-23 所示分别为用丝锥攻螺纹的两个动作，哪个动作能顺利加工出螺纹？

（a）

（b）

图 1-1-23　丝锥攻螺纹

知识梳理

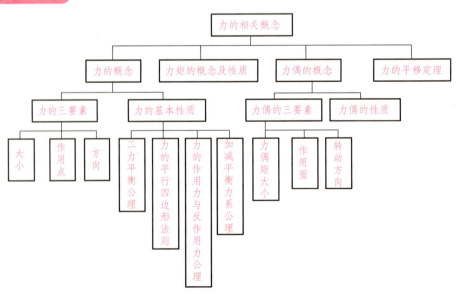

课题二 受力图及其应用

学习目标

1. 了解约束与约束反力的概念；
2. 掌握常见约束的类型及符号；
3. 能正确画出光滑面接触、柔性约束、光滑活动铰链的约束反力；
4. 能看懂含有光滑面接触、柔性约束、光滑活动铰链等约束的物体受力分析及受力图；
5. 能画杆件的受力图；
6. 了解典型构件的受力分析。

课题导入

工程中的机器或者结构是由许多零部件组成的，这些零部件按照一定的形式相互连接，它们的运动互相牵连和限制。

研究物体的平衡状态就是研究物体所受外力之间的关系。为了分析某一物体的受力情况，需要将该物体从周围物体中分离出来，画出其受力图，这是解决静力学平衡问题的第一步，也是学好静力学的关键。

> **试一试：**
>
> 如图 1-2-1 所示的两个压板夹紧装置，分别拧紧图 1-2-1(a) 中的螺钉或图 1-2-1(b) 中的螺母，是否可使压板压紧工件呢(设压板与工件的接触面是光滑的)？

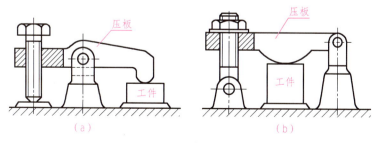

图 1-2-1 压板夹紧装置

想一想：

如图 1-2-2 所示的刚架（自重不计），一端为固定铰链支座，另一端为活动铰链支座，两种情况下刚架受力相同吗？

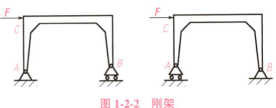

图 1-2-2　刚架

知识链接

一、约束与约束反力

对某一物体的运动起限制作用的其他物体，称为约束物，简称约束。约束作用于被约束物体上的力，称为约束反力。约束反力总是作用在被约束物体与约束物体的接触处，其方向总是与该约束所能限制的运动或运动趋势方向相反，其大小可根据平衡条件求出。

二、常见约束类型及其约束反力

常见的约束类型及其约束反力见表 1-2-1。

表 1-2-1　常见的约束类型及其约束反力

约束类型	定义及特点	图　例	约束反力	工程实例
柔体约束	由绳索、胶带、链条等柔软物体构成的约束。只限制被约束物体沿柔性体被拉伸方向的运动，不能承受压力		过接触点，沿柔体中心线背离被约束物体，用 F_T 或 F_S 表示	带传动中带对带轮的约束、吊着重物的绳索对重物的约束等
光滑面约束	由非常光滑的刚性面（摩擦力忽略不计）构成的约束。只能阻碍物体沿两接触面公法线方向的运动，不能阻碍物体离开支承面和沿其切线方向的运动		过接触点，沿两接触面公法线方向，并指向受力物体，通常用 F_N 表示	导轨间的约束、气缸与缸体间的约束、啮合齿轮轮齿间的约束等

续表

约束类型		定义及特点	图例	约束反力	工程实例
光滑铰链约束	中间铰链	两个以上构件通过圆柱面接触，构件只能绕销轴回转中心相对转动，不能发生相对移动而构成的约束		销钉对零件的约束反力 F 沿圆柱面接触点 K 的公法线方向，但点 K 的位置会随主动力方向不同而改变，一般可假定用两个正交反力 F_x 和 F_y 来表示	内燃机曲柄连杆机构中，曲柄与连杆间的销连接、连杆与活塞间的销连接等
	固定铰链支座	两个构件之一与地面或支架固定的铰链约束		在未知确切方向的情况下，用经过销钉中心的两个正交分力 F_x 和 F_y 表示	安装门、窗的合页，向心轴承等
	活动铰链支座	两构件与地面或支架的连接是活动的。只能限制构件离开和趋向支承面的运动，不能限制构件绕销钉轴线的转动以及沿支座面的移动		约束反力通过销钉中心垂直于支承面	工程中将桥梁、屋架用铰链连接在有几个圆柱形滚子的活动支承上
固定端约束		物体的一部分固嵌于另一物体内所构成的约束		用两个正交分力和一个力偶表示	悬臂梁、车床卡盘对工件的约束，车床上的刀架对车刀的约束，墙对房屋阳台的约束，地面对电线杆的约束等

三、受力分析及画受力图

所谓受力分析，是指分析所要研究的物体(即研究对象)的全部受力的过程。工程中物体的受力可分为两类，一类称为主动力(给定力)，如工作载荷、构件自重、风力等，一般是已知的或可以测量的；另一类是约束反力。

把研究对象从与它相联系的周围物体中分离出来(解除约束后的物体称为分离体)，在分离体上画出它所受全部主动力和约束反力的简明图形，称为该物体的受力图。进行受力分析时，研究对象可以用简单线条组成的简图来表示。正确地画出受力图是分析、解决力学问题的前提。

画受力图的步骤：

1）明确研究对象，并将其取出，画出分离体。

2）在分离体上画出所有主动力。

3）根据约束类型，在分离体上正确画出所有的约束反力。

例1 图1-2-3(a)所示为均质球支架，均质球O重力为G，由杆AB、绳BC和墙壁支承。不计各处的摩擦及杆的重力，试分别画出球O、杆AB的受力图。

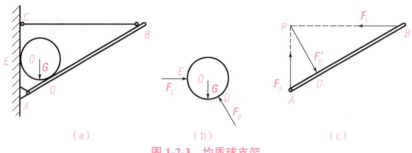

图1-2-3 均质球支架

解： 1）画出球O的受力图：画出球O的分离体；其受到的主动力为重力G，方向垂直向下；约束反力为杆AB和墙壁的支承力F_D、F_E，它们分别通过球与两者的接触点D、E，并沿接触点处的公法线指向球心，球O的受力图如图1-2-3(b)所示。

2）画出杆AB的受力图：画出杆AB的分离体；杆AB在D点受到球对它的压力F'_D（和F_D是作用力与反作用力，方向沿O点处公法线垂直指向杆AB）；在B点受到绳子对它的拉力F_T（方向自B点指向C点）；A点为固定铰链约束，约束反力F_A的方向根据三力平衡汇交原理判定，经过F'_D与F_T的交点P，方向可假设向上或向下，杆AB的受力图如图1-2-3(c)所示。

例2 在图1-2-4(a)所示的定滑轮系中，定滑轮在轮心O处受到铰链约束，在绳子的一端施加力F，将重力为G的物体匀速吊起。如不计滑轮本身重力及滑轮与轴之间的摩擦力，试分别画出重物与滑轮的受力图。

解： 1）画出滑轮的分离体，其受到的力有主动力F、绳子的拉力F'_T、铰链O的约束反力F_x、F_y，滑轮的受力图如图1-2-3(b)所示。

2）画出重物的分离体，它受到的力有重力G、绳子的拉力F_T，重物的受力图如图1-2-3(c)所示。F_T和F'_T为一对作用力与反作用力。

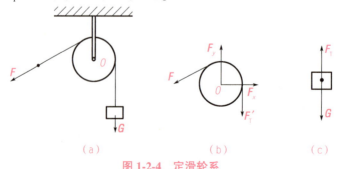

图1-2-4 定滑轮系

例3 图1-2-5(a)所示为三角支架,均质梁 AB 用斜杆 CD 支撑,A、C、D 三处均由光滑铰链连接。梁 AB 重 G_1,上置一重为 G_2 的电动机。若杆 CD 重量不计,试分别画出杆 CD 和梁 AB(包括电动机)的受力图。

图 1-2-5　三角支架

解: 1)画出杆 CD 的分离体;因斜杆 CD 的自重不计,杆 CD 只受 C、D 两铰链约束的约束反力,为二力构件,由经验判断,此处杆 CD 受压力。杆 CD 的受力如图 1-2-5(b) 所示。

2)画出梁 AB(包括电动机)的分离体;它受有 G_1、G_2 两个主动力的作用,在 D 处受杆 CD 给它的约束反力 F'_D 的作用(F'_D 与 F_D 是一对作用力和反作用力),在 A 处的固定铰链约束反力用两个大小未定的正交分力 F_{Ax} 和 F_{Ay} 表示。梁 AB 的受力如图 1-2-5(c)所示。

画分离体和受力图应注意的事项:

1)对于研究对象所受的每个力,均应明确其施力物体,以免多画或漏画力。

2)约束反力应根据约束类型正确画出,且柔性约束的约束反力只能是拉力,不会是压力。

3)解除约束时的相互约束力要体现作用力与反作用力的关系。一对作用力与反作用力要用同一字母表示,并在其中一个力的字母右上方加上"′"以示区别。

4)若物系中有二力构件,应先分析二力构件的受力情况,然后画出其他物体的受力图。

5)若物系中有三力构件,应正确运用三力平衡汇交原理确定未知约束力的方位。

6)凡未说明或图中未画出重力的就不计重力。凡未提及摩擦的接触面视为光滑。

7)分离体的受力图上只画该分离体所受的外力,不用画分离体内部各部分之间的相互作用力(内力)。

做一做:
　　内燃机的曲柄滑块受载荷 F 作用,如图 1-2-6 所示,试画出滑块的受力图。

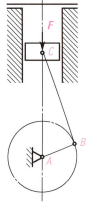

图 1-2-6　曲柄滑块机构

四、典型构件的受力图

1. 带传动的受力

带传动的受力如图 1-2-7 所示。

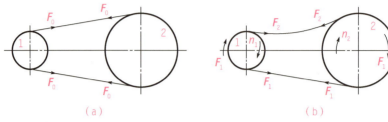

图 1-2-7　带传动的受力示意图
(a) 不工作时；(b) 工作时

2. 直齿圆柱齿轮的受力

直齿圆柱齿轮的受力如图 1-2-8 所示。

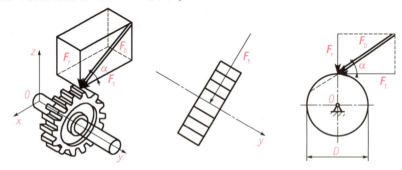

图 1-2-8　直齿圆柱齿轮的受力示意图

3. 斜齿圆柱齿轮的受力

斜齿圆柱齿轮的受力如图 1-2-9 所示。

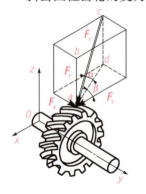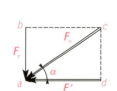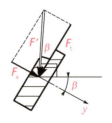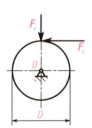

图 1-2-9　斜齿圆柱齿轮的受力示意图

4. 锥齿轮的受力

锥齿轮的受力如图 1-2-10 所示。

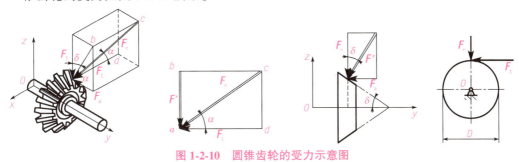

图 1-2-10　圆锥齿轮的受力示意图

5. 轴的受力

轴通常支承许多传动零件，轴的受力如图 1-2-11 所示。

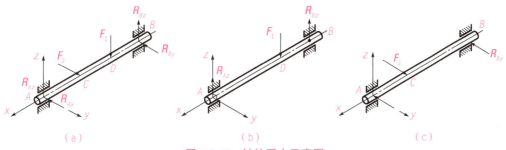

（a）　　　　　　　　（b）　　　　　　　　（c）

图 1-2-11　轴的受力示意图

做一做：

如图 1-2-12 所示，用绳悬挂一球，若球与左支承面的接触面光滑，去掉左支承面后，球是否保持平衡？

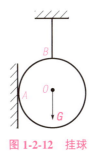

图 1-2-12　挂球

知识梳理

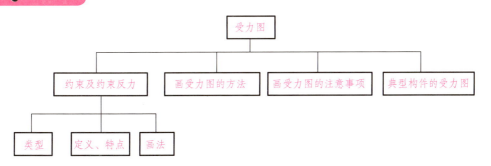

*课题三　平面力系的平衡方程及应用

学习目标

1. 了解平面力系、平面汇交力系、平面任意力系的概念；
2. 掌握平面汇交力系合成(简化)方法；
3. 了解平面力偶系、平面力系的合成(简化)结果；
4. 掌握常见平面力系的平衡条件及平衡方程；
5. 能根据工程实际问题正确建立平衡方程并计算未知力。

课题导入

平面力系是工程中最常见的力系，而平面任意力系是平面问题中刚体受力最一般的情况。平面力系的研究不仅在理论上而且在工程实际应用中具有重要意义。许多工程结构和构件受力的作用时，虽然力的作用线不都在同一平面内，但其作用力系往往具有一对称平面，都可将其简化为作用在对称平面内的力系，作为平面问题处理。

物体受力平衡，才能保持正确的形态；受力不平衡，可能酿成事故。如图 1-3-1 所示，2009 年 6 月 27 日上海某在建楼房发生倾倒，事故的原因是大楼两侧的土体压力差使楼体产生水平位移，过大的水平推力超过了桩基的抗侧能力，导致房屋倾倒。

图 1-3-1　倾倒的大楼

想一想：

如图 1-3-2 所示，为什么塔式起重机空载与满载时都不会翻倒？

图 1-3-2　塔式起重机

*课题三 平面力系的平衡方程及应用

知识链接

一、平面力系、平面汇交力系、平面任意力系的概念

1)平面力系：各力的作用线在同一平面内的力系。

2)平面汇交力系：各力的作用线在同一平面内且相交于一点的力系。图 1-3-3 所示压榨机机构中铰链 B、压块 C 的受力及图 1-3-4 所示曲柄冲压机冲头的受力均为平面汇交力系。

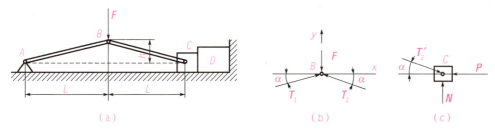

图 1-3-3　压榨机机构的受力图

3)平面任意力系：各力的作用线在同一平面内，但不全部相交于一点的力系称为平面任意力系。图 1-3-5 所示的制动器操纵机构受力、图 1-3-6 所示的混凝土浇灌器的受力均为平面任意力系。

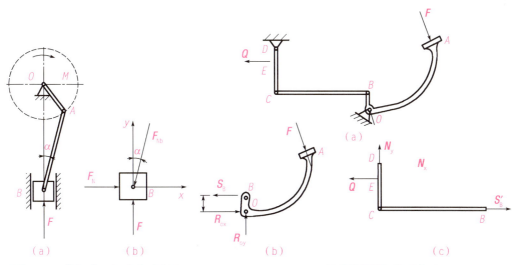

图 1-3-4　曲柄冲压机冲头受力图　　　图 1-3-5　制动器操纵机构受力图

37

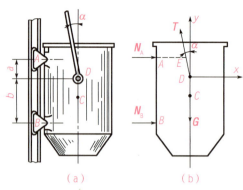

图 1-3-6 混凝土浇灌器的受力图

二、平面汇交力系的合成(简化)

平面汇交力系可以由两个、三个甚至更多的汇交力组成,平面汇交力系可以合成为一个合力。平面汇交力系的合成(简化)的方法有几何法和解析法。

1. 平面汇交力系合成的几何法

如图 1-3-7 所示,某刚体受平面汇交力系 F_1、F_2、F_3、F_4 作用。根据力的三角形(平行四边形)法则,将各力依次首尾相接,最后得到一个多边形 $obcde$(称为平面汇交力系的力多边形)。如图 1-3-8 所示,其封闭边为 oe,表示此平面汇交力系的合力的大小和方向。这种利用几何作图求合力的方法称为几何法,用矢量式表示为

$$F_R = F_1 + F_2 + F_3 + F_4 = \sum F_i$$

即平面汇交力系的合力等于各分力的矢量和。

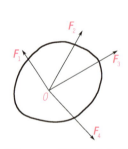

图 1-3-7 平面汇交力系

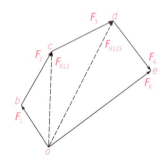

图 1-3-8 力多边形

2. 平面汇交力系合成的解析法

(1)力的分解。将一个力分解为等效的两个或两个以上分力的过程,称为力的分解。工程中最常用的力的分解方法是正交分解法,即分解成两个相互垂直的分力,如图 1-3-9 所示,分解后的力 F_1 和 F_2 是矢量(有大小和方向)。

(2)力在坐标轴上的投影。设在刚体上的点 A 作用一力 F,该力可分解为 F_1 和 F_2,如图 1-3-10 所示,该力在直角坐标系中与 x 轴的夹角为 α。

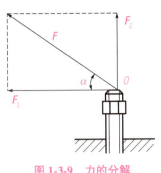
图 1-3-9 力的分解

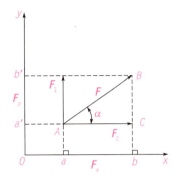
图 1-3-10 力在坐标轴上的投影

力在直角坐标轴上的投影类似于物体的平行投影。过力 F 的始点 A 和终点 B 分别向 x 轴作垂线,得到垂足 a、b,再从 A、B 点分别向 y 轴作垂线,得到垂足 a'、b'。线段 ab 称为力 F 在 x 轴上的投影,用 F_x 表示;线段 $a'b'$ 称为力 F 在 y 轴上的投影,用 F_y 表示。

力的投影为代数值,其正负号规定如下:投影的指向(从始点至终点)与坐标轴的正方向相同为正,反之为负。图 1-3-10 中的投影 F_x、F_y 均为正。

由直角三角形 ABC 可求得力在坐标轴上投影的大小:
$$F_x = F\cos\alpha, \quad F_y = F\sin\alpha$$

合力 F 与力投影的关系:

大小:$F = \sqrt{F_x^2 + F_y^2}$

方向:$\tan\alpha = \left|\dfrac{F_y}{F_x}\right|$

做一做:
求出图 1-3-11 所示任意力系中各力在 x、y 轴上的投影?

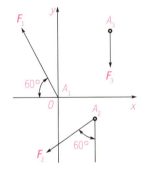
图 1-3-11 求力的投影

(3)合力投影定理。一般地,平面汇交力系合力的投影与各分力投影之间的关系如下:
$$F_{Rx} = F_{x1} + F_{x2} + \cdots + F_{xn} = \sum F_x$$
$$F_{Ry} = F_{y1} + F_{y2} + \cdots + F_{yn} = \sum F_y$$

即合力 F_R 在 x、y 轴上的投影,等于各分力在同一坐标轴上投影的代数和,此称为合力投影定理,如图 1-3-12 所示。

由图 1-3-12 可求得合力的大小:
$$F_R = \sqrt{F_{Rx}^2 + F_{Ry}^2} = \sqrt{\left(\sum F_x\right)^2 + \left(\sum F_y\right)^2}$$

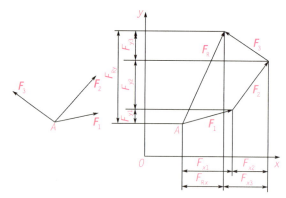

图 1-3-12　合力投影定理

也可求出合力的方向：

$$\cos\alpha = \frac{F_{Rx}}{F_R}$$

$$\cos\beta = \frac{F_{Ry}}{F_R}$$

式中，α 为合力与 x 轴的夹角；β 为合力与 y 轴的夹角。

三、平面力偶系的合成（简化）

两个或两个以上力偶组成的力系称为力偶系。力偶系合成的结果只能是力偶而不是力，这个力偶称为合力偶。平面力偶系可以合成（简化）为一个合力偶，合力偶的矩等于各分力偶矩的代数和，即 $M = \sum M_i = M_1 + M_2 + \cdots + M_n$，如图 1-3-13 所示。

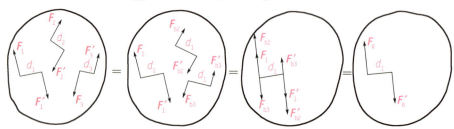

图 1-3-13　平面力偶系的合成

工程实例 1： 要在汽车发动机气缸盖上钻 4 个相同直径的孔，如图 1-3-14 所示。估计钻每个孔的切削力偶矩为 $M_1 = M_2 = M_3 = M_4 = -15\ \text{N}\cdot\text{m}$。若用多轴钻床同时钻这 4 个孔，工件受到的总切削力偶矩有多大？

解： 作用于气缸盖上的 4 个力偶位于同一平面内，各力偶矩大小相等、转向相同，则作用在工件

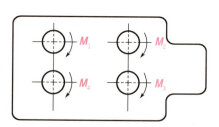

图 1-3-14　加工气缸盖的孔

上的合力偶矩为

$$M = \sum M_i = M_1 + M_2 + M_3 + M_4 = 4 \times (-15) \text{ N} \cdot \text{m} = -60 \text{ N} \cdot \text{m}$$

即工件受到的总切削力偶矩为 -60 N·m。

四、平面力系向平面内一点简化

设在刚体上作用一平面力系(F_1，F_2，…，F_n)，各力的作用点如图 1-3-15(a)所示，O 点为简化中心。根据力的平移定理，将各力平移到简化点 O，得到一个平面汇交力系和一个附加力偶系，如图 1-3-15(b)所示。根据平面汇交力系和平面力偶系的合成方法，可将平面任意力系向平面内一点简化成作用于简化中心的一个力(主矢)和一个力偶(主矩)，如图 1-3-15(c)所示。

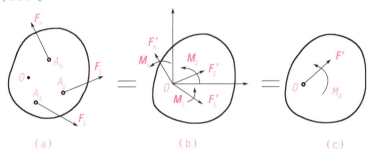

图 1-3-15 平面任意力系向平面内一点简化

五、平面力系的平衡方程及其应用

常见平面力系的平衡条件及平衡方程见表 1-3-1。

表 1-3-1 常见平面力系的平衡条件及平衡方程

平面力系类型	平衡条件	平衡方程
平面汇交力系	平面汇交力系平衡的条件：力系的合力等于零，即力系中所有各力在作用面内两个直角坐标轴上的投影的代数和均等于零	$\sum F_x = 0$ $\sum F_y = 0$
平面力偶系	平面力偶系平衡的条件：力偶系的合力偶矩等于零，即力偶系中各力偶矩的代数和等于零	$\sum M_i = 0$
平面任意力系	平面任意力系平衡的条件：主矢等于零，主矩等于零，即力系中所有各力在作用面内两个直角坐标轴上的投影的代数和均等于零，力系中各力对于平面内任意点之矩的代数和也等于零	$\sum F_x = 0$， $\sum F_y = 0$， $\sum M_O = 0$

工程实例 1：已知起吊重物的重量为 G，吊索夹角为 α，如图 1-3-16(a)所示，起吊重物时，吊索的长度长些好，还是短些好？

解：1) 取吊钩 A 为研究对象，画受力图，如图 1-3-16(a)所示。

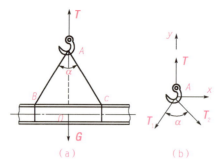

图 1-3-16 吊钩起吊重物

2) 建立坐标轴 x、y，如图 1-3-16(b)所示。

3) 列平衡方程求解。

由 $\sum F_x = 0$，$T_2 \sin \dfrac{\alpha}{2} - T_1 \sin \dfrac{\alpha}{2} = 0$，可得 $T_1 = T_2$。

由 $\sum F_y = 0$，$T - T_2 \cos \dfrac{\alpha}{2} - T_1 \cos \dfrac{\alpha}{2} = 0$，可得 $T = 2T_1 \cos \dfrac{\alpha}{2}$，即 $T_1 = T_2 = \dfrac{T}{2\cos\dfrac{\alpha}{2}}$。

由 $T = G$，可得 $T_1 = T_2 = \dfrac{G}{2\cos\dfrac{\alpha}{2}}$。

因此，吊索的拉力与 $\cos\dfrac{\alpha}{2}$ 成反比，即与 α 成正比。吊索越短，夹角 α 越大，吊索的拉力也越大，容易断。故在起吊重物时，应取较长的吊索使 α 角减小，以使吊索承受的拉力减小。

工程实例 2： 如图 1-3-17(a)所示的支架，在横梁 AB 的 B 端作用一集中载荷 **F**，A、C、D 处均为铰链连接，忽略梁 AB 和撑杆 CD 的自重，试求铰链 A 的约束反力和撑杆 CD 所受的力。

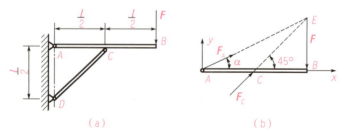

图 1-3-17 支架

解： 1) 选取横梁 AB 为研究对象。分析受力，并画出受力图。

横梁在 B 处受载荷 **F** 作用。因 CD 为二力杆，故它对横梁 C 处的约束反力 $\boldsymbol{F}_C$ 的作用线必沿两铰链 C、D 中心的连线。横梁 AB 在 **F**、$\boldsymbol{F}_C$、$\boldsymbol{F}_A$ 三力作用下处于平衡，根据三力平衡汇交定理可确定铰链 A 的约束反力 $\boldsymbol{F}_A$ 的作用线，即必通过另两力的交点 E。横梁 AB 的受力图如图 1-3-17(b)所示。

2)建立如图 1-1-17(b)所示的坐标轴,列平衡方程。

$$\sum F_x = 0, \quad F_A\cos\alpha + F_C\cos 45° = 0$$

$$\sum F_y = 0, \quad F_A\sin\alpha + F_C\sin 45° - F = 0$$

可求得:

$$F_A = \frac{F}{\sin\alpha - \cos\alpha} = -\sqrt{5}\,F$$

$$F_C = \frac{F - F_A\sin\alpha}{\sin 45°} = 2\sqrt{2}\,F$$

F_A 为负值,说明其方向与所设方向相反。

工程实例 3: 如图 1-3-18 所示,塔式起重机机架重 $G_1 = 700$ kN,作用线通过塔架的中心。最大起重量 $G_2 = 200$ kN,最大悬臂长为 12 m,轨道 AB 的间距为 4 m。平衡块重 G_3,距机身中心线距离为 6 m。试问:

1)为保证起重机在满载和空载时都不致翻倒,平衡块重 G_3 应为多少?

2)当平衡块重 $G_3 = 180$ kN 时,求满载时轨道 A、B 的约束反力。

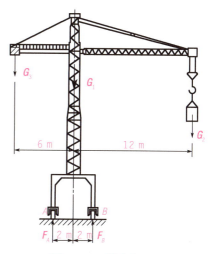

图 1-3-18 塔式起重机

解: 取起重机为研究对象,其受力如图 1-3-18 所示。在起重机不翻倒的情况下,这些力组成的力系应满足平面力系的平衡条件。

1)满载时,即起重机即将绕 B 点翻倒的临界情况,此时 $F_A = 0$。由此可求出平衡块重 G_3 的最小值。

$$\sum M_B = 0, \quad (6+2)G_{3\min} + 2G_1 - (12-2)G_2 = 0$$

$$G_{3\min} = \frac{1}{8}(10G_2 - 2G_1) = 75 \text{(kN)}$$

空载时,载荷 $G_2 = 0$,即起重机即将绕 A 点翻倒的临界情况,此时 $F_B = 0$。由此可求出平衡块重 G_3 的最大值。

$$\sum M_A = 0, \quad (6-2)G_{3\max} - 2G_1 = 0$$

$$G_{3\max} = 0.5G_1 = 350 \text{(kN)}$$

实际工作时,起重机不允许处于临界情况,因此,起重机不致翻到的平衡块重取值范围为

$$75 \text{ kN} < G_3 < 350 \text{ kN}$$

2)当 $G_3 = 180$ kN 时,由

$$\sum M_A = 0, \quad (6-2)G_3 - 2G_1 - (12+2)G_2 + 4F_B = 0$$

可得:

$$F_B = \frac{14G_2 + 2G_1 - 4G_3}{4} = 870 \text{(kN)}$$

由

$$\sum F_y = 0, \quad F_A + F_B - G_1 - G_2 - G_3 = 0$$

可得：

$$F_A = 210 \text{ kN}$$

> **做一做**
>
> 1）如图 1-3-19（a）所示，储罐架在砖座上，储罐半径 $r = 0.5$ m，$G = 24$ kN，砖座间距离 $L = 0.8$ m，不计摩擦，试求砖座对储罐的约束力。
>
> 2）平面刚架如图 1-3-20 所示，已知 $F = 50$ kN，$q = 10$ kN/m，$M = 30$ kN·m，试求固定端 A 处的约束反力。

图 1-3-19　储罐架

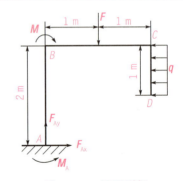

图 1-3-20　平面刚架

利用平衡方程求解平面任意力系平衡问题的解题步骤归纳如下：

1）选取适当的研究对象。应选取同时作用有已知力和未知力的物体为平衡问题的对象。

2）画出研究对象分离体的受力图。固定铰链的约束反力可以分解为水平方向与铅垂方向的两个分力，而固定端约束反力，可以简化为一个力和一个力偶。

3）选取坐标系和矩心，列出平衡方程。为了简化计算，选取直角坐标轴时，应尽可能使未知力与坐标轴垂直或平行，而力矩中心应尽可能选在未知力的作用（交）点上，以减少每个平衡方程中的未知量的个数。

利用平衡方程求解平面任意力系平衡问题的解题相关技巧：

1）解题时，先解投影方程或先解力矩方程皆可，但一个方程要能解出一个未知量，尽可能避免联立方程求解。

2）画受力图时，如果不能判定力的方向，可以先假设未知力的方向，然后通过所求得结果的正、负号来决定该力的正确方向。若所求得结果为正值，说明此力的实际方向与受力图中假设的方向一致，反之则相反。

3）解题时，投影方程中投影的正、负号及力矩方程中力矩的正、负号不能搞错，否则不可能得到正确的计算结果。

*课题三 平面力系的平衡方程及应用

知识梳理

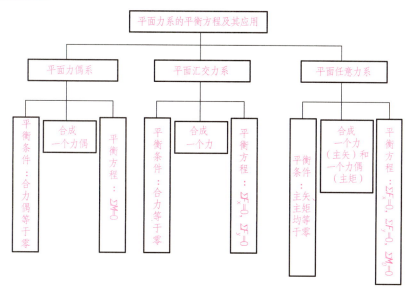

单元二

直杆的基本变形

机械和工程结构中的零部件在工作中总要受到载荷作用,当外力以不同方式作用于零件时,可以使零件产生不同的形状和尺寸变化,基本的受力和变形有轴向拉伸(或压缩)、剪切与挤压、扭转和弯曲,以及由两种或两种以上基本变形形式叠加而成的组合变形。为了保证机械零部件正常、安全工作,材料必须具有足够的强度、刚度与稳定性。

零件抵抗破坏的能力,称为强度。机械零部件一般都应具有足够的强度。如果零件的尺寸、材料的性能与载荷不相适应,可能因强度不够而发生断裂,使机械无法正常工作,甚至造成灾难性的事故。图 2-0-1 所示为一个断裂的齿轮轴。

零件抵抗变形的能力,称为刚度。如图 2-0-2 所示,车床主轴工作过程中产生弯曲变形。如果主轴变形过大,将影响机床所加工零件的精度,影响齿轮的正常啮合,引起轴承的不均匀磨损。

对于受压的细长杆和薄壁构件,当其所受载荷增加时,突然失去平衡状态的现象称为丧失稳定。如图 2-0-3 所示,高压线塔因冻雨造成突然变弯,甚至折断。

图 2-0-1　断裂的齿轮轴

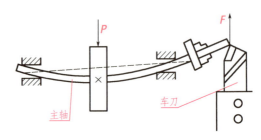

图 2-0-2　车床主轴的变形

图 2-0-3　丧失稳定的高压线塔

课题一 直杆的轴向拉伸与压缩

学习目标

1. 理解直杆的轴向拉伸与压缩的概念；
2. 了解内力、应力、变形、应变的概念；
*3. 能应用截面法分析直杆轴向拉伸与压缩时的内力；
4. 了解直杆轴向拉伸和压缩时的强度计算。

课题导入

图 2-1-1 所示的起重装置在起吊重量为 G 的重物时，杆 AB 受到拉伸，而杆 CB 受到压缩；图 2-1-2 所示的螺栓连接，当拧紧螺母时，螺栓受到拉伸；图 2-1-3 所示的压力机在水平力 F 的作用下，杆 AB 和杆 BC 都受到压缩。实际上，在工程中经常遇到受拉伸或压缩的构件。

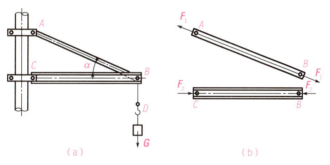

图 2-1-1 起重装置中受拉伸和压缩的零件

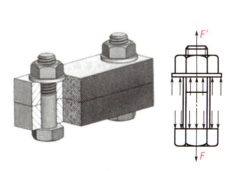

图 2-1-2 受拉伸的螺栓

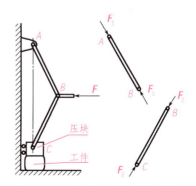

图 2-1-3 压力机中受压缩的零件

单 元 二 直杆的基本变形

想一想：

如图 2-1-4 所示，用同一材料制成的粗细不同的两根杆如受相同的拉力作用，当拉力逐渐增大时，哪根杆先被拉断？为什么？

图 2-1-4 同材质的两根杆

试一试：

观察图 2-1-5 所示构件的工作图片，分析其受力及变形特点。

图 2-1-5 工作中的构件

(a)车式起重机的支承腿；(b)火箭发射架撑臂 AB 中的活塞杆

知识链接

一、拉伸与压缩

拉伸与压缩的概念及特点见表 2-1-1。

表 2-1-1 拉伸与压缩的概念及特点

变形类型	概　念	受力特点	变形特点
拉伸	在轴向力作用下，杆件产生的伸长变形，称为轴向拉伸，简称为拉伸	作用于杆件两端的外力大小相等、方向相反且垂直离开杆件，作用线与杆件轴线重合	沿轴线方向伸长
压缩	在轴向力作用下，杆件产生的缩短变形，称为轴向压缩，简称为压缩	作用于杆件两端的外力大小相等、方向相反且垂直指向杆件，作用线与杆件轴线重合	沿轴线方向缩短

二、内力与应力

1. 内力

杆件所受其他物体的作用力均称为外力,包括主动力和约束力。在外力作用下,杆件产生变形。杆件内部质点之间产生的用以抵抗变形的抗力,称为内力。内力因外力而引起,外力越大,构件的变形越大,产生的内力也越大;外力去除后,构件恢复原状,内力也随着消失。轴向拉、压变形时的内力称为轴力。轴力的正、负规定:当轴力方向离开横截面时,杆件受拉,轴力为正;杆件受压,轴力为负。

> **做一做:**
> 你用两手拉弹簧拉力器,感受是什么?一个力量足够大的人拉承载力小的拉力器会有什么现象?

2. 截面法

将受外力作用的杆件假想地切开,用以显示其内力(图 2-1-6),并以平衡条件确定其内力大小的方法,称为截面法。

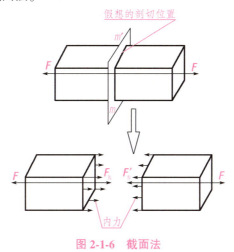

图 2-1-6 截面法

截面法求内力的步骤见表 2-1-2。

表 2-1-2 截面法求内力的步骤

步骤	示例	说明
截		沿欲求内力的截面,假想把杆件分成两部分

续表

步骤	示 例	说 明
取		选取两部分中的一部分为研究对象
代		截面用内力代替另一部分对研究对象的作用,并画出研究对象的受力图
平	$\sum F_x=0$,$F_N-F=0$,则内力为 $F_N=F$	列出研究对象的静力平衡方程,求解未知的内力

做一做：

图2-1-7为一个液压系统中油缸的活塞杆受力情况,试求活塞杆横截面1—1、2—2处的内力。

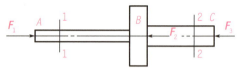

图 2-1-7 活塞杆受力图

1) 在 _____、_____ 处将杆截开。

2) 分别取 _____、_____ 端为研究对象。

3) 分别画出它们的受力图(见图2-1-8)：1—1受力图为 _____,2—2受力图为 _____。

4) 列平衡方程求得：F_{N1} = _____,F_{N2} = _____。

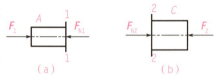

图 2-1-8 研究对象的受力图

3. 应力

构件在外力作用下,单位面积上的内力称为应力。同样的内力,作用在材料相同、横截面不同的构件上,会产生不同的效果。轴向拉伸和压缩时,应力垂直于截面,称为正应力,此内力在横截面上是均匀分布的,记作 σ。其计算公式为

$$\sigma = \frac{F_N}{A}$$

式中,σ 为横截面上的正应力,Pa；F_N 为横截面上的轴力,N；A 为横截面面积,m²。

应力单位为 N/m²(Pa),在工程实际中,通常用 MPa(兆帕),1 MPa = 10⁶ Pa = 1 N/mm²。正应力的正、负号规定：拉伸应力为正,压缩应力为负。

做一做：

图2-1-9为某一柴油机连杆螺栓受力情况,为便于螺纹的车削加工,直径 d 小于螺纹的小径,试分别判定3个横截面上的内力大小关系及应力大小关系。

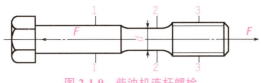

图 2-1-9　柴油机连杆螺栓

参考结论：3 个截面上的内力大小相等；应力是截面 2 上最大，其次是截面 3 上的应力，最小的是截面 1 上的应力。

三、变形与应变

杆件受拉或受压的同时将发生横向变形和纵向变形。受拉时，杆件沿纵向伸长，横向尺寸减小；受压时，杆件沿纵向缩短，横向尺寸增加，如图 2-1-10 所示。

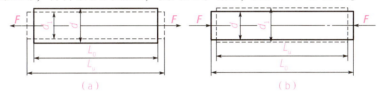

图 2-1-10　拉（压）杆的变形
（a）拉杆；（b）压杆

如图 2-1-10 所示，设杆件原长为 L_0，横向尺寸为 d，受拉（压）后，杆件的长度为 L_u，横向尺寸为 d_1。当杆受轴向力 F 作用后，杆的轴向变形量（绝对变形量）$\Delta L = L_u - L_0$，对于拉杆，ΔL 为正；对于压杆，ΔL 为负。

绝对变形量只能表示杆件变形的大小，不能表示杆件变形的程度。通常以绝对变形量除以原长度得到单位长度上的变形量——线应变（相对变形量）来度量杆的变形程度，用符号 ε 表示：

$$\varepsilon = \frac{\Delta L}{L_0} = (L_u - L_0)/L_0$$

ε 无单位，常用百分数表示。当杆件受拉时，ε 为正；当杆件受压时，ε 为负。

试验表明：受轴向拉伸或压缩的杆件，当其横截面上的正应力不超过某一限度时，杆件的正应力 σ 与轴向线应变 ε 成正比，这一关系称为胡克定律，即

$$\sigma = \varepsilon E$$

式中，常数 E 称为材料的弹性模量，它是衡量材料抵抗弹性变形能力的一个指标，其数值随材料的不同而异，可通过试验方法测出。材料的 E 值越大，变形越小。

*四、直杆轴向拉伸与压缩时的强度计算

1. 工作应力与危险应力

（1）工作应力：指构件工作时由载荷引起的实际应力，只取决于外力和构件的几何尺

寸。如果构件所受外力及构件几何尺寸相同，那么由不同材料制成的构件的工作应力相同。

（2）危险（极限）应力：指使材料丧失正常工作能力（正常工作是指构件不发生塑性变形或断裂现象）的应力，用 σ^0 表示。当构件中的工作应力接近危险（极限）应力时，构件就处于危险状态。对于塑性材料，$\sigma^0 = R_{eL}$（屈服强度）；对于脆性材料，$\sigma^0 = R_m$（抗拉强度）。

2. 许用应力与安全系数

（1）许用应力 $[\sigma]$。在工程实际中，考虑到由于构件承受的载荷难以估计精确（由于计算方法的近似性和实际材料的不均匀性等因素影响），为了确保构件安全、可靠地工作，必须给构件留有足够的强度储备，即将危险应力 σ^0 除以一个大于 1 的系数 n，并将所得结果作为工作时允许的最大应力，这个应力称为材料的许用应力，常用符号 $[\sigma]$ 表示，即

$$[\sigma] = \sigma^0 / n$$

（2）安全系数。安全系数表征构件工作的安全储备能力。它反映了强度储备的情况，是合理解决安全与经济矛盾的关键，若取值过大，许用应力过低，造成材料浪费；若取值过小，许用应力较大，用料减少，但安全得不到保证。

塑性材料和脆性材料的安全性能指标见表 2-1-3。

表 2-1-3　塑性材料和脆性材料的安全性能指标

性能指标	塑性材料	脆性材料
危险应力	$\sigma^0 = R_{eL}$	$\sigma^0 = R_m$
安全系数	n_s 按屈服强度规定取值，$n_s = 1.5 \sim 2.0$	n_b 按抗拉强度规定取值，$n_b = 2.5 \sim 3.5$
许用应力	$[\sigma] = R_{eL}/n_s$	$[\sigma] = R_m/n_b$

3. 拉伸与压缩时的强度条件

为了确保轴向拉、压杆具有足够的强度，要求杆件中最大工作应力 σ_{max} 小于材料在拉伸（压缩）时的许用应力 $[\sigma]$，即拉伸或压缩的强度条件为

$$\sigma_{max} = \frac{F_N}{A} \leq [\sigma]$$

式中，F_N 和 A 分别为危险截面（产生最大应力 σ_{max} 的截面）上的内力和横截面面积。

运用强度条件，可以解决如表 2-1-4 所示的 3 类问题。

表 2-1-4　强度条件能解决的问题

可解决的问题类型	已知条件
强度校核	杆件横截面面积 A、材料许用应力 $[\sigma]$、承受的载荷 F
选择截面尺寸	材料许用应力 $[\sigma]$、承受的载荷 F
确定许用载荷	杆件横截面面积 A、材料许用应力 $[\sigma]$

例 1：如图 2-1-11 所示，直杆受力 $F_1 = 30$ kN，$F_2 = 12$ kN，其横截面面积分别为 $A_1 = 150$ mm^2，$A_2 = 80$ mm^2。试求横截面上的最大正应力。

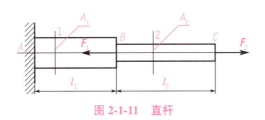

图 2-1-11 直杆

解: 1)从1、2两处将杆假想截开。分别取右端为研究对象,作出其受力图,如图 2-1-12所示。

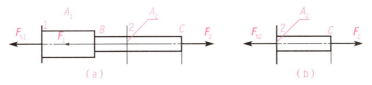

图 2-1-12 研究对象的受力图

2)列平衡方程计算内力。

图 2-1-12(a): $F_2-F_1-F_{N1}=0$, $F_{N1}=F_2-F_1=(12-30)\text{kN}=-18\text{ kN}$;

图 2-1-12(b): $F_2-F_{N2}=0$, $F_{N2}=F_2=12\text{ kN}$。

3)应力计算。

$$\sigma_1=\frac{F_{N1}}{A_1}=-\frac{18\times 10^3}{150}\text{MPa}=-120\text{ MPa}$$

$$\sigma_2=\frac{F_{N2}}{A_2}=\frac{12\times 10^3}{80}\text{MPa}=150\text{ MPa}$$

所以,杆横截面最大正应力为 $\sigma_{\max}=150\text{ MPa}$。

例2: 图 2-1-13 所示为起重吊钩,松螺栓连接,最大工作载荷 50 kN,螺栓材料的 $R_{eL}=360\text{ MPa}$,安全系数 $n_s=1.7$,试求螺栓直径。

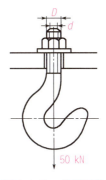

图 2-1-13 起重吊钩

解: 1)计算材料的许用应力。

$$[\sigma]=R_{eL}/n_s=360\text{ MPa}/1.7=212\text{ MPa}$$

2)用截面法求螺栓横截面的内力。

$$F_N=50\text{ kN}$$

3)根据强度条件,有

$$\sigma_{\max}=\frac{F_N}{A}\leqslant[\sigma]$$

可得,$A\geqslant F_N/[\sigma]$。所以

$$d\geqslant\sqrt{\frac{4F_N}{\pi[\sigma]}}\geqslant\sqrt{\frac{4\times 50000}{3.14\times 212}}\text{mm}\approx 17.32\text{ mm}$$

查普通螺纹基本尺寸,考虑安全性选择 M24 普通螺栓。

做一做：

图 2-1-14 所示为压力容器，缸盖用内径 $d = 20$ mm 的 8 个螺栓与缸体连接，螺栓材料的 $[\sigma] = 100$ MPa，缸体内径 $D = 600$ mm，试确定缸内最大允许的蒸气压力强度(设密封无泄漏)。

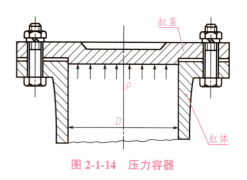

图 2-1-14 压力容器

知识梳理

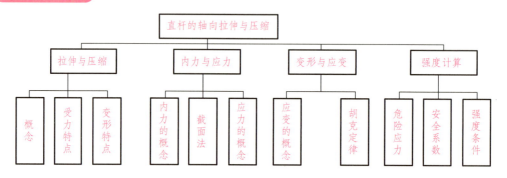

课题二 材料的力学性能

学习目标

1. 了解静载荷下低碳钢、铸铁的拉伸和压缩的力学性能及其应用；
*2. 在万能试验机上观察：在静载荷作用下，低碳钢拉伸、铸铁拉伸和压缩时的现象，记录试验过程和结果，解释力学性能，或利用多媒体进行模拟实验。

课题导入

任何机械或工程结构都是由一些构件组成的，这些构件在使用过程中往往要受到各种形式外力的作用，要使机械或工程结构能正常地工作，就要求制成构件的金属材料必须具有承受机械载荷而不超过许可变形或不被破坏的能力，这种能力就是材料的力学性能。金属材料所表现出来的诸如强度、塑性、硬度、冲击韧性、疲劳强度等特征就是金属材料

课题二 材料的力学性能

在外力作用下所表现出来的力学性能指标,这些力学性能指标可通过国家标准试验来测定,其表达方法国家标准也有明确规定。

> **想一想:**
> 图 2-2-1 所示为一简易支承架,杆 1 受拉,杆 2 受压,杆的制作材料为低碳钢或铸铁。杆 1、杆 2 分别选用哪种材料制作,可确保支架有较大的承载能力?

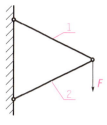

图 2-2-1 支承架

知识链接

金属材料在外力作用下所表现出来的性能称为力学性能。材料的力学性能是通过试验手段获得的,试验采用的是国家统一规定的标准试件。

一、材料的力学性能及其应用

材料的力学性能用及其应用见表 2-2-1。

表 2-2-1 材料的力学性能及其应用

力学性能	含 义	应 用
强度	材料在静载荷作用下抵抗塑性变形或断裂的能力	根据载荷的作用方式不同,分为抗拉强度、抗压强度、抗剪强度、抗扭强度、抗弯强度。通常以抗拉强度代表材料的强度指标
塑性	材料受力后断裂前产生塑性变形的能力	通常用断后伸长率 A、断面收缩率 Z 来衡量,A、Z 越高,材料的塑性越好;塑性好的材料易于进行变形加工,在受力过大时先发生塑性变形而不会导致突然断裂,安全性好
硬度	材料抵抗局部变形,特别是塑性变形、压痕或划痕的能力	衡量材料软硬程度的指标。硬度越高,材料耐磨性越好。机械加工中所用的刀具、量具、模具及大多数机械零件都应具备足够的硬度,才能保证其使用性能和寿命,否则很容易因磨损而失效
冲击韧性	材料抵抗冲击载荷作用而不被破坏的能力	机械零件在工作往往受到冲击载荷的作用,制造此类零件所用的材料必须考虑其抗冲击载荷的能力
疲劳强度	材料在无限多次交变载荷作用下而不破坏的最大应力	在机械零件失效中大约有 80% 以上属于疲劳破坏,而且疲劳破坏前没有明显的变形,所以疲劳破坏经常造成重大事故,对于轴、齿轮、轴承、叶片、弹簧等承受交变载荷的零件,要选择疲劳强度较好的材料来制造

二、拉伸试验

拉伸试验就是将标准拉伸试样(见图 2-2-2)两端加粗的部分装夹在材料拉伸试验机(见

55

图 2-2-3)上,加载荷后,对标准试样进行轴向拉伸,在试样上缓慢增加拉伸载荷的同时连续测量变化的拉力值和相应的试样伸长量,直到试样断裂为止的过程。

对应着拉力的每一个值,可以测定试样的相应伸长量 ΔL。以横截面的原始面积 S_0 除拉力 F,得应力 R;试验期间任一给定时刻引伸计标距 L_e 的增量称为延伸,用引伸计标距 L_e 表示的延伸百分率称为延伸率 e;若以 R 为纵坐标,以 e 为横坐标,根据测得数据可绘出 R-e 曲线(应力-延伸率曲线),也可计算出相关的力学性能指标。

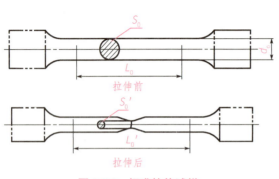

图 2-2-2　标准拉伸试样 　　　　图 2-2-3　拉伸试验机

三、材料在拉伸、压缩时的力学性能分析

1. 金属材料拉伸时的力学性能分析

低碳钢和铸铁在拉伸时的力学性能分析见表 2-2-2。

表 2-2-2　低碳钢和铸铁在拉伸时的力学性能分析

材料	应力-延伸率曲线	拉伸过程分析	主要性能指标
低碳钢	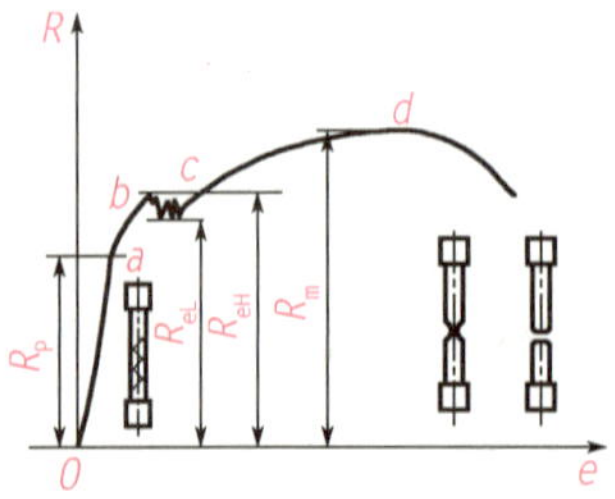	弹性变形阶段:应力-延伸率曲线 Oa 为一直线,应力与应变成正比,材料服从胡克定律	比例(弹性)极限 R_p:应力与应变成正比的最高应力值
		屈服阶段:当应力超过 R_p 时,应力-延伸率曲线为一条沿水平线上下波动的锯齿线段 bc,应力几乎不变,应变却不断增加。材料暂时失去了对变形的抵抗能力从而产生明显的塑性变形的现象称为屈服	屈服强度(一般为 R_{eL}):金属材料呈现屈服现象时,材料发生塑性变形而力不增加的应力点。屈服强度分为上屈服强度 R_{eH} 和下屈服强度 R_{eL}
		强化阶段和缩颈阶段:屈服阶段后,曲线 cd 向上凸起,材料抵抗变形能力强化,试件若要继续变形,必须增加外力。当应力达到抗拉强度后,试件出现局部缩颈现象,随后即被拉断	抗拉强度 R_m:抗拉强度是衡量脆性材料的唯一指标

续表

材料	应力-延伸率曲线	拉伸过程分析	主要性能指标
铸铁		没有明显的直线阶段和屈服阶段，在应力不大的情况下就突然断裂	

2. 金属材料压缩时的力学性能分析

低碳钢和铸铁在压缩时的力学性能分析见表 2-2-3。

表 2-2-3　低碳钢和铸铁在压缩时的力学性能分析

材料	应力-延伸率曲线	压缩过程分析	主要性能指标
低碳钢		压缩时的比例极限、屈服强度均与拉伸时大致相同，但在达到屈服强度以后，不存在抗拉强度	压缩时的力学性能可直接引用拉伸试验的结果
铸铁		应力-延伸率曲线无明显的直线部分，只能认为近似符合胡克定律。不存在屈服强度，抗压强度远高于抗拉强度	抗压强度 R_{me}

R_m—抗拉强度；R_{me}—抗压强度

3. 塑性材料和脆性材料力学性能的主要区别

通常将断后伸长率 $A>5\%$ 的材料称为塑性材料，如钢材、铜、铝等；$A<5\%$ 的材料称为脆性材料，如铸铁等。

塑性材料断裂前有显著的塑性变形，还有明显的屈服现象，而脆性材料在变形很小时突然断裂，无屈服现象。

塑性材料拉伸和压缩时的比例极限、屈服强度均相同，因为塑性材料一般不允许达到屈服强度，所以其抵抗拉伸和压缩的能力相同。脆性材料抵抗拉伸的能力远低于抵抗压缩的能力。

四、金属材料常用力学性能指标及其含义

金属材料常用力学性能指标及其含义见表2-2-4。

表2-2-4　金属材料常用力学性能指标及其含义

力学性能	性能指标		旧标符号	含义
	符号	名称		
强度	R_m	抗拉强度	σ_b	试样拉断前所能承受的最大应力
	R_{eL}	下屈服强度	σ_{sL}	试样屈服期间，不计初期瞬时效应时的最低应力值
	$R_{P0.2}$	规定塑性延伸强度	$\sigma_{0.2}$	规定塑性延伸率为0.2%时的应力
塑性	A	断后伸长率	$\delta_5(\delta)$	断后标距的伸长量与原始标距之比的百分率
	Z	断面收缩率	ψ	断裂后试样横截面的最大缩减量与原始横截面面积之比的百分率
硬度	HBW	布氏硬度	HBS、HBW	球形压痕单位面积上所承受的平均压力
	HR(A、B、C标尺)	洛氏硬度	HR(A、B、C标尺)	用洛氏硬度相应标尺刻度满程与压痕深度之差计算的硬度值
	HV	维氏硬度	HV	正四棱锥压痕单位面积上所承受的平均压力
冲击韧性	K	冲击吸收能量	α_K	冲击试样缺口处单位横截面面积上的冲击吸收能量，即金属在断裂前吸收变形能量的能力
疲劳强度	R_{-1}	疲劳强度	σ_{-1}	同表2-2-1的含义

工程应用：材料在常温下预拉到强化阶段，使其发生塑性变形，然后卸载，当再次加载时，其比例极限和屈服强度有明显提高，而塑性有所下降的现象称为冷作硬化。此现象可通过退火热处理消除。

工程中常用冷作硬化来提高某些结构件的承载能力，如建筑用钢筋、起重用钢缆、链条、冷轧钢板等。

做一做：
查阅相关手册，完成表2-2-5。

表2-2-5　不同材料的力学性能指标

材料牌号	力学性能指标				应用场合
	屈服强度/MPa	抗拉强度/MPa	断后伸长率/%	断面收缩率/%	
Q235					
45					
40Cr					
HT200					

知识梳理

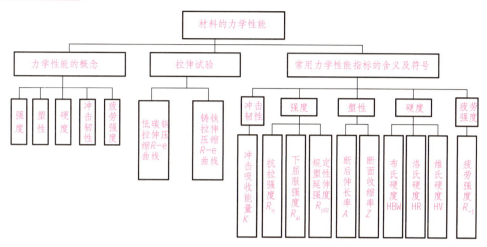

课题三　连接件的剪切与挤压

学习目标

1. 理解连接件的剪切与挤压的概念；
2. 会判断连接件的受剪面与受挤面。

课题导入

工程中受剪切变形的典型零件有很多，如图 2-3-1 所示的连接轴与齿轮的键，键在左侧上半部分与轮毂键槽接触并相互挤压，在它的右侧下半部分与轴键槽接触压紧。如图 2-3-2 所示，连接两块钢板之间的配合螺栓等也是承受剪切的零件。如果外力过大，这些受剪切的构件就有可能沿剪切面剪断。

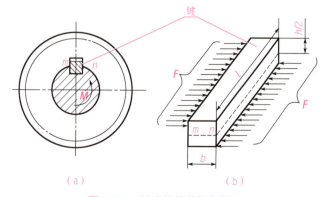

图 2-3-1　键连接的剪切与挤压

单 元 二　直杆的基本变形

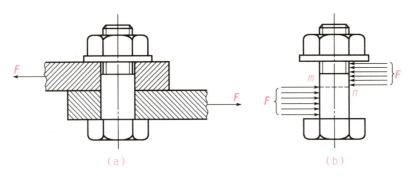

图 2-3-2　受剪切的螺栓

想一想：
观察图 2-3-3 所示木屋架的端接头连接，当斜杆受力 F 作用时，水平杆左端上部容易出现什么破坏现象？其长度 L 是长些还是短些，更利于保证屋架的安全？

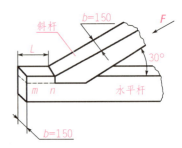

图 2-3-3　木屋架的端接头

知识链接

1. 剪切变形的概念

构件受大小相等、方向相反，作用线平行且相距很近的两平行力作用，构件上两力之间材料的颗粒沿外力方向发生相对错动的变形称为剪切变形。如图 2-3-4 所示，用剪切机剪断钢板，就是剪切变形的过程。剪切变形中，产生相对错动的截面称为剪切面。如图 2-3-4 所示的截面 m—n，它总是平行于外力作用线。

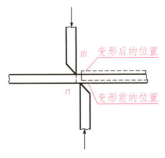

图 2-3-4　剪切变形

2. 剪力和切应力

如图 2-3-5 所示，铆钉在外力作用下发生剪切变形时，剪切面上产生的抵抗变形的内力，称为剪力。其作用线与剪切面平行，常用 F_Q 表示，F_Q 的大小可根据截面法求得，剪力的单位是 N(牛)或 kN(千牛)。

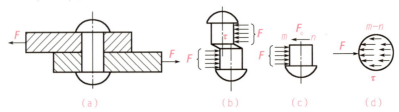

图 2-3-5　铆钉连接的剪力和切应力

切应力 τ 是指单位面积上所受到的剪力，表示沿剪切面上应力分布的情况。切应力的单位是 Pa 或 MPa。由于剪切面附近变形复杂，切应力在剪切面上的分布规律难于确定，因此工程中一般近似地认为：剪切面上的切应力的分布是均匀的，其方向与剪力相同，简易计算方法如下：

$$\tau = \frac{F_Q}{A}$$

式中，F_Q 为剪力；A 为剪切面的面积。

3. 挤压和挤压应力

连接件和被连接件的接触面间相互压紧的现象称为挤压变形。连接件和被连接件相互接触并产生挤压变形的表面称为挤压面，一般垂直于外力的作用线。连接件发生剪切变形的同时都伴随着挤压变形，当挤压压力较大时，在接触面的局部出现塑性变形或压溃的现象，称为挤压破坏。挤压面上抵抗挤压变形的内力称为挤压力，用 F_{jy} 表示，工程中常假定挤压力在挤压面上是均匀分布的，挤压面上单位面积所受到的挤压力，称为挤压应力，用 σ_p 表示，如图 2-3-6 所示。挤压应力的近似计算公式为：

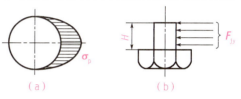

图 2-3-6　受挤压作用的螺栓

$$\sigma_p = F_{jy}/A_{jy}$$

式中，A_{jy} 为挤压面的面积（对于平面接触，实际承压的接触面积为挤压面积；对于圆柱面接触，有效挤压面面积为实际承压面积在其直径平面上的投影）。

4. 剪切与挤压的应用

为了使机器中的关键零件在超载时不致损坏，把机器中某个次要零件设计成机器中最薄弱的环节，机器超载时这个零件先行破坏，从而保护机器中其他重要零件，如车床丝杠与进给箱间的安全销连接。

图 2-3-7 所示为无飞边冲孔简易工具示意图。冲板时，薄板受剪切作用冲出孔，还受橡胶冲头的挤压作用，利用橡胶冲头通过金属薄板孔时，对板孔边缘的挤压作用使冲击的薄板孔无飞边和变形。

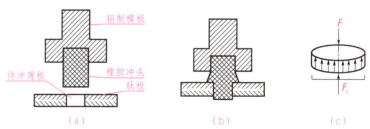

图 2-3-7　无飞边冲孔简易工具

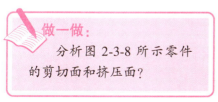

做一做：
分析图 2-3-8 所示零件的剪切面和挤压面？

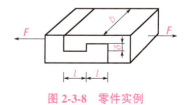

图 2-3-8　零件实例

 知识梳理

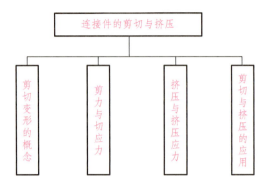

课题四 圆轴扭转

学习目标

1. 理解圆轴扭转的概念及变形特点；
*2. 了解圆轴扭转时横截面上切应力的分布规律。

课题导入

在日常生活中，拧毛巾、拧床单都可以看到明显的扭转变形，用螺钉旋具旋紧螺钉、用钥匙开门时，也可以产生难以察觉的微小的扭转变形。

试一试：观察图 2-4-1 中各动力构件受力的共同之处，分析钻孔的钻头、汽车转向轴、传动系统的传动轴 AB 等构件是如何传递转矩的。

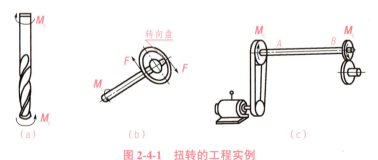

图 2-4-1 扭转的工程实例
(a)钻孔的钻头；(b)汽车转向轴；(c)传动轴 AB

一、圆轴扭转的变形与应力分布

1. 扭转变形的概念

当杆件受到大小相等、方向相反、作用面垂直于轴线的力偶作用时,杆件的各横截面绕杆轴线发生相对转动,而杆轴线始终保持直线的变形形式称为扭转变形。如图 2-4-2 所示,载重汽车传动轴左端受发动机主动力偶的作用,右端受后桥齿轮的阻力偶作用,传动轴在这两个力偶的作用下,产生扭转变形。

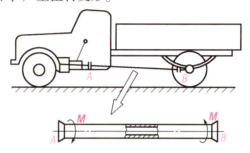

图 2-4-2　载重汽车传动轴的变形

机械装置中的轴类零件大多承受扭转的作用,工程上常将以扭转变形为主的杆件称为轴。机械中的轴多数是圆截面和环形截面,统称为圆轴。

工程实际中,汽车转向盘下的转向轴、攻螺纹的丝锥(见图 2-4-3)、钻孔的钻头、车床卡盘的拧紧扳手、车床的光杠、搅拌机传动轴、机器的传动轴(见图 2-4-4)等都是受扭构件。它们都可简化为图 2-4-5 所示的计算简图。

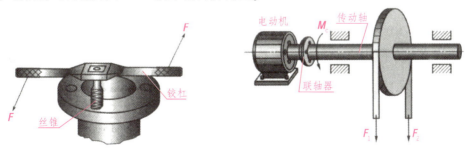

图 2-4-3　攻螺纹丝锥　　　　　图 2-4-4　机器的传动轴

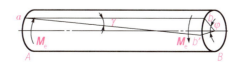

图 2-4-5　扭转变形时的受力简化图

2. 扭转变形的特点

为观察变形规律，取一等直径圆轴，在其表面画出一组等距的圆周线和平行于轴线的纵向线，形成大小相等的矩形方格，如图 2-4-6 所示。对其施加扭转作用，产生下列变形现象：

1）圆周线的形状、大小及相互距离均无变化，只是绕轴线旋转了不同的角度。
2）纵向线均倾斜了一个小角度，矩形变成平行四边形。

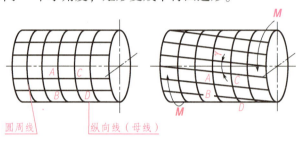

图 2-4-6　圆轴扭转的变形特点

由此可以得出：

1）圆轴在扭转变形时，各横截面仍为垂直于轴线的平面，相邻横截面间的距离不变，只是绕轴线做相对转动，故圆轴没有纵向变形发生，所以横截面上没有正应力。
2）圆轴在扭转变形时，各纵向线同时倾斜了相同的角度，各横截面绕轴线转动了不同的角度，相邻横截面产生了相对转动并相互错动，产生了剪切变形，所以横截面上有切应力。
3）圆轴横截面上的半径仍为直线，且其长度不变，故切应力方向必与半径垂直。

3. 圆轴扭转时横截面上切应力的分布规律

圆轴扭转时，横截面上切应力的分布规律如图 2-4-7 所示，横截面上某点的切应力与该点至圆心的距离成正比，圆心处的应力为零，圆周上的切应力最大，切应力的方向与该点的半径垂直，切应力沿横截面半径成直线规律分布。

圆轴扭转时横截面产生一个内力，该内力为一个力偶矩，称为扭矩，用 M_T 表示，根据静力学关系可导出切应力计算公式：

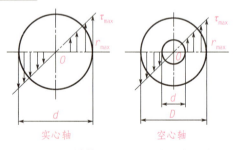

图 2-4-7　横截面上切应力的分布规律

$$\tau_{max} = \frac{M_T}{W_t}$$

式中，τ 为横截面最外边缘处的切应力，MPa；M_T 为横截面上的扭矩，N·m；W_t 为抗扭截面系数，mm^3。

对于实心圆轴，$W_t = 0.2D^3$（D 为轴的直径，单位为 mm）。

对于空心圆轴，$W_t \approx 0.2D^3(1-\alpha^4)$，$\alpha = \dfrac{d}{D}$，为空心轴的内、外径之比，其中 D、d 分别为空心轴的外径、内径，单位为 mm。

4. 圆轴扭转外力偶矩的计算

$$M = 9\,550\frac{P}{n}$$

式中，P 为圆轴传递的功率，kW；n 为圆轴的转速，r/min；M 为作用在圆轴上的外力偶矩，N·m。

二、工程中提高抗扭能力的措施

1. 选用合理的横截面

由圆轴扭转的强度条件可以看出，切应力与轴的直径 D 的三次方成反比，因此增大轴的直径可以有效地提高轴的抗扭能力。在载荷相同的情况下，采用空心轴可以有效发挥材料的性能，节省材料，减轻自重，提高承载能力，因此，机床的主轴、汽车、船舶、飞机中的轴类零件大多采用空心轴。

2. 合理改善受力情况，降低最大扭矩 M_{max}

如图 2-4-8 所示，将图 2-4-8（a）所示的传动方案改变为图 2-4-8（b）所示的传动方案，可以减低轴的最大扭。

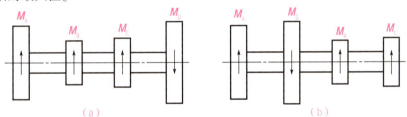

图 2-4-8　合理改善受力情况

> **做一做：**
> 1) 分析图 2-4-9 中圆轴扭转应力分布图，表示不正确的是_____。
> 2) 分析图 2-4-10 所示的一级齿轮减速器，如果齿轮 2 的齿数 $z_2 = 3z_1$，则 AB 轴与 CD 轴的转速间有什么关系？所受外力偶矩间有什么关系？

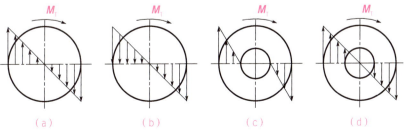

图 2-4-9　扭转剪切应力的分布

单 元 二 直杆的基本变形

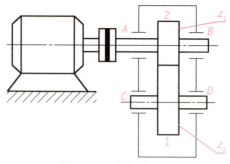

图 2-4-10 齿轮减速器

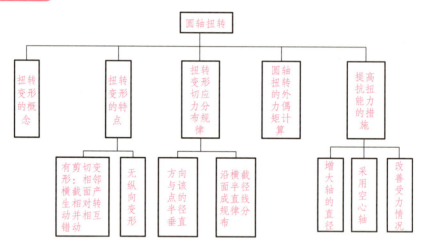

课题五 直梁弯曲

学习目标

1. 理解直梁弯曲的概念；
*2. 了解纯弯曲时横截面上正应力的分布规律。

弯曲的概念与实例

课题导入

在工程结构和机械零件中，存在大量的弯曲现象。如图 2-5-1 所示，起重机横梁、车刀在载荷的作用下均会产生弯曲变形。

课题五　直梁弯曲

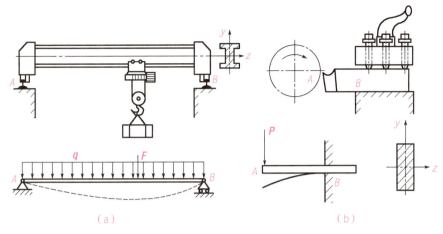

图 2-5-1　弯曲变形实例
（a）起重机横梁的弯曲变形；（b）车刀的弯曲变形

> **试一试：**
> 举出生活和工程实际中的其他弯曲变形实例。

知识链接

1. 弯曲的概念

当直杆受到垂直于轴线的外力(通常称为横向力)作用时，其轴线将由原来的直线变成曲线，这种变形称为弯曲。只发生弯曲变形或以弯曲变形为主的杆件称为梁。梁的基本形式见表 2-5-1。

表 2-5-1　梁的基本形式

梁的形式	示意图	支座特点
简支梁		一端为固定铰支座，另一端为活动铰支座
悬臂梁		一端固定，另一端自由
外伸梁		一端或两端伸出支座外，且在外伸端受载

机械结构中的弯曲形式是对称弯曲，其特点是绝大多数受弯杆件的横截面都有一根对称轴，它与杆件轴线形成整个杆件的纵向对称面，如图 2-5-2 所示。外力或外力的合力作

用在杆件的纵向对称面内时，杆件变形后的轴线是位于纵向对称面内的一条平面直线。

2. 纯弯曲

梁在弯曲时横截面上将产生相互作用的内力：一个是沿截面作用的剪力 F_Q，剪力会引起切应力；另一个是作用在垂直于横截面的平面内的弯矩 M（力偶矩），弯矩会引起正应力，如图 2-5-3 所示。

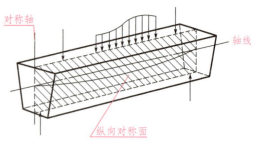

图 2-5-2　对称弯曲的特点

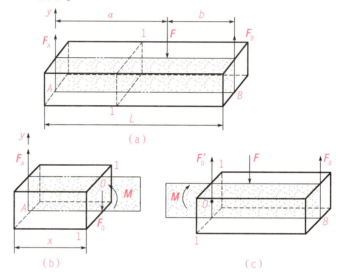

图 2-5-3　梁横截面上的内力

纯弯曲是指梁横截面上仅有弯矩，而无剪力的弯曲变形。

观察梁纯弯曲试验：取一矩形截面直梁，在其表面画上横向线 1-1、2-2 和纵向线 ab、cd，如图 2-5-4(a) 所示。在梁的两端施加一对大小相等、方向相反的力偶 M，使梁产生弯曲变形，如图 2-5-4(b) 所示。

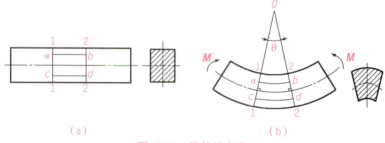

图 2-5-4　梁的纯弯曲

实验现象：

1）横向线仍为直线，且与梁轴线正交，但两线不再平行，相对倾斜一角度。

2）纵向线变为弧线。轴线以上的纵向线缩短（如 ab），称为缩短区；轴线以下的纵向线伸长(如 cd)，称为伸长区。

3）在纵向线的缩短区内，梁的宽度增大；在纵向线的伸长区内，梁的宽度减小。

结论：当梁纯弯曲时，所有横截面仍保持为垂直于梁轴线的平面，且无相对错动，只是绕中性轴做相对转动，各条纵向纤维处于拉伸或压缩状态。

由于变形的连续性，伸长和缩短的长度是逐渐变化的。从伸长区过渡到缩短区，中间必有一层纤维既不伸长也不缩短，这一层长度不变的纵向纤维称为中性层。中性层与横截面的交线称为中性轴，中性轴通过横截面形心。梁弯曲变形时，所有横截面均绕各自的中性轴回转。中性轴与中性层如图 2-5-5 所示。

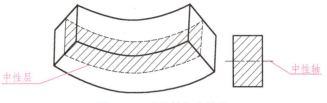

图 2-5-5　中性轴与中性层

3. 梁纯弯曲时横截面上正应力的分布规律

梁纯弯曲时，横截面上只有正应力，分布规律如图 2-5-6 所示。

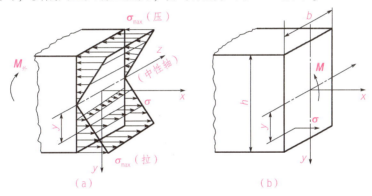

图 2-5-6　梁纯弯曲时横截面上正应力的分布规律

横截面上位于中性轴两侧的各点分别承受拉应力或压应力。纤维伸长的部分受拉应力作用，纤维缩短的部分受压应力作用。正应力沿横截面高度方向按直线规律变化，大小与各点到中性轴的距离 y 成正比，中性轴上各点的正应力为零，梁的最外侧点正应力最大；沿横截面宽度方向(与中性轴等高度)的各点正应力相同。

做一做：

试分析图 2-5-7 所示摇臂钻床的横臂为什么采用变截面梁。

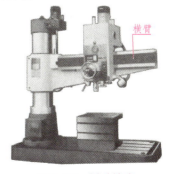

图 2-5-7　摇臂钻床

单 元 二　直杆的基本变形

知识梳理

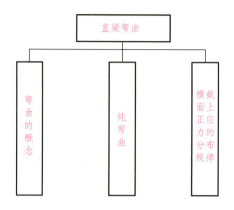

＊课题六　直杆变形的其他概念

学习目标

1. 了解组合变形的概念；
2. 了解压杆失稳的概念；
3. 了解交变应力与疲劳强度的概念。

课题导入

前面所研究的构件变形，均是构件在载荷作用下，产生拉伸（压缩）、剪切、扭转、弯曲等变形中的一种变形，称为基本变形。但在工程实际中，绝大部分构件在载荷作用下，常常会同时产生两种或两种以上的基本变形。

想一想：
厂房建筑边柱在力 F 的作用下会产生哪些基本变形呢？

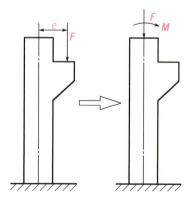

图 2-6-1　厂房建筑边柱的受力图

* 课题六　直杆变形的其他概念

知识链接

一、组合变形

构件在载荷作用下，产生两种或两种以上基本变形的变形，称为组合变形。如图 2-6-2 所示的电动机驱动的转轴 AB，其同时承受弯矩和扭矩的作用，同时产生了弯曲与扭转的组合变形。

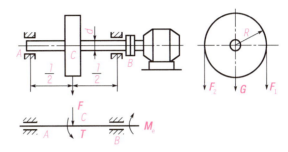

图 2-6-2　电动机驱动的转轴

做一做：
分析图 2-6-3 所示两级齿轮减速器中，轴 I、II、III 的变形情况。

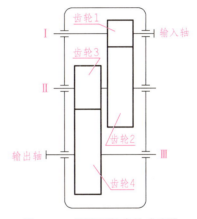

图 2-6-3　两级圆柱齿轮减速器

二、压杆稳定

对细长杆施加轴向压力，当压力超过一定数值（远小于材料的极限应力）时，压杆不能保持原有直线平衡状态而突然变弯，甚至折断的现象，称为压杆失稳，如图 2-6-4 所示。工程中的柱、桁架中的压杆、薄壳结构及薄壁容器等，在有压力存在时，都可能发生失稳。由于构件的失稳往往是突然发生的，因而其危害性也较大。

一般杆的长度越大，越易失稳；杆的抗弯刚度值越大，杆端的支撑越牢固，越不易发生失稳现象。

图 2-6-4　压杆失稳

71

三、交变应力

构件内不随时间发生变化的应力称为静应力，随时间发生周期性变化的应力称为交变应力。

机器中有很多零件的工作应力做周期性变化。例如，齿轮啮合时齿根 A 点的弯曲正应力 σ 随时间做周期性变化，如图 2-6-5 所示；火车轮轴横截面边缘上 A 点的弯曲正应力 σ 随时间做周期性变化，如图 2-6-6 所示。

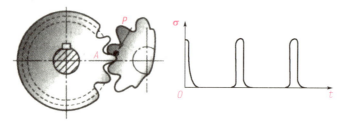

图 2-6-5　啮合齿轮齿根点的应力变化

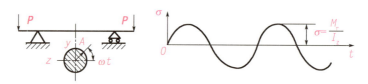

图 2-6-6　火车轮轴横截面边缘上 A 点的应力变化

四、疲劳强度

1. 疲劳破坏及其特点

金属材料在交变应力作用下，零件内部的最大应力虽远低于静载荷下的强度极限，甚至低于屈服点，但经过几十万次甚至上百万次应力循环后，发生突然的脆性断裂的现象称为材料的疲劳破坏。

疲劳破坏的特点：工作应力小（往往低于材料在静载荷作用下的屈服应力）；断裂前经过多次应力循环作用；在破坏的断口没有明显的塑性变形，表现为脆性断裂；断口分为光滑区和粗糙区，断口特征如图 2-6-7 所示。

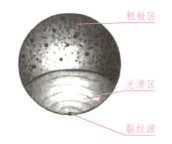

图 2-6-7　疲劳破坏的断口特征

2. 疲劳强度

金属材料在无限次交变应力作用下而不发生断裂的最大应力值，称为疲劳强度。

常用的提高构件疲劳强度的措施如下：

1）减缓应力集中。设计构件外形时，避免方形或带有尖角的孔和槽；在截向面突变处采用足够大的过渡圆角,如图 2-6-8(a)所示;设置减荷槽(见图 2-6-8(b))或退刀槽(见图 2-6-8(c))。

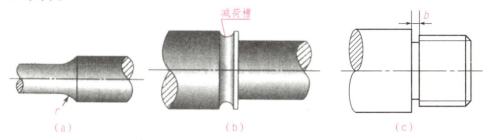

图 2-6-8 减缓应力集中
(a)过渡圆角;(b)减荷槽;(c)退刀槽

2)降低表面粗糙度。

3)避免使构件表面受到机械损伤或化学损伤(如腐蚀等)。

4)增加表层强度。采用高频淬火等热处理、渗碳和渗氮等化学处理、机械方法(如喷丸等)强化表层,提高疲劳强度。

知识梳理

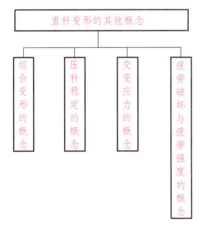

材料基本变形的演示

单元三

工程材料

材料科学家师昌绪

机械制造和日常生活中的所有物品都是由各种材料制成的。例如，家用自行车上的链轮、链条、飞轮、辐条等由不同种类的钢制造，而车的轮胎用的是非金属材料——橡胶、车座的上部分也是非金属材料——工程塑料制造的。

在机械工程中常用的材料有钢铁材料、非铁金属(如铜、铝及其合金)及非金属材料(如塑料、橡胶等)。各种材料的性能均有差异，尤其是钢铁材料通过热处理后，其性能变化更大。实践证明，材料的性能差异主要与它们的化学成分、工作温度及热处理工艺等有关。

课题一　黑色金属材料

学习目标

*1. 了解简化的 $Fe-Fe_3C$ 状态图；
2. 了解钢的热处理的目的、分类和应用；
3. 理解常用碳钢的分类、牌号、性能和应用；
4. 了解合金钢的分类、牌号、性能和应用；
5. 了解铸铁的分类、牌号、性能和应用。

课题导入

2010 年 5 月 1 日，上海世界博览会(简称世博会)盛大开幕。世博会中国馆"东方之冠"的建筑宏伟壮观，如图 3-1-1 所示，它的主体结构为 4 根巨型钢筋混凝土制成的核心筒。这种巨型钢筋属于什么材料呢？

图 3-1-1　东方之冠

国家体育场(鸟巢)
用钢

试一试：

使用锉刀锉削材料分别为 45 钢和 Q235 的工件，感受两种材料加工的难易程度，并思考这两种材料的锉削性为什么会有差异。

想一想：

干将是楚国最有名的铁匠，他打造的剑锋利无比。因为他铸剑时总是先把钢铸成和宝剑差不多的形状，即宝剑的"粗坯"，然后把宝剑粗坯放到熊熊的炉火中烧到一定的温度，待剑坯渐渐变软后，马上拿出来进行手工冲（锻）打。冲（锻）打后，把剑坯放入水中浸一下，接着把剑坯放在炉中燃烧、冲（锻）打，再进行第二次浸水；再燃烧、冲（锻）打后，浸油（为了使宝剑更加柔韧）。相传干将有两把宝剑：干将剑（硬剑）和镆铘剑（软剑），如图 3-1-2 所示。据说硬剑一次性可劈开 8 个叠着的铜板，而剑刃却完好无损；软剑可以弯曲当腰带使用。干将的宝剑为什么会具有这样的性能呢？

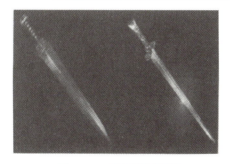

图 3-1-2 干将镆铘宝剑

知识链接

金属材料分为黑色金属和有色金属两大类。通常把以铁及以铁碳为主的合金称为黑色金属，如钢和铸铁。

一、$Fe-Fe_3C$ 状态图

以铁和碳为基本组元的合金，称为铁碳合金，如钢铁。$Fe-Fe_3C$ 状态图也叫铁碳合金相图，是在极缓慢冷却（或缓慢加热）条件下，反映不同成分的铁碳合金在不同温度时所具有的组织或状态的简明图形，如图 3-1-3 所示。它是选择材料、制定热加工和热处理工艺的主要依据。

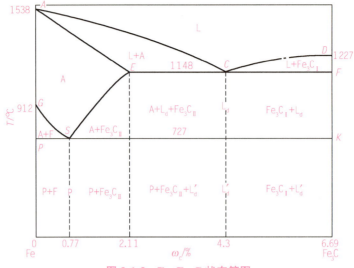

图 3-1-3　Fe-Fe$_3$C 状态简图

1. 坐标

Fe-Fe$_3$C 状态图中的纵坐标为温度，横坐标为含碳量 ω_c 的质量百分数(%)。横坐标左端表示 $\omega_c=0\%$、$\omega_{Fe}=100\%$ 的纯铁，右端表示 $\omega_c=6.69\%$ 的 Fe$_3$C(渗碳体)，横坐标上的任何一点均表示某一种成分的铁碳合金。

2. 特性点

状态图中具有特殊意义的点称为特性点。简化后的状态图中有 7 个特性点，见表 3-1-1。

表 3-1-1　Fe-Fe$_3$C 状态简图中的特性点

特性点符号	温度/℃	含碳量/%	含义
A	1538	0	纯铁的熔点
C	1148	4.3	共晶点，Lc ⇌ (A+Fe$_3$C)
D	1227	6.69	渗碳体的熔点
E	1148	2.11	碳在奥体氏 A(γ-Fe)中的最大溶解度点
G	912	0	纯铁的同素异构转变点，α-Fe ⇌ γ-Fe
S	727	0.77	共析点，As ⇌ (F+Fe$_3$C)
P	727	0.0218	碳在铁素体 F(α-Fe)中的最大溶解度点

3. 特性线

状态图中各不同成分的合金中具有相同意义的临界点的连线称为特性线。简化后的状态图中有 6 条特性线，见表 3-1-2。

表 3-1-2　Fe-Fe$_3$C 状态简图中的特性线

特性线	含　义
ACD	液相线，此线以上为液相区域，线上点为对应不同成分合金的结晶开始温度
AECF	固相线，此线以下为固相区域，线上点为对应不同成分合金的结晶终了温度

续表

特性线	含义
GS	也称 A_3 线，冷却时从不同含碳量的奥氏体中析出铁素体的开始线
ES	也称 A_{cm} 线，碳在奥氏体（γ-Fe）中的最大溶解度曲线
ECF	共晶线，$Lc \rightleftharpoons (A+Fe_3C)$
PSK	共析线，也称 A_1 线，$As \rightleftharpoons (F+Fe_3C)$

4. 铁碳合金的基本组织与性能特点

由于钢铁材料的成分（含碳量）不同，因此组织、性能和应用场合也不同。铁碳合金的基本组织及性能特点见表3-1-3。

表3-1-3 铁碳合金的基本组织及性能特点

组织名称	符号	含碳量/%	存在温度区间/℃	性能特点
铁素体	F	~0.0218	室温至912	具有良好的塑性、韧性，而强度、硬度较低
奥氏体	A	~2.11	727以上	强度、硬度不高，但具有良好的塑性，尤其是具有良好的锻压性能，是绝大多数钢在高温下进行锻造和轧制时所要求的组织
渗碳体	Fe_3C	6.69	室温至1 148	高熔点、高硬度，塑性和韧性几乎为零，脆性极大，是钢中主要的强化组织，它的形态、分布及大小对钢的力学性能影响很大
珠光体	P	0.77	室温至727	强度较高，硬度适中，有一定的塑性，具有较好的综合力学性能
莱氏体	L'_d	4.30	室温至727	性能接近于渗碳体，硬度很高，塑性、韧性极差
	L_d		727~1 148	

5. 铁碳合金的分类

按含碳量的不同，铁碳合金的室温组织可分为工业纯铁、钢和白口铸铁。其中，把含碳量小于0.021 8%的铁碳合金称为工业纯铁，把含碳量大于0.021 8%而小于2.11%的铁碳合金称为钢，把含碳量大于2.11%的铁碳合金称为白口铸铁。

做一做：
1）通过学习与查阅资料，相互探讨一下材料的宏观表现与微观结构的关系。
2）通过学习与查阅资料，学会区分生活中遇到的钢件与铸铁件。

二、钢的热处理

1. 热处理的概念

热处理是指将固态下的金属或合金进行加热、保温和冷却，以改变其内部组织，从而获得所需性能的一种工艺方法。热处理工艺过程常用热处理工艺曲线来表示，如图 3-1-4 所示。

1）特点：在固态下，只改变工件的组织，不改变形状和尺寸。

2）目的：改善材料的使用、工艺性能。

3）基本过程：加热→保温→冷却。

4）分类：

①普通热处理：退火、正火、淬火、回火。

②表面热处理：表面淬火、化学热处理。

图 3-1-4　热处理工艺曲线

2. 常见热处理的应用

机械零件的一般加工工艺路线如图 3-1-5 所示。

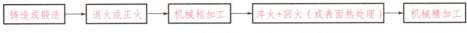

图 3-1-5　机械零件的一般加工工艺路线

从图 3-1-5 可以看出，退火和正火通常安排在机械粗加工之前进行，作为预先热处理，其作用是：消除前一工序所造成的某些组织缺陷及内应力，改善材料的切削性能，为随后的切削加工以及热处理（淬火+回火）做好准备。对于某些不太重要的工件，正火也可作为最终热处理工序。

钢的热处理工艺的应用

（1）退火。退火指将钢材或钢件加热到适当温度，保温一定时间，然后缓慢冷却（一般随炉冷却，也可灰冷、砂冷）的热处理工艺。

退火的主要目的是降低钢的硬度，提高塑性和韧性，便于切削加工和冷变形加工；消除内应力，细化晶粒，改善组织，为后续工序做组织准备，消除钢中的残余应力，防止变形和开裂。

根据钢的成分、原始组织和不同目的，退火可分为均匀化退火（扩散退火）、完全退火、球化退火、等温退火、去应力退火和再结晶退火等。

（2）正火。正火指将钢材或钢件加热到规定的正火温度，保温适当的时间后，在空气中冷却的热处理工艺。

普通结构件以正火作为最终热处理，以提高其力学性能；低碳钢正火以改善其切削加工性能（使材料硬度在 170~230 HBW 范围内，最适合切削加工）；过共析钢正火可消除网状二次渗碳体，为球化退火和淬火工艺做好组织准备。

正火与退火从所得到的组织上没有本质区别，其目的均为细化晶粒、改善组织和改善切削加工性能，但正火的冷却速度比退火快，生产效率高，成本低，正火后得到的组织比较细，强度、硬度比退火钢高，因此，一般普通结构件应尽量采用正火代替退火。

（3）淬火和回火。当机械零件完成机械粗加工后，要满足其使用性能就必须再提高它们的强度、硬度并保持一定的韧性，以承受工作时受到的强烈挤压、摩擦和冲击。因此，在粗加工后，精加工之前，还要对它们进行淬火和回火。

1）淬火：将钢件加热到规定的淬火温度，保持一定时间后，快速冷却，以获得马氏体或下贝氏体组织的热处理工艺。

淬火的目的是获得马氏体组织，以提高钢的强度、硬度和耐磨性。

2）回火：指将淬硬后的钢件重新加热到一定温度，保温一定时间，然后冷却到室温的热处理工艺。

回火的主要目的是稳定组织和形状尺寸；消除淬火应力；调整硬度，提高韧性，以获得所需要的力学性能。按回火温度，其分为低温回火、中温回火和高温回火。钢件的回火组织与力学性能也将随回火温度而改变。

淬火后的零件必须马上进行回火处理，以稳定组织，消除内应力，防止工件变形、开裂及获得所需要的力学性能。在回火加热过程中，随着组织的变化，钢的性能也相应发生改变。其变化规律是：随着加热温度的升高，钢的强度、硬度下降，而塑性、韧性提高。

（4）调质。生产中把淬火和高温回火相结合的热处理工艺称为调质。调质处理后的工件可获得良好的综合力学性能，不仅强度较高，而且有较好的塑性和韧性，为零件在工作中承受各种载荷提供了有利条件。因此，重要的、受力复杂的结构零件一般均采用调质处理。

（5）表面淬火和化学热处理。在机械设备中，有许多零件是在冲击载荷、扭转载荷及摩擦条件下工作的，如汽车、拖拉机的变速齿轮、传动齿轮轴等，它们要求表面具有很高的硬度和耐磨性，而心部要具有足够的塑性和韧性。这一要求如果仅从选材方面去解决是十分困难的，用高碳钢，硬度高，但心部韧性不足；相反，用低碳钢，心部韧性好，但表面硬度低，不耐磨。为了满足上述要求，实际生产中一般先通过选材和普通热处理满足心部的力学性能，然后通过表面热处理的方法强化零件表面的力学性能，以达到零件"外硬内韧"的性能要求。常用的表面热处理方法有表面淬火和化学热处理两种。

1）表面淬火：指仅对工件表层进行淬火的热处理工艺。它不改变钢的表层化学成分，但改变表层组织。

2）化学热处理：将工件置于一定温度的活性介质中保温，使一种或几种元素渗入它的表层，以改变其化学成分、组织和性能的热处理工艺。

与其他热处理相比，化学热处理不仅改变了钢的组织，而且表层的化学成分也发生了变化，因而能更有效地改变零件表层的性能。

做一做：

1）图 3-1-6 所示为车床主轴，45 钢的锻件毛坯，其加工路线为：备料→锻造→正火→机械粗加工→调质→机械半精加工→锥孔及外锥体的局部淬火、回火→粗磨（外圆、锥孔、外锥体）→铣花键，花键淬火→回火→精磨（外圆、锥孔、外锥体）。分析加工路线中各热处理工序的作用。

2）根据 CA6140 车床挂轮零件的一般加工工艺流程：备料→锻造→预备热处理→齿坯加工→齿形加工→最终热处理→磨齿，分析确定加工过程中的预备热处理、最终热处理两道热处理工序。

3）以生活用品和生产中的零件为实例，谈谈热处理工艺在日常生活和生产中的应用。

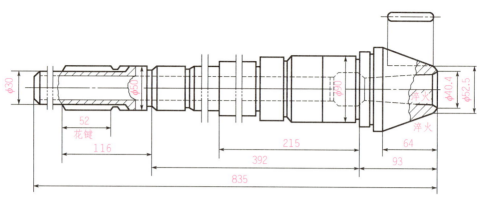

图 3-1-6 车床主轴

三、碳素钢

钢是含碳量大于 0.0218% 小于 2.11% 的铁碳合金。按钢中有无合金元素，钢分为碳素钢和合金钢。

碳素钢简称碳钢，指含碳量大于 0.0218% 小于 2.11%，且不含有特意加入合金元素的铁碳合金。碳素钢冶炼方法简单，容易加工，价格便宜，具有较好的力学性能和工艺性能，故在机械制造、交通运输、工程建筑等许多部门中得到广泛的应用。

碳素结构钢

1. 碳素钢的分类

碳素钢的种类很多，常用的分类方法及类型见表 3-1-4。

表 3-1-4 碳素钢的分类

分类方法	类型	分类标准
按含碳量分类	低碳钢	含碳量<0.25%
	中碳钢	0.25%≤含碳量≤0.6%
	高碳钢	含碳量>0.6%
按钢的品质分类	普通碳素钢	含硫量≤0.055%，含磷量≤0.045%
	优质碳素钢	含硫量≤0.04%，含磷量≤0.04%
	高级优质碳素钢	含硫量≤0.03%，含磷量≤0.035%
按用途分类	碳素结构钢	主要用于船舶、机器零件、桥梁等
	碳素工具钢	主要用于刀具、量具、模具等

2. 碳素钢的牌号

为了便于碳素钢的管理和使用，每一种钢都有一个简明的编号，可以反映钢的化学成分和钢的用途。碳素钢的牌号如表 3-1-5 所示。

表 3-1-5 碳素钢的牌号

分 类	牌 号	说 明	举 例
普通碳素结构钢	由代表屈服点的汉语拼音字母"Q"、屈服点数值、质量等级符号、脱氧方法符号4个部分按顺序组成	质量等级按硫、磷含量的多少分为A、B、C、D级,其中A级的硫、磷含量最高,D级的硫、磷含量最低。脱氧方法符号用F、b、Z、TZ表示,F是沸腾钢,b是半镇静钢,Z是镇静,TZ是特殊镇静钢。标注时Z和TZ可以省略	Q235AF,表示屈服点为235MPa的A级沸腾钢
优质碳素结构钢	其牌号用两位数字表示,这两位数字表示钢中平均含碳量的万分之几	含碳量后面加"A"表示高级优质钢,加"F"表示沸腾钢;含锰量较高时则在含碳量后面加锰元素符号"Mn"	45钢,表示平均含碳量为0.45%的优质碳素结构钢
碳素工具钢	其牌号用汉字"碳"的汉语拼音字母字头"T"及后面的阿拉伯数字表示,后面的数字表示钢中平均含碳量的千分之几	含碳量后面加注"A",表示高级优质钢;若为含锰量较高的碳素工具钢,则在牌号后加锰元素符号"Mn"	T10A,表示平均含碳量为1%的优质碳素工具钢
铸造碳钢	其牌号由"铸钢"两字的汉语拼音字母字头"ZG"后面加两组数字组成,第一组数字代表屈服强度值,第二组数字代表最低抗拉强度值		ZG230-450,表示屈服强度为230 MPa,最低抗拉强度为450 MPa的铸造碳钢

3. 碳素钢的性能和应用

（1）普通碳素结构钢。普通碳素结构钢的强度和硬度不高，但冶炼方便，产量大，价格便宜，且具有良好的塑性和焊接性，通常轧制成钢板、钢带和各种型钢等，能满足一般工程结构和普通零件的性能要求。普通碳素结构钢一般以热轧空冷状态供应，适用于一般工程结构、桥梁、船舶和厂房等建筑结构或一些受力不大的机械零件。图3-1-7是普通碳素结构钢应用的典型例子。表3-1-6是常用普通碳素结构钢的用途。

南海1号船载铁器用途及背景探讨

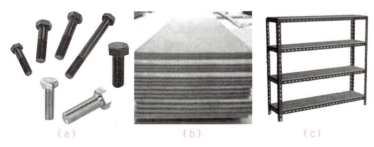

图 3-1-7 普通碳素结构钢的应用
(a)普通螺栓；(b)板材；(c)角钢货架

表 3-1-6 常用普通碳素结构钢的用途

牌号	用途
Q195	用于制作开口销、铆钉、垫片及轻载荷的冲压件
Q215	
Q235	用于制作后桥壳盖、内燃机支架、制动器底板、发电机机架等不太重要的零件
Q255	用于制作拉杆、心轴、转轴、小齿轮、销、键
Q275	

(2) 优质碳素结构钢。优质碳素结构钢是一种应用极为广泛的机械制造用钢，这类钢的化学成分和力学性能均有较严格的控制，硫、磷含量均少于 0.035%，有害元素含量少，因此质量较高，常用来制造各种重要的机械零件，这些零件通常都要经过热处理后使用。图 3-1-8 是优质碳素结构钢的应用。

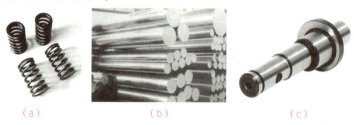

(a)　　　　　　　(b)　　　　　　　(c)

图 3-1-8 优质碳素结构钢的应用
(a) 气门弹簧；(b) 圆钢；(c) 轴

优质碳素结构钢根据含碳量又可分为低碳钢、中碳钢和高碳钢。

08～25 钢的含碳量低，属于低碳钢。这类钢含碳量很低，因此强度和硬度较低，而塑性、韧性和焊接性良好，主要用于制造冲压件、焊接结构件及强度要求不太高的机械零件及渗碳件，如冲压件、小轴、销子、法兰盘、螺钉、垫圈和焊接件等。

30～55 钢属于中碳钢。这类钢具有较高的强度和硬度，塑性和韧性随含碳量的增加而逐步降低，切削性能良好。这类钢经调质后，能获得较好的综合力学性能，主要用来制造受力较大的机械零件，如齿轮、丝杠、连杆和各种轴类零件等。

60 钢以上的牌号属于高碳钢。这类钢由于含碳量高，具有较高的强度、硬度和弹性，但切削加工性、锻造性和焊接性差，主要用于制造具有较高强度、耐磨性和弹性的零件，如各种弹簧、弹簧垫圈等弹性元件及耐磨件。

(3) 碳素工具钢。碳素工具钢是用于制造刀具、模具和量具的钢。由于大多数工具都要求高硬度和高耐磨性，故碳素工具钢含碳量在 0.7% 以上，属于高碳钢，是优质钢或高级优质钢。这类钢的含碳量范围可保证淬火后有足够的硬度。虽然各种牌号的碳素工具钢淬火后的硬度相差不大，但随着含碳量的增加，未溶渗碳体增加，钢的硬度、耐磨性增加，而韧性下降，因此不同牌号的工具钢用于制造不同情况下使用的工具。高级优质碳素工具钢淬裂倾向小，宜制造形状复杂的刀具。表 3-1-7 是碳素工具钢的用途。图 3-1-9 是碳素工具钢的应用。

表 3-1-7　碳素工具钢的用途

牌　号	用　途
T7	适用于承受冲击、要求较高硬度和耐磨性的工具，如木工工具、冲头、钻头、锤头、模具等
T8	
T8Mn	
T9	适用于承受中等冲击、要求高硬度和耐磨性的工具，如车刀、刨刀、丝锥、钻头、手工锯条、卡尺等
T10	
T11	
T12	适用于不受冲击而要求极高硬度和耐磨性的工具，如钻头、锉刀、精车刀、刮刀、量具等
T13	

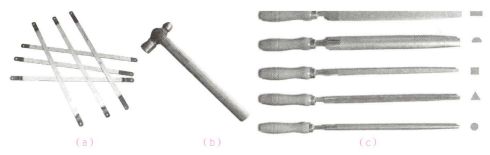

图 3-1-9　碳素工具钢的应用
(a)手工锯条；(b)锤子；(c)锉刀

(4)铸造碳钢。铸造碳钢是将钢水直接浇注成零件毛坯的碳钢。铸造碳钢的含碳量一般在 0.2%~0.6% 之间，如果含碳量过高，则塑性变差，铸造时易产生裂纹。铸造碳钢一般用于制造形状复杂、力学性能要求较高的机械零件。这些零件形状复杂，很难用锻造或机械加工的方法制造，又由于力学性能要求较高，不能用铸铁来铸造。铸造碳钢广泛用于制造重型机械的某些零件。表 3-1-8 是铸造碳钢的用途。图 3-1-10 是铸造碳钢的应用。

表 3-1-8　铸造碳钢的用途

牌　号	用　途
ZG200-400	机座和减、变速器箱体
ZG230-450	砧座、轴承盖、阀体、外壳、底板
ZG270-500	轧钢机机架、连杆、箱体、缸体、曲轴、轴承座、飞轮
ZG310-570	大齿轮、制动轮、辊子、气缸体、轮毂
ZG340-640	齿轮、联轴器、棘轮
注：适用于壁厚 10 mm 以下的铸件	

图 3-1-10 铸造碳钢的应用
(a)轴承盖；(b)阀体；(c)叶轮

> **做一做：**
> 通过看报纸或查阅有关资料，了解一下碳素钢的应用情况和价格。

四、合金钢

合金钢是在碳素钢的基础上，为了改善钢的性能，在冶炼时特意加入一种或数种合金元素的钢。这类钢中除含有硅、锰、硫、磷外，还根据钢种要求向钢中加入一定数量的合金元素，如铬、镍、钼、钨、钴、硼、铝、钛等合金元素。

1. 合金钢的分类

合金钢的分类方法及类型见表 3-1-9。

表 3-1-9 合金钢的分类方法及类型

分类方法	类型	分类标准
按化学成分分类	低合金钢	合金元素总含量低于 5%
	中合金钢	合金元素总含量为 5%～10%
	高合金钢	合金元素总含量高于 10%
按用途分类	合金结构钢	用于制造机械零件和工程结构的钢
	合金工具钢	用于制造各种工具的钢
	特殊性能钢	具有某种特殊性能的钢，如不锈钢、耐热钢、耐磨钢等

2. 合金钢的牌号

合金钢的牌号如表 3-1-10 所示。

表 3-1-10 合金钢的牌号

分 类	牌 号	说 明	举 例
合金结构钢	其牌号采用"两位数字+合金元素符号+数字"表示。前面的两位数字表示钢中平均含碳量的万分之几；合金元素符号表示钢中含有的主要合金元素；合金元素符号后的数字表示该元素含量的百分之几。若合金元素的平均含量小于 1.5%，一般不标明含量；若平均含量在 1.5%～2.5%、2.5%～3.5%、…，则相应地用 2、3、…表示	有一些特殊专用钢，为表示钢的用途，在钢的牌号前面冠以汉语拼音字母字头，而不标含碳量，合金元素含量的标注也和上述有所不同。例如，滚动轴承钢是制造滚动轴承的专用钢，牌号中"G"为"滚"字汉语拼音字首，铬元素符号后的数字表示平均含铬量的千分数	60Si2Mn，表示平均含碳量为 0.6%、含硅量为 2%、含锰量小于 1.5%的合金结构钢 GCr15，表示含铬量为 1.5%的滚动轴承钢

续表

分　类	牌　号	说　明	举　例
合金工具钢	其牌号采用"一位数字+合金元素符号+数字"表示。前面的一位数字表示钢中平均含碳量的千分之几，当平均含碳量超过1%时，一般不标出含碳量数字，合金元素及其含量的标注方法与合金结构钢相同	高速钢牌号的表示方法略有不同，其含碳量不予标出，合金元素及含量的标注与合金结构钢相同，如W18Cr4V	9SiCr，表示平均含碳量为0.9%，含硅、铬量均小于1.5%的合金工具钢
特殊性能钢	其牌号表示法与合金工具钢原则相同。前面一位数表示平均含碳量的千分之几。若平均含碳量小于0.1%，则用"0"表示；若平均含碳量不大于0.03%，则用"00"表示		2Cr13、0Cr13和00Cr18Ni10，分别表示其平均含碳量为0.2%、<0.1%、≤0.03%

3. 合金钢的性能和应用

（1）合金结构钢。合金结构钢广泛用于机械制造、交通运输、石油化工及工程建筑等领域。这类钢是在优质碳素结构钢的基础上加入一些合金元素而形成的。按照用途的不同，合金结构钢可以分为低合金结构钢和机械制造用钢两类。

1）低合金结构钢。低合金结构钢的含碳量较低，加入的主要合金元素是锰、硅、钒、铌和钛等。由于合金元素的强化作用，这类钢的强度（尤其是屈服点）显著高于同等含碳量的碳素结构钢，而且具有良好的塑性、韧性、耐蚀性和焊接性，主要用于制造各种结构件，可减轻重量，提高构件的可靠性及延长构件的使用寿命。因此，低合金结构钢广泛用于制造桥梁、建筑、船舶、车辆、起重运输机械和高压容器等。表3-1-11是常用低合金结构钢的用途。图3-1-11是低合金结构钢的应用。

表3-1-11　常用低合金结构钢的用途

牌　号	用　途
09MnV	车辆部门的冲压件、螺旋焊管、冷型钢、建筑金属构件
09MnNb	机车车辆、桥梁
16Mn	桥梁、管道、船舶、车辆、压力容器、锅炉、建筑结构
16MnCu	桥梁、船舶、车辆、压力容器、建筑结构
15MnV	高中压容器、车辆、船舶、桥梁、起重机、锅炉汽包
15MnTi	造船钢板、压力容器、电站设备、桥梁、船舶
15MnVN	大型焊接结构、大型桥梁、车、船舶、滚氨罐
14MnMoVBNb	石油装置、电站装置、高压容器
14CrMnMoVB	中温锅炉、高压容器

2）机械制造用钢。机械制造用钢通常是优质或高级优质的合金结构钢，主要用于制造各种机械零件，如轴类零件、齿轮、弹簧和轴承等，通常在热处理后使用。机械制造用钢按照用途和热处理方法可分为合金渗碳钢、合金调质钢、合金弹簧钢和滚动轴承钢等几种。

①合金渗碳钢。合金渗碳钢主要用来制造既要有优良的耐磨性、耐疲劳性，又能承受冲击载荷作用，并且具有高的韧性和足够高强度的零件，如内燃机上的凸轮轴、活塞销、汽车和拖拉机中的变速齿轮等机器零件。

(a)　　　　　　　(b)　　　　　　　(c)

图 3-1-11　低合金结构钢的应用

(a)鸟巢；(b)压力容器；(c)桥梁

合金渗碳钢的含碳量在0.1%~0.25%之间，可保证心部有足够的塑性和韧性；加入一定量的铬、镍、锰、硅、硼等合金元素以提高钢的淬透性，保证零件在热处理后，表层和心部均得到强化；加入钒、钛等合金元素，主要是为了防止在高温长时间渗碳过程中的晶粒长大。合金渗碳钢的热处理，一般是渗碳后淬火、低温回火。表 3-1-12 是合金渗碳钢的用途。图 3-1-12 是合金渗碳钢的应用。

表 3-1-12　常用合金渗碳钢的用途

牌　号	用　　途
20Cr	齿轮、齿轮轴、凸轮、活塞销
20Mn2B	齿轮、轴套、气阀挺杆、离合器
20MnVB	重型机床的齿轮和轴、汽车后桥齿轮
20CrMnTi	汽车、拖拉机上变速齿轮、传动轴
12CrNi3	重载荷下工作的齿轮、轴、凸轮轴
20Cr2Ni4	大型齿轮和轴，也可用做调质件

(a)　　　　　　　(b)　　　　　　　(c)

图 3-1-12　合金渗碳钢的应用

(a)活塞销；(b)凸轮轴；(c)花键轴套

②合金调质钢。合金调质钢经过调质热处理后具有高的强度和良好的塑性、韧性，即具有良好的力学性能，主要用于制造一些受力复杂的重要零件，广泛用于制造汽车、拖拉机、机床和其他机器上的各种重要零件，如齿轮、连杆和高强螺栓等。

合金调质钢中常加入少量铬、锰、硅、镍、硼等合金元素以增加钢的淬透性，使铁素体强化并提高韧性。加入少量钼、钒、钨、钛等碳化物形成元素，可阻止奥氏体晶粒长大和提高钢的回火稳定性，以进一步改善钢的性能。合金调质钢的热处理工艺是调质(淬火后高温回火)，处理后获得回火索氏体组织，使零件具有良好的综合力学性能。若要求零件表面有很高的耐磨性，可在调质后再进行表面淬火或化学热处理。表 3-1-13 是常用合金调质钢的用途。图 3-1-13 是合金调质钢的应用。

表 3-1-13　常用合金调质钢的用途

牌号	用途
40Cr	齿轮、花键轴、后半轴、连杆、主轴
45Mn2	齿轮、齿轮轴、连杆盖、螺栓
35CrMo	大型电动机轴、锤杆、连杆、轧钢机、曲轴
30CrMnSi	飞机起落架、螺栓
40MnVB	汽车和机床上轴、齿轮
30CrMnTi	汽车主动锥齿轮、后主齿轮、齿轮轴
38CrMoAlA	磨床主轴、精密丝杠、量规、样板

(a)

(b)

(c)

图 3-1-13　合金调质钢的应用
(a)偏心轴；(b)齿轮轴；(c)齿轮

③合金弹簧钢。合金弹簧钢是一种专用结构钢，主要用于制造各种弹簧和弹性元件。因此，合金弹簧钢应具有高的强度、高的弹性极限、高的疲劳极限和足够的塑性、韧性等。此外，其还应具有较好的淬透性，不易脱碳和过热，容易绕卷成形等。图 3-1-14 是合金弹簧钢的应用。

(a)

(b)

(c)

图 3-1-14　合金弹簧钢的应用
(a)卷簧；(b)弹簧；(c)板簧

合金弹簧钢的含碳量一般为 0.45%~0.7%。含碳量过高，塑性和韧性降低，疲劳极限也下降。可加入的合金元素有锰、硅、铬、钒和钨等。加入硅、锰主要用于提高钢的淬透性，同时提高钢的弹性极限。硅的作用更为突出，但硅元素的含量过高易使钢在加热时脱碳，锰元素的含量过高则钢易于过热。重要用途的弹簧钢必须加入铬、钒、钨等，它们不仅使钢材有更高的淬透性，不易过热，而且有更高的高温强度和韧性。

根据加工方法不同，弹簧钢可分为以下两类：

a. 热成形弹簧钢：一般用于大型弹簧或形状复杂的弹簧。弹簧热成形后进行淬火和中温回火，获得回火托氏体组织，以达到弹簧工作时要求的性能。硬度在 40~45HRC。热处理后的弹簧往往还要进行喷丸处理,使表面产生硬化层,并形成残余压应力,以提高弹簧的抗疲劳性能,从而延长弹簧的使用寿命。通过喷丸处理还能消除或减轻弹簧表面的裂纹、划痕、氧化、脱碳等缺陷的有害影响。

b. 冷成形弹簧:冷成形弹簧采用冷拉弹簧钢丝冷绕成形,一般用于小型弹簧。由于弹簧钢丝在生产过程中(冷拉或铅浴淬火)已具备很好的性能,因此冷绕成形后,不再淬火,只需做 250 ℃~300 ℃ 的去应力退火,以消除在冷绕过程中产生的应力,并使弹簧定型。

④滚动轴承钢。滚动轴承钢用来制造滚动轴承的内、外套圈及滚动体(滚珠、滚柱、滚针),也可用来制造各种工具和耐磨机件,如冷冲模、机床丝杠等。因此,滚动轴承钢必须具有高的硬度和耐磨性、高的弹性极限和接触疲劳强度、足够的韧性和一定的耐蚀性。图 3-1-15 是滚动轴承钢的应用。

图 3-1-15　滚动轴承钢的应用
(a)球轴承;(b)圆锥滚子轴承;(c)机床丝杠

应用最广的轴承钢是高碳铬钢,其含碳量为 0.95%~1.15%,含铬量为 0.4%~1.65%。加入合金元素铬可提高淬透性,并在热处理后形成细小均匀分布的碳化物,以提高钢的硬度、接触疲劳强度和耐磨性。制造大型轴承时,为了进一步提高淬透性,还可以加入硅、锰等元素。

(2)合金工具钢。合金工具钢按用途可分为合金刃具钢、合金量具钢和合金模具钢。

1)合金刃具钢。合金刃具钢主要用于制造车刀、铣刀、钻头等各种金属切削刀具,因此要求有高硬度、高热硬性、高耐磨性、足够的强度以及良好的塑性和韧性。合金刃具钢通常分低合金刃具钢和高速钢。图 3-1-16 是合金刃具钢的应用。

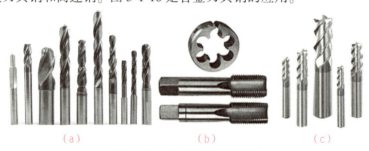

图 3-1-16　合金刃具钢的应用
(a)钻头;(b)板牙与丝锥;(c)铣刀

低合金刃具钢是在碳素工具钢的基础上加入少量合金元素的钢。主要加入铬、锰、硅等合金元素,以提高钢的强度和淬透性;硅还能提高钢的回火稳定性;加入钨、钒合金元素,以提高钢的硬度、耐磨性和热硬性。由于合金元素的加入,低合金工具钢的淬透性、硬度和耐磨性均比碳素工具钢有较大提高。但由于合金元素加入量不大，一般工作温度不超过 30 ℃。常用的低合金刃具钢有 9SiCr、CrWMn 和 9Mn2V 等，它们性能良好，不仅适用于制造刀具，还常用于制造冷冲模和量具。9SiCr 适用于制造形状复杂、变形小的低速刀具，如丝锥、板牙、铰刀等。CrWMn 适用于制造较精密的低速刀具，如长铰刀、拉刀等。9Mn2V 适用于制造要求变形小的刀具、冷作模具和精密量具，也可制造重要结构件，如磨床主轴、精密丝杠等。

高速钢是指用于制造较高速度切削工具的钢，是一种含钨、铬、钒等多种合金元素的高合金工具钢。由于高速钢在空气中冷却也能淬硬，故又称风钢；由于它可以刃磨得很锋利，很白亮，故又称为锋钢和白钢。高速钢具有高的热硬性、耐磨性和足够的强度，因此用于制造切削速度较高的刀具，如车刀、铣刀、钻头等；形状复杂、载荷较重的成形刀具，如齿轮铣刀、拉刀等；此外还应用于冷冲模、冷挤压模及某些耐磨零件。常用的高速钢有 W18Cr4V、W6Mo5Cr4V2 和 W9Mo3Cr4V 等。表 3-1-14 是常用高速钢的用途。

表 3-1-14　常用高速钢的用途

牌　号	用　途
W18Cr4V	制造一般高速切削刀具，如车刀、铣刀、钻头、拉刀、铰刀、丝锥、板牙等
W9Cr4V2	
W6Mo5Cr4V2	制造耐磨性和韧性很好的高速切削刀具，如丝锥、钻头等
W6Mo5Cr4V3	制造耐磨性、韧性和热硬性较高、形状复杂的刀具，如铣刀、车刀等

2）合金量具钢。合金量具钢指用于制造各种测量工具（如游标卡尺、千分尺、量规和塞规等）的钢。这类钢的工作部分一般要求高的硬度和耐磨性、足够的韧性和高的尺寸稳定性，经热处理后不易变形，而且要有良好的加工工艺性。

量具的制造没有专用钢种，碳素工具钢、合金工具钢和滚动轴承钢都可以制造一般要求的量具，但精度要求较高的量具一般采用微变形合金工具钢制造。表 3-1-15 是常用量具钢的选用举例。图 3-1-17 是合金量具钢的应用。

表 3-1-15　常用量具钢的选用举例

量具名称	牌　号
平样板、卡板	15、20、50、55、60、60Mn、65Mn
一般量规或块规	T10A、T12A、9SiCr
高精度量规或块规	Cr12、GCr15
高精度、形状复杂的量规或块规	CrWMn

（a）　　　　　　（b）　　　　　　（c）

图 3-1-17　合金量具钢的应用
（a）量规；（b）块规；（c）游标卡尺

3）合金模具钢。合金模具钢主要用来制造各种金属成形用的工具、模具。根据使用要求，合金模具钢可分为热作模具钢和冷作模具钢。图 3-1-18 是合金模具钢的应用。

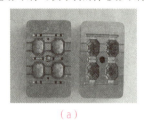  

(a) (b) (c)

图 3-1-18　合金模具钢的应用

(a)压铸模；(b)冷冲模；(c)注塑模

热作模具钢用来制造金属在高温下成形的模具，如热锻模、压铸模等，因此应具有高的热强性和热硬性、高温耐磨性和高抗氧化性以及较高的抗热疲劳损坏的能力。常用的制作热锻模的有 5CrNiMo 和 5CrMnMo，制作挤压模和压铸模的有 3Cr2W8V。

冷作模具钢用来制造金属在冷态下变形的模具，如冷冲模、冷挤压模和冷模等，因此应具有高的硬度、耐磨性、一定的韧性和抗疲劳性，并要求热处理变形小，大型模具还要求有良好的淬透性。小型冷模具可用碳素工具钢和低合金工具钢来制造，如 T10A、T12、9SiCr、CrWMn、9Mn2V 等，大型冷模具一般采用 Cr12、Cr12MoV 等高碳高铬钢制造。

(3) 特殊性能钢。用来制造在特殊工作条件或特殊环境下工作、具有特殊物理和化学性能要求的机械零件的钢称为特殊性能钢。这类钢种类很多，在机械制造业中常用的有不锈钢、耐热钢和耐磨钢等。

1）不锈钢。不锈钢主要用于制造在各种腐蚀介质中工作且能耐腐蚀的零件，如化工装置中的各种管道、阀门和泵、医疗手术器械、防锈刃具和量具等。不锈钢中的主要合金元素是铬和镍。因为铬与氧化合，在钢表面形成了一层致密的氧化膜，保护钢免受进一步氧化。一般含铬量不低于 12% 才具有良好的耐腐蚀性能。

常用的铬不锈钢的牌号有 1Cr13、2Cr13、3Cr13、4Cr13 等，通称 Cr13 型不锈钢。这类钢有良好的耐蚀性和适当的强度，但随着钢中含碳量的增加，钢的强度和硬度提高，韧性则下降，耐蚀性下降。

常用的铬镍不锈钢的牌号有 1Cr18Ni19Ti、1Cr18Ni9Nb 等。这类钢含碳量低，含镍量高，经热处理后，呈单相奥氏体组织，无磁性，其耐蚀性、塑性和韧性都比 Cr13 型不锈钢好，主要用于制造强腐蚀介质（硝酸、磷酸、有机酸及碱水溶液等）中工作的设备，如吸收塔、储槽、管道等。图 3-1-19 是不锈钢的应用。

(a) (b) (c)

图 3-1-19　不锈钢的应用

(a)不锈钢餐具；(b)不锈钢锅；(c)不锈钢水龙头

2)耐热钢。耐热钢是指在高温下具有高的抗氧化性和高温强度的钢。常用的耐热钢可分为抗氧化钢和热强钢两类。

抗氧化钢是在高温下有较高抗氧化能力,并具有一定强度的钢,主要用于制造长期在高温下工作,但强度要求不高的零件,如各种加热炉的炉底板、渗碳处理用的渗碳箱等。常用的抗氧化钢的牌号有 4Cr9Si2、1Cr13SiAl 等。

热强钢是在高温下具有良好抗氧化能力,并具有较高高温强度的钢,主要用于制造锅炉、汽轮机叶片、大型发动机排气阀等。常用的热强钢的牌号有 15CrMo、4Cr14Ni14W2Mo 等。

3)耐磨钢。耐磨钢是指在强烈冲击和严重磨损的条件下具有良好韧性和高耐磨性的钢,主要指高锰钢。这类钢机械加工困难,而且焊接性也差,大多铸造成形。它具有在强烈冲击下抵抗磨损的性能,主要用于制造在强力冲击载荷和严重磨损下工作的机械零件,如坦克和拖拉机履带、推土机挡板、挖掘机齿轮等。常用的高锰钢的牌号有 ZGMn13。

做一做:
深入现场和查阅图书资料,了解低合金钢与合金钢在生活和机械制造中的应用情况。

五、铸铁

工业上常用的铸铁的含碳量一般在 2.5%~4.0% 的范围内,此外还含有硅(Si)、锰(Mn)、硫(S)、磷(P)等元素。

铸铁是应用非常广泛的一种金属材料,机床的床身、机床用平口钳的钳体、底座等都是用铸铁制造的。在各类机器的制造中,若按质量百分比计算,铸铁占整个机器质量的45%~90%。

铸铁与钢相比,虽然力学性能较低,但是熔炼简便,成本低廉,具有良好的铸造性和耐磨性、耐压性、吸振性、切削加工性等优点,所以获得广泛的应用,在机器零件材料中占有很大的比例,广泛地用来制作各种机架、底座、箱体、缸套等形状复杂的零件,应用于内燃机、汽车、机床、矿山机械和石油化工设备等。

1. 铸铁的分类

铸铁中的碳主要以渗碳体和石墨两种形式存在。铸铁可根据其中碳和石墨不同的存在形态进行分类,见表 3-1-16。

表 3-1-16 铸铁的分类

分类方法	类 型	分类标准
按碳的存在形态分类	白口铸铁	碳主要以渗碳体(Fe_3C)的形式存在,其断口呈亮白色,故称为白口铸铁。这类铸铁硬而脆,很难进行切削加工,所以很少直接用来制造机器零件
	灰铸铁	碳大部分或全部以石墨的形式存在,断口呈灰色,故称为灰铸铁。它是目前工业生产中应用最广泛的一种铸铁

续表

分类方法	类型	分类标准
按碳的存在形态分类	麻口铸铁	碳大部分以渗碳体形式存在，少部分以石墨形式存在，断口呈灰白色。这类铸铁具有较大的脆性，工业上很少使用
按石墨的存在形态分类	灰铸铁	石墨以片状存在
	可锻铸铁	石墨以团絮状存在
	球墨铸铁	石墨以球状存在
	蠕墨铸铁	石墨以蠕虫状存在

2. 铸铁的牌号

铸铁的牌号如表 3-1-17 所示。

表 3-1-17 铸铁的牌号

分类	牌号	举例
灰铸铁	其牌号由 HT 和数字组成，HT 是"灰铁"两字汉语拼音的第一个字母，数字表示其最低的抗拉强度	HT150，表示最低抗拉强度为 150 MPa 的灰铸铁
球墨铸铁	其牌号由 QT 和两组数字组成，QT 是"球铁"两字汉语拼音的第一个字母，两组数字分别表示其最低抗拉强度和最低伸长率	QT400—15，表示最低抗拉强度为 400 MPa、最低伸长率为 15%的球墨铸铁
可锻铸铁	其牌号用 3 个汉语拼音字母和两组数字来表示。前两个字母"KT"是"可铁"两字的汉语拼音的第一个字母，第三个字母代表可锻铸铁的类别，其中 H、Z 和 B 分别表示黑心可锻铸铁、珠光体可锻铸铁和白心可锻铸铁，后面两组数字分别表示最低抗拉强度和最低伸长率	KTH350—10，表示最低抗拉强度为 350 MPa、最低伸长率为 10%的黑心可锻铸铁
蠕墨铸铁	其牌号用 RuT 和数字组成，RuT 是"蠕铁"两字汉语拼音的第一个字母，数字表示其最低抗拉强度	RuT420，表示最低抗拉强度为 420 MPa 的蠕墨铸铁

3. 铸铁的性能和应用

(1)白口铸铁。白口铸铁中的渗碳体具有硬而脆的特性，使白口铸铁变得非常脆硬，很难进行切削加工。工业上很少直接用它来制造机器零件，而主要作为炼钢的原料。

(2)灰铸铁。灰铸铁是一种价格便宜的结构材料，在铸铁生产中，灰铸铁产量约占 80%以上。

灰铸铁熔点低，流动性好，具有良好的铸造性；由于石墨的润滑作用和断屑作用，使灰铸铁具有良好的切削加工性、耐磨性、抗振性和低的缺口敏感性；灰铸铁还有良好的耐蚀性和抗氧化性。表 3-1-18 是灰铸铁的用途。图 3-1-20 是灰铸铁的应用。

表 3-1-18　灰铸铁的用途

牌　号	最低抗拉强度/MPa	用　途
HT100	100	适用于载荷小，对摩擦、磨损无特殊要求的零件，如盖、外罩、重锤、油盘、支架、手轮等
HT150	150	适用于承受中等载荷的零件，如机床支柱、底座、刀架、齿轮箱、轴承座等
HT200	200	适用于承受较大载荷和较重要的零件，如机床床身、立柱、汽车缸体、缸盖、轮毂、联轴器、油缸、齿轮、飞轮等
HT250	250	
HT300	300	适用于承受高载荷的重要零件，如齿轮、凸轮、大型发动机曲轴、缸体、缸套、缸盖、高压油缸、阀体、泵体等

(a)　　　　　　　　　(b)　　　　　　　　　(c)

图 3-1-20　灰铸铁的应用

(a)阀体；(b)皮带轮；(c)床身

(3)球墨铸铁。球墨铸铁具有良好的力学性能和工艺性能，并能通过热处理使其力学性能在较大范围内变化，其强度、塑性和韧性等力学性能远远超过灰铸铁而接近于普通碳素钢，同时具有灰铸铁的一系列优良性能，如良好的铸造性、耐磨性、切削加工性和低的缺口敏感性等，因此球墨铸铁常用于制造一些受力复杂，强度、硬度、韧性和耐磨性要求较高的零件，如内燃机曲轴、连杆、减速箱齿轮等。但球墨铸铁的过冷倾向大，易产生白口组织，而且铸件也容易产生疏松等缺陷。表 3-1-19 是球墨铸铁的用途。图 3-1-21 是球墨铸铁的应用。

表 3-1-19　球墨铸铁的用途

牌　号	用　途
QT400-18	汽车轮毂、驱动桥壳体、差速器壳体、离合器壳、拨叉、阀体、阀盖
QT400-15	
QT450-10	
QT500-7	内燃机的机油泵齿轮、铁路车辆轴瓦、飞轮
QT600-3	柴油机曲轴、轻型柴油机凸轮轴、连杆、气缸套、进排气门座、磨床、铣床、车床主轴、矿车车轮
QT700-2	
QT800-2	
QT900-2	汽车锥齿轮、转向节、传动轴、内燃机曲轴、凸轮轴

(4)可锻铸铁。可锻铸铁俗称玛钢、马铁。它是白口铸铁通过石墨化退火，使渗碳体分解得到团絮状石墨的铸铁。由于石墨呈团絮状，减轻了石墨对金属基体的割裂作用和应力集中，因而与灰铸铁相比，可锻铸铁具有较高的强度，塑性和韧性也有很

大的提高。由于其具有一定塑性变形的能力，故得名可锻铸铁，实际上可锻铸铁并不能锻造。表 3-1-20 是可锻铸铁的用途。图 3-1-22 是可锻铸铁的应用。

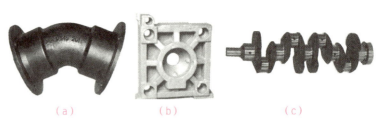

图 3-1-21　球墨铸铁的应用

(a)管件；(b)模板；(c)曲轴

表 3-1-20　可锻铸铁的用途

牌号 A	牌号 B	用途
KTH300-6	—	适用于动载和静载且要求气密性好的零件，如管道配件、中低压阀门
—	KTH330-08	适用于承受中等动载和静载的零件，如扳手、车轮壳、钢丝绳接头
KTH350-10	—	适用于承受较高的冲击、振动及扭转载荷下工作的零件，如汽车轮壳、差速器壳、制动器
—	KTH370-12	
KTZ450-06	—	适用于承受较高载荷、耐磨损且要求有一定韧性的重要零件，如曲轴、凸轮轴、连杆、齿轮、活塞环、摇臂
KTZ550-04	—	
KTZ650-02	—	
KTZ700-02	—	
注：牌号 B 为过渡性牌号		

(5) 蠕墨铸铁。蠕墨铸铁是在高碳、低硫、低磷的铁水中加入蠕化剂，经过蠕化处理后，使石墨变成短蠕虫状的高强度铸铁，主要应用于承受循环载荷、要求组织致密、强度要求高、形状复杂的零件，如气缸盖、进排气管、液压件等。图 3-1-23 是蠕墨铸铁的应用。

黑色金属在工业上通常是铁、铬、锰及其合金的统称。与黑色金属相对的是有色金属，然而，事实上纯净的铁、铬、锰都不是黑色的，铁是银白色的，铬是灰白色的，而锰是银灰色的。由于铁、铬、锰 3 种金属都是冶炼钢铁的主要材料，而钢铁表面通常覆盖一层黑色的四氧化三铁，所以会被"错误分类"为黑色金属。

图 3-1-22　可锻铸铁的应用

(a)转向节壳；(b)阀件；(c)弯管接头

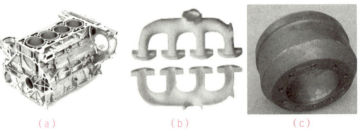

图 3-1-23　蠕墨铸铁的应用

(a)发动机缸体；(b)排气管；(c)制动毂

课题一　黑色金属材料

> **做一做：**
> 1) 观察图 3-1-24 所示的不同物品，哪些物品由黑色金属材料制成？
> 2) 观察铸铁在日常生活和生产中的应用范围及生产方法，查阅相关资料分析铸铁在推进社会文明进步中的地位和作用。

图 3-1-24　不同的物品
(a)电动机外壳；(b)不锈钢水壶；(c)水杯；(d)花瓶

知识梳理

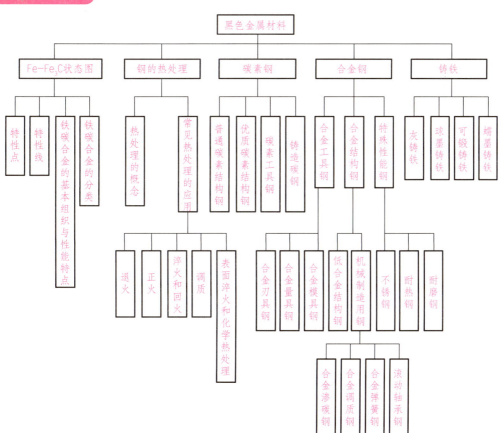

单 元 三　工程材料

课题二　有色金属材料

奋斗者号

学习目标

了解常用有色金属材料的分类、牌号、性能和应用。

青铜器文化

课题导入

2014 年，奥迪全面改进了轿跑车 TT，并在第 84 届日内瓦车展上公开，如图 3-2-1 所示。新款 TT 继"奥迪 A3"、"大众高尔夫"等之后采用了大众集团的新一代平台"MQB"，采用铝合金后，车身大幅减轻。

车身结构与上代车型一样，继续采用组合使用铝合金与钢板的"ASF"（奥迪空间框架），门槛梁及车顶纵梁使用铝合金冲压材料，前盖、车门及行李箱盖也使用了铝合金。

图 3-2-1　奥迪 TT 汽车

据称，新车型在钢板构成的乘客保护结构中，对需要保证强度的部分采用了热冲压材料，因而减轻了重量。与配备 2.0L 直喷涡轮发动机"2.0TFSI"的车型相比较，新一代车型的质量比上一代车型减了 50 kg。

汽车产业的迅速发展离不开有色金属工业多年的大力支持，我国汽车用的主要有色金属材料基本上是立足于国内供应，这也是汽车产业能持续发展的主要基础之一。有色金属是国民经济、人们日常生活、国防工业、科学技术发展必不可少的基础材料和重要的战略物资。农业现代化、工业现代化、国防和科学技术现代化都离不开有色金属。例如，飞机、导弹、火箭、卫星、核潜艇等尖端武器以及原子能、电视、通信、雷达、电子计算机等尖端技术所需的构件或部件大多是由有色金属中的轻金属和稀有金属制成的；此外，没有镍、钴、钨、钼、钒、铌等有色金属就没有合金钢的生产。有色金属在某些用途（如电力工业等）上的使用量也是相当可观的。现在世界上许多国家，尤其是工业发达国家，竞相发展有色金属工业，增加有色金属的战略储备。

试一试：

观察家用轿车，下列各部分使用了哪些有色金属材料？

汽车上的散热器、发动机缸体、缸盖、发动机壳、转向盘、转向柱、轮圈、排气阀。

课题二 有色金属材料

> **知识链接**

工业生产中除黑色金属以外的其他金属称为有色金属。有色金属的种类很多,虽然其产量和使用量不及黑色金属,但由于有色金属具有某些特殊的性能,如良好的导热性、导电性及耐蚀性,已成为现代工业技术中不可缺少的金属材料。

一、有色金属材料的分类

地球上的有色金属分布广泛,种类齐全。有色金属的分类见表3-2-1。

表3-2-1 有色金属的分类

类型	分类标准	举例
重有色金属	指相对密度大于4.5的有色金属	包括铜、镍、铟、铅、锌、锑、汞、镉和铋等
轻有色金属	指相对密度小于4.5的有色金属	包括铝、镁、钙、钾、锶和钡等
贵金属	指在地壳中含量少,开采和提取都比较困难,对氧和其他试剂稳定,价格比一般金属贵的有色金属	包括金、银和铂族金属等
半金属	一般指硅、硒、碲、砷和硼5种元素。其物理和化学性质介于金属和非金属之间	硅、硒、碲、砷、硼
稀有金属	稀有金属并不是稀少,只是指在地壳中分布不广,开采冶炼较难,在工业应用较晚,故称为稀有金属	包括钛、钼、钨等

二、有色金属材料的牌号、性能和用途

常用的有色金属有铝及其合金、铜及其合金、钛及其合金、滑动轴承合金和硬质合金等。

1. 铝及其合金

铝及其合金是自然界中储量较丰富的金属元素之一,在工业上是仅次于钢的一种重要金属,尤其在机械、电力、航空、航天及日常生活用品中得到广泛应用。铝及其合金的牌号见表3-2-2。

表3-2-2 铝及其合金的牌号

分类	牌号	举例
纯铝	其牌号用1×××系列表示。牌号的最后两位数字表示最低含铝量。当最低含铝量精确到0.01%时,牌号的最后两位数字就是最低含铝量中小数点后面的两位。牌号第二位字母表示原始纯铝的改型情况。如果第二位字母为A,则表示为原始纯铝;如果是B~Y的其他字母,则表示原始纯铝的改型,与原始纯铝相比,其元素含量略有改变	1A99,表示含铝量为99%的原始纯铝

续表

分 类	牌 号	举 例
变形铝和铝合金	其牌号采用国际4位数字体系牌号。4位字符体系牌号的第一、三、四位为阿拉伯数字,第二位为英文大写字母(C、I、L、N、O、P、Q、Z字母除外)。牌号的第一位数字表示铝及铝合金的组别,见表3-2-3。除改型合金外,铝合金组别按主要合金元素来确定。牌号的第二位字母表示原始纯铝或铝合金的改型情况,最后两位数字用以标示同一组中不同的铝合金或表示铝的纯度	6063,表示主要合金元素为镁与硅的变形铝合金
铸造铝合金	其牌号均以"ZL"加3位数字组成,第一位数字表示铝合金的类别,其中1为铝硅合金,2为铝铜合金,3为铝镁合金,4为铝锌合金,第二、三位数字是顺序号	ZL102,表示铝硅铸造铝合金

表 3-2-3　变形铝及铝合金的牌号表示方法(GB/T 16474—2011)

组　别	牌号系列
纯铝(含铝量不小于99.00%)	1×××
以铜为主要合金元素的铝合金	2×××
以锰为主要合金元素的铝合金	3×××
以硅为主要合金元素的铝合金	4×××
以镁为主要合金元素的铝合金	5×××
以镁和硅为主要合金元素,并以 Mg_2Si 相为强化相的铝合金	6×××
以锌为主要合金元素的铝合金	7×××
以其他合金为主要合金元素的铝合金	8×××
备用合金组	9×××

(1)纯铝。纯铝的主要性能有:密度小(2.72 g/cm³);导电性好,仅次于金、银、铜;具有良好的耐蚀性;塑性好,强度、硬度低,有较好的加工工艺性。

由于纯铝具有以上优良性能,因此广泛用于制作导线、电器零件、电缆,配制各种铝合金及要求质轻、导热、耐腐蚀但强度要求不高的零件。图3-2-2是纯铝的应用。

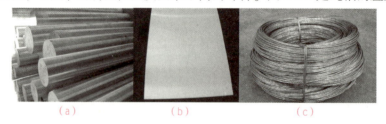

(a)　　　　　　　(b)　　　　　　　(c)

图 3-2-2　纯铝的应用

(a)铝棒;(b)铝板;(c)铝线

(2)铝合金。由于纯铝的强度低,不宜做承力结构的材料,因此在纯铝中加入适量的铜、镁、硅、锰等元素即形成了铝合金。它具有密度小、导热和塑性好、足够的强度和良好的耐蚀性,且多数可热处理强化。根据铝合金的成分及加工成形特点,铝合金可分为变形铝合金和铸造铝合金两大类。

1)变形铝合金。变形铝合金具有较高的强度和良好的塑性,可通过压力加工制作各种半成品,可以焊接,主要用做各类型材和结构件,如飞机构架、螺旋桨、起落架等。变形铝合金可分为防锈铝合金、硬铝合金、超硬铝合金和锻铝合金等几类。常见变形铝合金的用途见表3-2-4。图3-2-3是变形铝合金的应用。

表3-2-4　常用变形铝合金的用途

类别	牌号	用途
防锈铝合金	5A02	适用于在液体中工作的中等强度的焊接件、冷冲压件和容器、骨架零件等
	3A21	适用于要求高的可塑性和良好的焊接性、在液体或气体介质中工作的低载荷零件
硬铝合金	2A11	适用于要求中等强度的零件和构件、冲压的连接部件、空气螺旋桨叶片、局部镦粗的零件
	2A12	用量最大,适用于要求高载荷的零件和构件
	2B11	主要用做铆钉材料
超硬铝合金	7A03	适用于受力结构的铆钉
	7A04 7A09	适用于飞机大梁等承力构件和高载荷零件
锻铝合金	2A50	适用于形状复杂和中等强度的锻件和冲压件

(a)

(b)

(c)

图3-2-3　变形铝合金的应用
(a)铝合金玻璃幕墙;(b)铝合金轮毂;(c)飞机

2)铸造铝合金。用来制造铸件的铝合金称为铸造铝合金。常用的铸造铝合金包括铝镁、铝锌、铝硅、铝铜等合金。它们有良好的铸造性能,可以铸成各种形状复杂的零件;但其塑性差,不宜进行压力加工。图3-2-4是铸造铝合金的应用。

(a)

(b)

(c)

图3-2-4　铸造铝合金的应用
(a)散热片;(b)活塞;(c)管接头

单元三 工程材料

2. 铜及其合金

铜是人类较早发现的金属之一，早在史前时代，人们就开始采掘露天铜矿，并用获取的铜制造武器、工具和其他器皿。铜及其合金的牌号见表3-2-5。

表3-2-5　铜及其合金的牌号

分类	牌　号	举　例
纯铜	工业纯铜有T1、T2、T3、T4四个牌号，T为铜的汉语拼音字首，后面的数字越大，纯度越低，含有的杂质越多	T1，表示一号纯铜
黄铜	普通黄铜的牌号用"黄"字汉语拼音字首"H"加数字表示，该数字表示平均含铜量的百分数。 特殊黄铜的牌号用"H+主加元素的元素符号（锌除外）+含铜量的百分数+主加元素含量的百分数"来表示	H62，表示含铜量为62%、含锌量为38%的普通黄铜。 HPb59-1，表示含铜量为59%、含铅量为1%、含锌量为40%的铅黄铜
青铜	青铜的牌号以"Q"为代号，后面标出主要元素的符号和含量。 铸造铜合金的牌号用"ZCu"及合金元素符号和含量组成	QSn4-3，表示含锡量为4%、含锌量为3%，其余为铜（93%）的压力加工青铜。 ZCuSn5Pb5Zn5，表示含锡、铅、锌各约为5%、其余为铜（85%）的铸造锡青铜
白铜	其牌号用"B"加镍含量表示；三元以上的白铜用"B+第二个主加合金元素符号+除铜以外成分数字"表示	B30，表示含镍量为30%、含铜量为70%的白铜

（1）纯铜。纯铜外观呈紫红色，又称紫铜。纯铜的主要性能有：具有良好的导电性和导热性，仅次于金、银，具有极好的塑性及较好的耐蚀性；但其强度不高，不宜用来制造结构零件，常用来制造各种导电材料、导热材料和耐蚀性元件及配制各种铜合金。图3-2-5是纯铜的应用。

（a）　　　　　　　　　　（b）　　　　　　　　　　（c）

图3-2-5　纯铜的应用

（a）纯铜散热器；（b）纯铜摆件；（c）纯铜电缆

（2）铜合金。纯铜的强度较低，不宜制造结构零件，因此加入合金元素制成铜合金来改善力学性能。常用的铜合金可分为黄铜、青铜和白铜3类，应用较为广泛的是黄铜和青铜。

1）黄铜。以锌为主要合金元素的铜合金称为黄铜。黄铜具有良好的力学性能，易于加工成形，具有良好的耐腐蚀性能及机械加工性能。黄铜一般用于制造耐腐蚀和耐磨零件，如阀门、子弹壳、管件等。根据化学成分不同，黄铜分为普通黄铜和特殊黄铜。普通黄铜是铜和锌的合金。图3-2-6是普通黄铜的应用。在普通黄铜中加入其他合金元素所组成的合金称为特殊黄铜。常加入的合金元素有锡、硅、锰、铅和铝等，分别称为锡黄铜、硅黄铜、锰黄铜等。图3-2-7是特殊黄铜的应用。

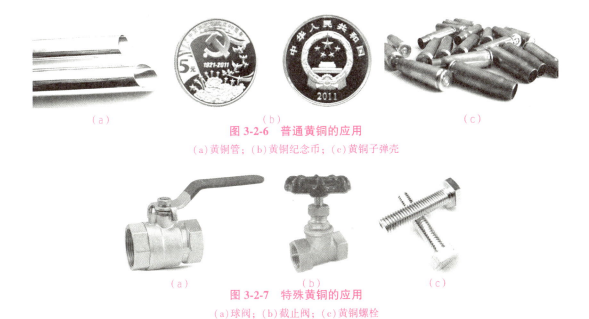

图 3-2-6　普通黄铜的应用

(a)黄铜管；(b)黄铜纪念币；(c)黄铜子弹壳

图 3-2-7　特殊黄铜的应用

(a)球阀；(b)截止阀；(c)黄铜螺栓

2）青铜。除了黄铜和白铜（铜和镍的合金）外，所有的铜基合金都称为青铜，它分为锡青铜和无锡青铜。

①锡青铜。以锡为主要合金元素的铜合金称为锡青铜。它有很好的力学性能、铸造性能、耐蚀性和减摩性，是一种很重要的减摩材料，主要用于摩擦零件和耐腐蚀零件的制造，如蜗轮、轴瓦、衬套等。图 3-2-8 是锡青铜的应用。

图 3-2-8　锡青铜的应用

(a)世界第一锡青铜铸大坐佛——南山大佛；(b)蜗轮；(e)衬套

②无锡青铜。除锡以外的其他合金元素与铜组成的合金，统称为无锡青铜，主要包括铝青铜、硅青铜和铍青铜等。它们通常作为锡青铜的廉价代用材料使用。图 3-2-9 是无锡青铜的应用。

图 3-2-9　无锡青铜的应用

(a)铝青铜叶轮；(b)硅青铜螺钉；(c)铍青铜冲压件

3）白铜。白铜是铜镍合金，因色白而得名。白铜表面光亮，不易锈蚀，延展性好，硬度高，色泽美观，耐腐蚀，具有深冲性能，广泛用于造船、石油化工、电器、仪表、医疗器械、日用品、工艺品等领域，并且还是重要的电阻和热电偶合金。白铜比较昂贵。图3-2-10是白铜的应用。

 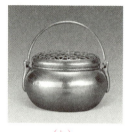 

(a) (b) (c)

图3-2-10 白铜的应用

(a)白铜钱；(b)白铜手炉；(c)白铜线

3. 钛及其合金

钛及其合金质量轻、强度高、耐高温、耐腐蚀且具有良好的低温韧性，是航空航天、石油、化工等行业中广泛使用的材料。钛及其合金的牌号见表3-2-6。

表3-2-6 钛及其合金的牌号

分类	牌号	举例
钛及其合金	其牌号用"T"加表示合金组织类型的字母及顺序号表示，字母A、B、C分别表示α型、β型、α+β型合金	TA1，表示一号α型钛合金

（1）纯钛。纯钛是银白色的金属，密度小，熔点高，热膨胀系数小，塑性好，容易加工成形，可制成细丝、薄片，在550℃以下具有很好的耐蚀性，不易氧化，常用来做耐海水腐蚀的管道、火箭骨架、阀门、发动机活塞等。图3-2-11是纯钛的应用。

(a) (b) (c)

图3-2-11 纯钛的应用

(a)纯钛蒸发器；(b)纯钛手表；(c)纯钛眼镜

（2）钛合金。在纯钛的基础上加入合金元素可形成钛合金。钛合金具有强度高、耐蚀性和耐热性好等特点，因此广泛用于各个领域。图3-2-12是钛合金的应用。

(a) (b) (c)

图3-2-12 钛合金的应用

(a)钛合金机枪；(b)钛合金门；(c)钛合金潜艇

4. 滑动轴承合金

用来制造滑动轴承的合金称为滑动轴承合金。滑动轴承合金应具备的性能有足够的强度和硬度、高的耐磨性、足够的塑性和韧性、较高的抗疲劳强度、良好的磨合性、良好的耐蚀性和导热性等。常用的滑动轴承合金有锡基轴承合金、铅基轴承合金、铜基轴承合金和铝基轴承合金4类。

（1）锡基轴承合金。锡基轴承合金是一种软基体、硬质点类型的轴承合金。它是以锡为基础，并加入锑、铜等元素组成的合金。常用的牌号有 ZSnSb12Pb10Cu4、ZSnSb11Cu6、ZSnSb8Cu6 等。

锡基轴承合金具有良好的塑性、导热性和耐蚀性，但疲劳强度不高，工作温度较低（一般不大于150℃），价格高，适于制造重要的轴承，如涡轮机、汽轮机、内燃机等高速轴瓦。

（2）铅基轴承合金。铅基轴承合金是以 Pb-Sb 为基的合金，但二元 Pb-Sb 合金有比重偏析，同时锑颗粒太硬，基体又太软，性能并不好，通常还要加入其他合金元素，如 Sn、Cu、Cd、As 等。常用的铅基轴承合金为 ZPbSb16Sn16Cu2、ZPbSb15Sn5 等。

铅基轴承合金的硬度、强度、韧性都比锡基轴承合金低，但摩擦系数较大，价格较便宜，铸造性能好，常用于制造承受中、低载荷的轴承，如汽车、拖拉机的曲轴、连杆轴承及电动机轴承，但其工作温度不能超过 120 ℃。

铅基、锡基轴承合金的强度都较低，需要镶铸在钢的轴瓦（一般用 08 钢冲压成形）上，形成薄而均匀的内衬，才能发挥作用。这种工艺称为挂衬。

（3）铝基轴承合金。铝基轴承合金是一种新型减摩材料，具有密度小、导热性好、疲劳强度高和耐蚀性好的优点。它原料丰富，价格便宜，因此适用于制造高速、重载条件下工作的轴承，在汽车、内燃机等方面应用广泛。

铝基轴承合金常以 08 钢做衬背，一起轧成双合金带使用。

5. 硬质合金

硬质合金是将难熔的高硬度的碳化钨、碳化钛和钴、镍等金属粉末经混合、压制成形，再在高温下烧结制成的一种粉末冶金材料。硬质合金具有硬度高、热硬性高、耐磨性好、抗压强度高、良好的耐蚀性和抗氧化性等性能。常用的硬质合金有钨钴类硬质合金、钨钴钛类硬质合金和通用硬质合金3类。硬质合金的牌号及用途见表3-2-7。

表 3-2-7 硬质合金的牌号及用途

分类	牌号	牌号举例	应用
钨钴类硬质合金	其牌号用"YG+数字"表示，数字为含钴量的百分数	YG8，表示含钴量为8%、其余为碳化钨的钨钴类硬质合金	主要成分是碳化钨及钴，主要用于加工铸铁等脆性材料
钨钴钛类硬质合金	其牌号用"YT+数字"表示，数字为碳化钛含量的百分数	YT15，表示碳化钛含量为15%、其余为碳化钨和钴含量的钨钴钛类硬质合金	主要成分是碳化钨、碳化钛及钴，适于加工塑性材料
通用硬质合金	其牌号用"YW+顺序号"表示	YW1，表示一号通用硬质合金	适于加工各种钢材，特别是不锈钢、耐热钢、高锰钢等难加工材料，也可以代替钨钴类硬质合金加工铸铁等脆性材料

做一做：

1）请将图 3-2-13 所示汽车上的配件和对应的制造材料连接起来。

2）观察有色金属在日常生活和生产中的应用，查阅有关资料调查有色金属在地球上的储量，并交流和研讨"如何合理使用有限的金属资源"。

散热器　　　　　　　发动机缸体　　　　　　排气阀

| 钛及钛合金 |　| 铜及铜合金 |　| 铝及铝合金 |

图 3-2-13　汽车配件及其材料

知识梳理

我国稀有金属资源概述

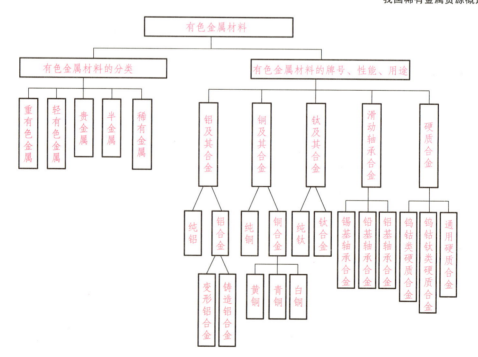

*课题三　其他常用工程材料

学习目标

1. 了解工程塑料和复合材料的特性、分类和应用；
2. 了解其他新型工程材料的应用。

课题导入

A380客机是迄今为止最大的民航客机，机身重量很大，如果不采用复合材料，飞机的负担会很重，耗油量更大，继而影响航空公司运营的成本，同时影响整个飞机的使用寿命。统计数据显示：燃油运营成本占航班总成本的20%～25%，如果采用传统的航材，那么航空公司将无法负担巨大的成本。所以，在A380客机上大量采用复合材料是必然的。

A380的中机身翼盒约重8.8 t，其中复合材料的用量达到了5.3 t，与传统的铝合金材料相比，中央翼盒的重量减轻了1.8 t。A380客机还采用了占飞机结构总重约3%的GLARE材料制造机身上蒙板，GLARE机身壁板相对于铝合金具有出色的抗疲劳开裂能力及防火能力。

近几十年来，人工合成高分子材料发展非常迅速，并越来越多地应用于工业、农业、国防和科学技术各个领域。在机器制造工业中，人工合成的高分子材料，特别是塑料，使用性能优良，成本低廉，外表美观，正在逐步取代一部分金属材料。机械工程上应用的非金属材料主要有高分子材料、陶瓷材料和复合材料等。非金属材料具有某些特殊的使用性能，广泛应用于国民经济的各个部门。

试一试：

了解图3-3-1所示空客A350型飞机的材料构成和比例，试着说出A350型飞机上尾翼、机翼、机身、翼身整流罩等采用的材料。

图3-3-1　A350型飞机材料构成及比例

> **想一想：**
> 日常生活中用到了哪些工程塑料、复合材料和其他工程材料？

知识链接

一、塑料的特性、分类及应用

塑料是一种高分子合成材料，以树脂为基础，加入添加剂制成。树脂是塑料的主要成分，其种类、性质、含量等对塑料的性能起决定性作用，因此多数塑料是以所用树脂来命名的，如酚醛塑料。而有些树脂不加添加剂也可直接用做塑料，如聚乙烯等。添加剂是在塑料中有目的加入的某些固态物质，以弥补树脂自身性能的不足。常用的添加剂有填料、增塑剂、固化剂、稳定剂及其他种类等，各种添加剂的作用各不相同。

塑料的种类很多，在工业上一般有两种分类方法，见表3-3-1。

表3-3-1 塑料的分类方法及性能

分类方法	类型	分类标准	举例	性能
按树脂的性质分类	热塑性塑料	加热时软化，可熔成黏稠状的液体，冷却后变硬，再次加热又软化，冷却又硬化，可多次重复	如聚乙烯、聚氯乙烯、聚丙烯、聚酰胺、聚甲醛等	具有加工成形方便、力学性能较高的优点，但耐热性、刚性差
	热固性塑料	加热时软化，继续加热又硬化，固化后再加热不再软化，只能成形一次	如酚醛塑料、氨基塑料、环氧塑料等	具有耐热性能高、受压不易变形等优点，但力学性能不好
按塑料的应用情况分类	通用塑料	产量大，价格低，用途广且受力不大	如聚乙烯、聚氯乙烯、聚丙烯、酚醛塑料和氨基塑料等	是一般工农业生产和日常生活不可缺少的塑料
	工程塑料	具有良好的使用性能，如耐高温、耐低温、强度高等	如聚碳酸酯、聚酰胺、ABS等	可取代金属材料来制造机械零件
	特种塑料	耐高温或具有特殊用途的塑料	如医用塑料等	具有某些特殊性能，能满足某些特殊要求

（1）ABS。ABS塑料的综合力学性能好，其特点是坚韧、质硬、刚性好，可电镀表面金属化，易着色，但是不耐高温，能燃烧，主要用做结构材料，如齿轮、轴承、仪表配件、电视机壳体等。图3-3-2是ABS的应用。

(a)

(b)

(c)

图3-3-2 ABS的应用
(a)插座面板；(b)安全帽；(c)汽车内饰

（2）聚碳酸酯。聚碳酸酯的透明度高达86%～92%，其特点是抗冲击强度最高，抗蠕变性好，能在-100℃～+130℃范围长期使用，常用做齿轮、安全帽、汽车外壳、门窗玻璃等。图3-3-3是聚碳酸酯的应用。

图3-3-3　聚碳酸酯的应用
(a)手机后盖；(b)旅行箱；(c)透明灯罩

（3）聚酰胺(尼龙)。聚酰胺通常称尼龙，其特点是具有较高的抗拉强度和韧性，有突出的耐磨性和自润滑性，耐蚀性好，抗霉、抗菌、无毒，工艺成形性好，但热稳定性差，吸水性大，热导率低，尺寸稳定性差，主要用做齿轮、衬套、叶轮密封圈等。图3-3-4是聚酰胺(尼龙)的应用。

图3-3-4　聚酰胺的应用
(a)热溶胶棒；(b)耐磨齿轮；(c)定位锚绳

（4）聚甲醛。聚甲醛由甲醛聚合而成，有优良的综合力学性能，尺寸稳定性高，吸水性小，耐磨、耐老化性良好，主要用来制造减摩、耐磨及传动件，如轴承、齿轮、凸轮轴、仪表外壳等。图3-3-5是聚甲醛的应用。

图3-3-5　聚甲醛的应用
(a)管件；(b)凸轮；(c)齿轮

（5）聚四氟乙烯。聚四氟乙烯在氟塑料中应用最广，其特点是耐高、低温性能好，长期使用在-180℃～+260℃范围性能稳定，摩擦系数极低，具有极高的耐蚀性，素有"塑料王"之称，但是强度较低，主要用做绝缘材料、轴承、人造心肺、密封件等。图3-3-6是聚四氟乙烯的应用。

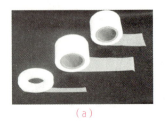  

(a) (b) (c)

图 3-3-6　聚四氟乙烯的应用

(a)胶带；(b)密封圈；(c)波纹管

二、复合材料的特性、分类及应用

复合材料是由两种或两种以上物理和化学性质不同或不同组织结构的材料，用某种工艺方法经人工组合而成的多相合成材料。复合材料的性能由于互相取长补短，保持各自的最佳性能而得到单一材料无法比拟的综合性能，因此它已经成为一类新型的结构材料。

复合材料的特点是具有高比强度和大比模量，抗疲劳性好，减振性好，耐高温等。

按照复合材料的增强剂种类和结构形式的不同，复合材料的分类见表 3-3-2。图 3-3-7 是复合材料的应用。

表 3-3-2　复合材料的分类

类型	分类标准	举例
纤维增强复合材料	这类材料以玻璃纤维、碳纤维、硼纤维和碳化硅纤维等陶瓷材料做复合材料的增强剂，复合于塑料、树脂、橡胶和金属等为基体的材料之中	如橡胶轮胎、玻璃钢、纤维增能陶瓷等
层叠复合材料	这是克服复合材料在高度上性能的方向性而发展起来的	如三合板、五合板、钢—铜—塑料复合的无油润滑轴承材料等
细粒复合材料	将硬质细粒均匀分布于基体中	硬质合金就是 WC—Co 或 WC—TiC—Co 等组成的细粒复合材料

(a) (b) (c)

图 3-3-7　复合材料的应用

(a)飞机；(b)高效节能灯；(c)汽车

三、其他新型工程材料

随着科学技术的发展，出现了一些其他新型工程材料。橡胶材料和陶瓷材料的性能获得了飞速发展，除了用于传统的橡胶和陶瓷制品外，还广泛应用在国防、宇航和电气等工业部门。

1. 橡胶

生产中把未经硫化的天然胶与合成胶称为生胶,硫化后的胶称为橡胶。工业上使用的橡胶制品是在橡胶中加入各种添加剂(有硫化剂、硫化促进剂、软化剂、防老化剂和填充剂等),经过硫化处理后所得到的产品。

橡胶按其来源分为天然橡胶和合成橡胶两大类。其特点是弹性模量很低,伸长率很高,具有优良的拉伸能力和储能本领,具有良好的吸震性、耐磨性、绝缘性、隔音性等。橡胶主要用于制造密封件、减振件、传动件、轮胎和电线等。图 3-3-8 是橡胶的应用。

(a)　　　　　　　　　　(b)　　　　　　　　　　(c)

图 3-3-8　橡胶的应用

(a)轮胎;(b)密封圈;(c)橡胶手套

2. 陶瓷

陶瓷是一种无机非金属材料,是陶器和瓷器的总称,也包括玻璃、水泥、石灰、石膏和搪瓷等。它与高分子材料、金属材料构成三大基础材料。陶瓷可分为普通陶瓷和特种陶瓷两大类。

(1)普通陶瓷。普通陶瓷是以黏土、长石和石英等天然原料,经过粉碎、成形和烧结而成的,主要用做日用、建筑、卫生以及工业上应用的低压和高压电、耐酸、过滤等的陶瓷。图 3-3-9 是普通陶瓷的应用。

(a)　　　　　　　　　　(b)　　　　　　　　　　(c)

图 3-3-9　普通陶瓷的应用

(a)陶瓷餐具;(b)马赛克;(c)陶瓷刀

(2)特种陶瓷。特种陶瓷是以人工化合物(如氧化物、氮化物、碳化物、硼化物等)为原料经过粉碎成形和烧结制成的。它具有独特的力学、物理、化学、光学性能,主要用于化工、冶金、机械、电子、能源和一些新技术中。特种陶瓷包括氧化铝陶瓷、氮化硅陶瓷、碳化硅陶瓷等。

1)氧化铝陶瓷。氧化铝陶瓷的主要成分为 Al_2O_3,含有少量 SiO_2,耐高温性能好,具有良好的耐磨性和电绝缘性,主要用来做耐火材料,如坩埚、内燃机的火花塞、耐火砖、导弹的导流罩及轴承等。图 3-3-10 是氧化铝陶瓷的应用。

图 3-3-10 氧化铝陶瓷的应用
(a)坩埚；(b)火花塞；(c)耐火砖

2）氮化硅陶瓷。氮化硅陶瓷具有强度和硬度高、摩擦系数和热膨胀系数小、化学稳定性高等特点。热压烧结氮化硅通常用来做形状简单、精度要求不高的零件，如切削刀具、高温轴承等；反应烧结氮化硅常用来做形状复杂、精度要求高的零件，如机械密封环等。图 3-3-11 是氮化硅陶瓷的应用。

图 3-3-11 氮化硅陶瓷的应用
(a)轴承；(b)定位销；(c)刀片

3）碳化硅陶瓷。碳化硅陶瓷的高温强度高，有很好的耐磨损、耐腐蚀、抗蠕变性能，其热传导能力很强，常用来制造热电偶套管、燃气轮机叶片及轴承、火箭喷嘴、浇注金属的喉管等。图 3-3-12 是碳化硅陶瓷的应用。

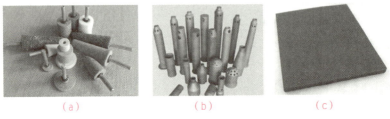

图 3-3-12 碳化硅陶瓷的应用
(a)磨头；(b)喷火嘴；(c)隔焰板

3. 纳米材料

纳米级结构材料简称为纳米材料，是指其结构单元的尺寸范围为 1～100 nm。由于结构单元的尺寸非常小，因此，其所表现的特性(如熔点、磁性、光学、导热、导电特性等)往往不同于该物质在整体状态时所表现的性质。

目前，纳米技术已成功应用于许多领域，包括电子工业、环保、医药、纺织、机械及电子计算机、家电等。例如，在医药领域，纳米材料粒子将使药物在人体内的传输更方便，用数层纳米粒子包裹的智能药物进入人体后可主动搜索并攻击癌细胞或修补损伤组织（使用纳米技术的新型诊断仪器只需检测少量血液，就能通过其中的蛋白质和 DNA 诊断出疾病）；在机械工业领域，采用纳米材料技术对机械关键零部件进行金属表面纳米粉涂层处理，可以提高机械设备的耐磨性、硬度和使用寿命。

4. 功能材料

功能材料是指那些具有优良的电学、磁学、光学、热学、声学、力学、化学、生物医学功能和特殊的物理、化学、生物学效应，能完成功能相互转化，主要用于制造各种功能元件而被广泛应用于各类高科技领域的高新技术材料。

功能材料是新材料领域的核心，是国民经济、社会发展及国防建设的基础和先导，涉及信息技术、生物工程技术、能源技术、纳米技术、环保技术、空间技术、计算机技术、海洋工程技术等现代高新技术及其产业。功能材料不仅对高新技术的发展起着重要的推动和支撑作用，还对我国相关传统产业的改造和升级，实现跨越式发展起着重要的促进作用。

> **做一做：**
> 1）通过查阅资料，尽可能多地找出 A380 客机上使用的复合材料的种类。
> 2）观察社会的各个角落，分析非金属材料在我们的生活中发挥怎样的作用。

李薰的故事

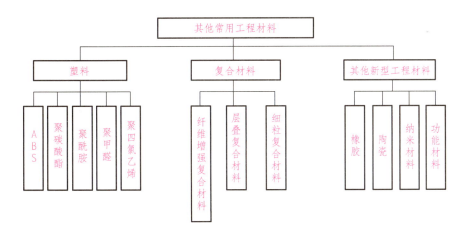

课题四　材料的选择及运用

学习目标

熟悉常用机械工程材料的选择及运用原则。

单 元 三 工程材料

课题导入

正确、合理地选择和使用材料是从事工程构件和机械零件设计与制造的工程技术人员的一项重要任务。选材是否恰当，特别是机器中关键零件的选材是否恰当，将直接影响产品的力学性能、使用寿命及制造成本。选材不当，严重时可能导致零件的完全失效，甚至发生安全事故。

在机械零件产品的设计与制造过程中，如果要正确选择和使用材料，必须了解零件的工况条件及其失效形式，才能较准确地提出对零件材料的主要性能要求，从而选择出合适的材料并制定出合理的冷、热加工工艺路线。因此如何合理地选择和使用金属材料是一项十分重要的工作。

> **想一想：**
>
> 应该选择什么样的材料，才能使 CA6140 型卧式车床的主轴满足下列基本要求：
>
> 1）高的耐摩擦与耐磨损能力。机床主轴的不同部位承受着不同程度的磨损，尤其是轴颈部分，由于某些轴承与轴颈配合时，磨损较大，因此此部位应具有很高的硬度来增强耐磨性。但是某些轴颈与滚动轴承配合后磨损不大，因此不需要大的硬度。
>
> 2）高的承载能力和疲劳强度。在高速运转时，机床主轴要承受不同载荷的作用，如弯曲变形、冲压、扭转等，因此要求主轴必须有抵抗不同载荷的能力。主轴在载荷大、转速高时还要承受着很高的交变应力，所以要求主轴具有较高的综合力学性能和疲劳强度。

知识链接

一、材料的选择原则

在选择材料的过程中，不仅要考虑材料的性能能够适应零件的工作条件，使零件经久耐用，而且要求材料有较好的加工性能和经济性，以便提高零件的生产率，降低成本，减少消耗等。选材的依据是零件的使用性能和失效分析结果。选材的一般原则是首先保证使用性能，同时兼顾工艺性能和经济性。

1. 使用性能原则

使用性能是保证零件正常工作所必须具备的首要条件，包括力学性能和物理、化学性能。它是选材的最主要依据。对于机械零件，最重要的使用性能是力学性能，一般来说，常将力学性能作为保证和评价使用性能的主要方面。对零部件力学性能的要求一般是在分析零部件的工作条件和失效形式的基础上提出来的。根据使用性能选材的步骤如下：

1)分析零部件的工作条件,确定使用性能。零部件的工作条件是复杂的,包括受力状态(拉、压、弯、剪、扭)、载荷性质(静载荷、冲击载荷、交变载荷)、载荷大小及分布、工作温度(低温、室温、高温、变温)、环境介质(润滑剂、海水、酸、碱、盐等)、对零部件的特殊性能要求(电、磁、热)等。选材时,应在对工作条件进行全面分析的基础上确定零部件的使用性能。

2)判明零部件可能的失效形式,确定主要使用性能。失效分析就是找出对零件失效起主要作用的关键性能指标,必要时还需进行实验室试验来最后确定所用的材料。在找出关键性能指标时要特别注意评价的科学性。例如,曲轴的主要失效形式之一是断裂,如果以此为依据认为材料的冲击韧度值越高越安全,就会降低材料的使用强度水平。又如,以提高强度水平配合适当的韧性作为设计依据,选择球墨铸铁生产曲轴,在我国就获得了广泛的应用。如果零件在特殊的环境下工作,则应根据具体的工作条件分析其失效形式,此时材料的物理、化学性能往往会成为选材的关键性能指标。

3)将对零部件的使用性能要求转化为对材料性能指标的要求。明确了零件的使用性能后,并不能马上按此进行选材,还要把使用性能的要求,通过分析、计算量化成具体数值。例如,"高硬度"这一使用性能要求,需转化为"> 60HRC"或"62~65HRC"等。

4)材料的预选。根据对零部件材料性能指标数据的要求查阅有关手册,找到合适的材料,再根据这些材料的大致应用范围进行判断、选材。对于用预选材料设计的零部件,其危险横截面在考虑安全系数后的工作应力,必须小于所确定的性能指标数据值,然后再比较加工工艺的可行性和制造成本的高低,以最优方案的材料作为所选定的材料。

2. 工艺性能原则

材料工艺性能的好坏与零件加工的难易程度、生产效率、生产成本有很大关系,所以,选材时在满足零件对使用性能要求的前提下应选加工工艺性能良好的材料。材料的工艺性能主要有以下几个方面:

(1)铸造性能。铸造性能包括流动性、收缩、偏析、吸气性等。常用的金属材料中,灰铸铁的熔点低、流动性好、收缩率小,因而铸造性能优良;而低、中碳钢的熔点高、熔炼困难、凝固收缩较大,因而铸造性能不如铸铁好;有色金属中的铝合金具有优良的铸造性能,所以铸造铝合金及铸造铜合金在工业中获得了广泛应用。

(2)压力加工性能。压力加工分为热加工和冷加工两种。热加工主要包括热锻、热挤压、热轧等。评价热加工工艺性能的指标主要是塑性、变形抗力、可加工的温度范围、抗氧化性以及热脆倾向。冷加工主要是指冷冲压、冷镦、冷挤压等。变形铝合金、铜合金、低碳钢的压力加工性能好,而高碳钢较差。

(3)焊接性能。在工程构件的连接方法中,焊接是应用最广泛的一种。焊接性能包括形成冷裂或热裂的倾向、形成气孔的倾向等,其优劣的判断依据有焊缝区的性能是否低于母材、焊缝倾向的大小等。低碳钢的焊接性能好,高碳钢及铸铁的焊接性能差。

(4)切削加工性能。切削加工性能主要指材料的切削加工性、磨削加工性等,其性能优劣的判断依据主要是刀具的磨损程度、动力消耗值、零件表面粗糙度等。在工业用钢中,奥氏体不锈钢、高速钢的切削加工性差。钢的硬度对切削加工性能有很大影响;中、低碳结构钢正火状态，以及高碳钢、高碳合金工具钢的退火状态都具有适于切削的硬度。

（5）热处理工艺性能。热处理工艺性能包括淬透性、淬硬性、回火稳定性、氧化脱碳倾向、变形开裂倾向等。热处理对改变钢的性能起关键作用。热处理性能不好，会影响零件的使用性能、形状及尺寸的稳定，甚至引起零件的开裂损坏。一般碳素钢的压力加工和切削性能较好，在力学性能和淬透性能满足要求时尽量选用碳素钢；当碳素钢不能满足使用性能要求时应选用合金钢，合金钢的强度高、淬透性好、变形开裂倾向小，更适于制造高强度、大截面、形状复杂的零件。

3. 经济性原则

在满足使用性能和工艺性能的前提下，选用的材料要价格便宜、成本低廉。除考虑材料本身的价格外，还要考虑加工费用和管理费用。在满足使用性能的前提下选用零件材料时就要力争使产品的成本最低。例如，选用一般碳素钢和铸铁能满足要求的，就不应选用合金钢。

选材时注意以下几个问题，对提高产品的经济性是有益的。

1）充分考虑以铁代钢。铸铁原料广泛，价格较为低廉，而且具有很多优良的性能（尤其是球墨铸铁）。

2）尽量选用型材代替锻件，以降低制造费用。

3）优先选用碳素钢，因为碳素钢的切削性、压力加工性及焊接性能都优于合金钢，加工制造成本较低。

4）选材时不能单纯追求原材料价格低廉，而应当以综合效益（如材料单价、加工费用、使用寿命和美观程度等）来评价材料的经济性。

5）应尽量选用资源丰富的合金钢系列，如锰钢、硅锰钢等，少选或不选含镍、铬、钴等我国资源缺乏的钢种。

6）应根据厂家的具体情况选择工艺成熟的材料，以降低加工费，提高成品率。同时还应考虑所选材料的品种尽量少而集中，以减少管理费用。尽量选用本地区或就近可以供应的材料，以降低运输费用。

二、选材的一般步骤

机械零件选材的一般步骤如图3-4-1所示。

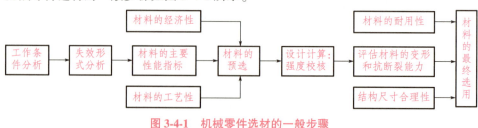

图3-4-1　机械零件选材的一般步骤

工程实例：典型零件的选材及热处理工艺分析见表3-4-1。

课题四 材料的选择及运用

表 3-4-1 典型零件的选材及热处理工艺分析

项目\零件	齿轮	丝锥和板牙
工作条件	齿根受很大的交变弯曲应力作用,齿面受较大的接触应力作用并有强烈的摩擦和磨损;承受一定的冲击载荷	柄部和心部承受较大的扭转应力,齿刃部承受较大的摩擦和磨损;高速切削时,齿刃部还要承受较高的工作温度
失效形式	轮齿折断、齿面磨损、齿面剥落、齿面点蚀、过载断裂等	磨损和扭断
力学性能	齿根应具有高的弯曲疲劳强度,齿面应具有高的接触疲劳强度、高的硬度和耐磨性,齿轮心部应具有良好的综合力学性能或较好的强韧性	齿刃部应具有高硬度(59~64HRC)、高耐磨性和一定的热硬性(视切削速度而定),柄部和心部应具有足够的强度和韧性,硬度为 35~45HRC
常用材料及热处理	可选用中碳钢(如 45 钢),进行调质+表面淬火+低温回火;或者选用低、中碳合金结构钢(如 20CrMnTi),进行渗碳+淬火+回火	手用丝锥和板牙对热硬性不作要求,选用 T10A 和 T12A 钢制造,并经淬火和低温回火;机用丝锥和板牙要求有较高的热硬性,可选用 9SiCr 钢、9Mn2V 钢、CrWMn 或 W18Cr4V 钢制造,并经适当的热处理

做一做:
为 CA6140 型卧式车床的主轴选择合适的制造材料。

知识梳理

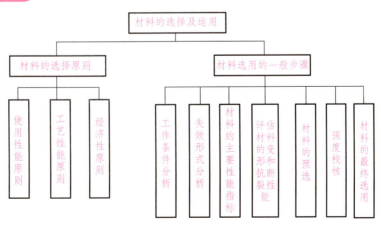

115

单 元 三　工程材料

课题五　调查常用工程材料的市场销售情况

1. 调查目的
1）了解常用工程材料的种类、牌号、规格及销售情况。
2）了解常用材料的使用情况。
3）通过观察各种工程材料的规格和外在形态，增强感性认识。

2. 调查场所
1）以钢材为主的工程材料市场。
2）机械加工厂或机械维修车间、材料库。
3）图书馆、资料室、互联网等。

3. 调查内容
1）常用金属材料、非金属材料的种类、牌号、特性及应用。
2）钢板、钢管、型钢的规格、用途、种类。
3）压力容器中常用的钢板类型（热轧钢板）。
4）管道中常用的钢管类型（无缝钢管、肩缝钢管）。
5）机器中轴类、套类、轮盘类、叉架类、机座类等所选用的材料类型。
6）测量常用的工程材料规格，了解其价格及销售情况。
7）查阅或上网浏览有关的工程材料手册或工程材料产品样本。

4. 调查结果分析与思考
1）某些工程材料销售量较大的原因。
2）选用材料的原则。
3）通过调查是否能够用肉眼直接辨别常用材料的类型。
4）在市场调查遇到了哪些困难？
5）与工程材料的市场销售部门的经营者交往的感受。
6）通过调查，表达能力和交往能力是否有所提高？经济观念是否有所增强？

5. 调查体会
根据调查情况，完成一篇常用工程材料的市场销售情况调查报告。

单元四

连　　接

　　机器都是由许多零部件按确定的方式连接而成的。连接是两个或两个以上的零件连成一体的结构。在机械设备中，应用着各种各样的连接，连接的类型很多，可分为动连接和静连接。常见的动连接有各种运动副连接和弹性连接，静连接有键连接、花键连接、销连接、不可拆连接(如焊接、铆接、胶接等)。

课题一　键连接与销连接

学习目标

1. 了解键连接的功用与类型；
2. 理解平键连接的结构与标准；
*3. 能正确选用普通平键连接；
4. 了解花键连接的类型、特点和应用；
5. 了解销连接的类型、特点和应用。

课题导入

　　安装在轴上的齿轮、带轮、链轮等传动零件，其轮毂与轴的连接主要有键连接、花键连接、销连接等。

想一想：
　　自行车的中轴与曲轴是采用什么连接起来的？载重汽车的后轮与传动轴是采用什么连接的？落地式电风扇的扇叶与轴采用的是什么连接？

一、键连接的功用与类型

1. 键连接的功用

键连接主要用作轴上零件的轴向固定并传递转矩和运动,有的能起使轴上零件沿轴向移动时的导向作用。

2. 键连接的类型

键的类型

按照结构特点和工作原理,常用的键连接类型有平键连接、半圆键连接、楔键连接、切向键连接和花键连接等。常用的键连接为平键连接。

键连接属于可拆连接,具有结构简单、工作可靠、装拆方便及已经标准化等特点,故得到广泛的应用。

二、平键连接的结构与标准

1. 平键连接

平键连接的横截面结构如图 4-1-1 所示。平键的底面与轴上键槽底面贴紧;顶面与轮毂键槽顶面留有间隙;两侧面与键槽侧面贴紧,为工作面。依靠键与键槽之间的挤压力传递转矩。

平键连接加工容易,装拆方便,对中性良好,用于传动精度要求较高的场合。普通平键的主要尺寸是键宽 b、键高 h 和键长 L。普通平键的类型见表 4-1-1。

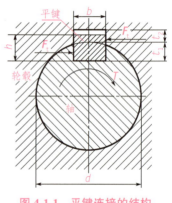

图 4-1-1 平键连接的结构

表 4-1-1 普通平键的类型

类型	结构示意图	应用
圆头(A 型)		定位好,应用广泛

续表

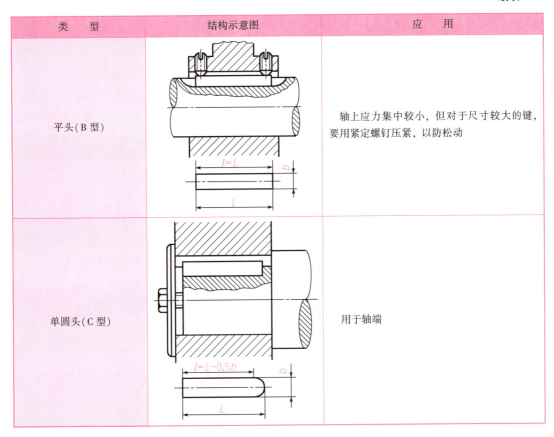

2. 薄型平键连接

薄型平键与普通平键比较,在键宽 b 相同时,键高 h 较小。因此,薄型平键连接对轴和轮毂的强度削弱作用较小,用于薄壁结构和特殊场合。

3. 导向平键连接

当轴上零件与轴构成移动副时,可采用导向平键连接,如图 4-1-2 所示。导向平键比普通平键长,为防止键体在轴中松动,用两个螺钉将其固定在轴上键槽中,键的中部设有起键螺孔,以便拆卸。若轴上零件沿轴向移动的距离较长,可采用图 4-1-3 所示的滑键连接。

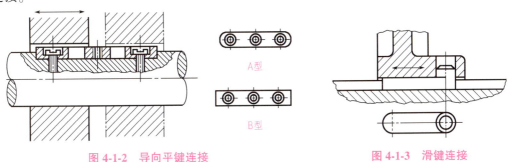

图 4-1-2 导向平键连接　　　　　　图 4-1-3 滑键连接

4. 普通平键连接的选用

平键连接的选用步骤如下：

1）根据键连接的工作要求和使用特点，选择键连接的类型。

2）按照轴的公称直径 d，从国家标准（见表 4-1-2）中选取平键的横截面尺寸 $b×h$。

表 4-1-2　普通平键、导向平键和键槽的横截面尺寸及公差
（摘自 GB/T 1095—2003、GB/T 1096—2003、GB/T 1097—2003）

轴	键			键槽								
				宽度 b			深度				半径 r	
公称轴径 d	b	h	L	松连接		正常连接		紧密连接	轴 t_1		毂 t_2		最小	最大
				轴 H9	毂 D10	轴 N9	毂 JS9	轴和毂 P9	公称尺寸	极限偏差	公称尺寸	极限偏差		
>10~12	4	4	8~45	-0.030 0	+0.078 +0.030	0 -0.030	±0.015	-0.012 -0.042	2.5	+0.1 0	1.8	+0.1 0	0.08	0.16
>12~17	5	5	10~56						3.0		2.3			
>17~22	6	6	14~70						3.5		2.8		0.16	0.25
>22~30	8	7	18~90	-0.036 0	+0.098 +0.040	0 -0.036	+0.018	-0.015 -0.051	4.0		3.3			
>30~38	10	8	22~110						5.0		3.3			
>38~44	12	8	28~140						5.0	+0.20 0	3.3	+0.20 0	0.25	0.40
>44~50	14	9	36~160	-0.403 0	+0.120 +0.050	0 -0.043	+0.0215	-0.018 -0.061	5.5		3.8			
>50~58	16	10	45~180						6.0		4.3			
>58~65	18	11	50~220						7.0		4.4			
L 系列	…, 16, 18, 20, 22, 25, 28, 32, 36, 40, 45, 50, 56, 63, 70, 80, 90, 100, 110, 125, …													

注：1. 在工作图中，轴槽深用 t_1 或 $d-t_1$ 标注，但 $d-t$ 的偏差应取负号；毂槽深用 t_1 或 $d+t_1$ 标注，轴槽的长度公差用 H14。

2. 松连接用于导向平键；正常连接用于载荷不大的场合；紧密连接用于载荷较大、有冲击和双向转矩的场合

3）根据轮毂长度 L_1，选择键长 L，静连接取 $L=L_1-(5~10)$ mm。键长 L 应符合长度系列。

4）校核平键连接的强度：键按照挤压应力 σ_p 进行条件性的强度计算，校核公式为

$$\sigma_p = \frac{4T}{dhl} \leq [\sigma_p]$$

式中，T 为传递的转矩，N·mm；d 为轴的直径，mm；h 为键高，mm；L 为键的工作长度，mm；$[\sigma_p]$ 为键连接的许用挤压应力，参见表 4-1-3，计算时应取连接中较弱材料的值，MPa。

表 4-1-3　键连接材料的许用应力　　　　　　　　　单位：MPa

项目	连接性质	键或轴、毂材料	载荷性质		
			静载荷	轻微冲击	冲击
$[\sigma_p]$	静连接	钢	120～150	100～120	60～90
		铸铁	70～80	50～60	30～45
$[P]$	动连接	钢	50	40	30

如果强度不足，在结构允许时可以适当增加轮毂的长度和键长，或者间隔180°布置两个键。考虑载荷分布的不均匀性，双键连接按1.5个键进行强度校核。

做一做：

选用图 4-1-4 所示某钢制输出轴与铸铁齿轮的键连接。已知装齿轮处轴的直径 $d=45$ mm，齿轮轮毂长 $L_1=80$ mm，该轴传递的转矩 $T=200\,000$ N·mm，载荷有轻微冲击。（参考答案：键 14×9×70，GB/T 1096—2003）

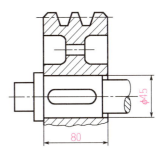

图 4-1-4　钢轴与铸铁齿轮的键连接

三、花键连接

花键连接由轴上加工出的外花键和轮毂孔上加工出的内花键组成，如图 4-1-5 所示。

1. 工作原理

花键连接工作时靠键齿的侧面互相挤压传递转矩。

(a)　　　　　　　　(b)

图 4-1-5　内、外花键

(a)外花键；(b)内花键

2. 优缺点

优点：键齿数多，承载能力强；应力集中小，对轴和毂的强度削弱作用也小；轴上零件与轴的对中性好；导向性好。

缺点：成本较高。

3. 应用场合

花键连接用于定心精度要求较高和载荷较大的场合。

4. 常用类型

花键连接已标准化，按齿形划分的类型见表 4-1-4。

单元四 连 接

表 4-1-4 花键的类型

类型	结构示意图	特点
矩形花键	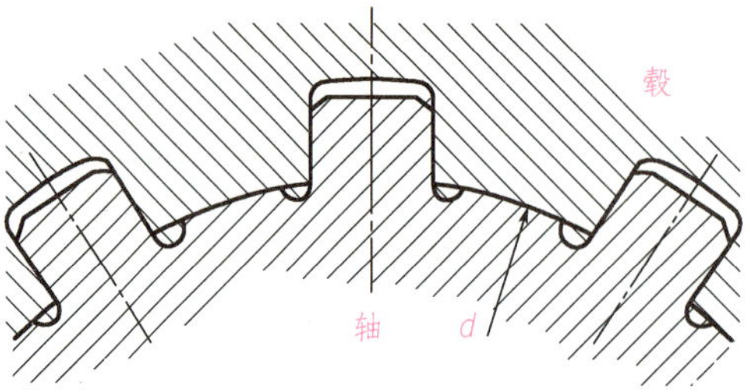	齿廓为直线,国家标准规定,矩形花键连接采用小径定心,采用热处理后磨内花键孔的工艺提高定心精度,应用广泛
渐开线花键	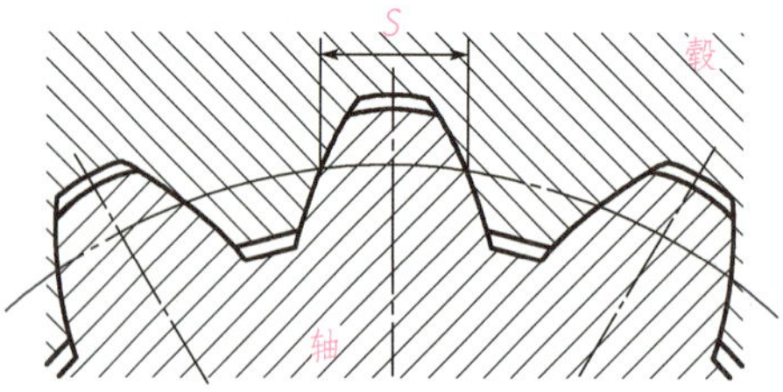	齿廓为渐开线,工作时齿面上有径向力,起自动定心作用,各齿均匀承载,强度高,常用于传递载荷较大、轴径较大、大批量的场合

四、其他常用键

其他常用键的类型、特点及应用见表 4-1-5。

表 4-1-5 其他常用键的类型、特点及应用

基本类型		模型图	连接示意图	特点及应用
半圆键		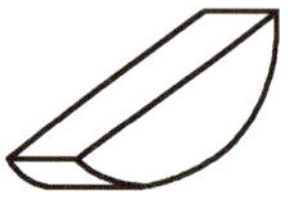	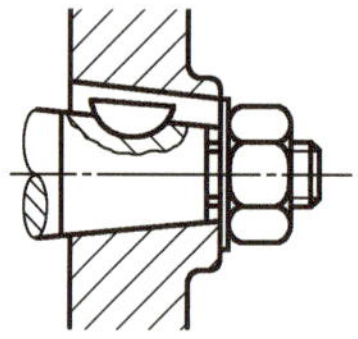	依靠键的两个侧面传递转矩。键在轴槽中能绕其几何中心摆动,装配方便,但键槽较深,对轴的强度削弱较大。 一般只用于轻载或锥形轴端与轮毂的连接
楔键	普通楔键	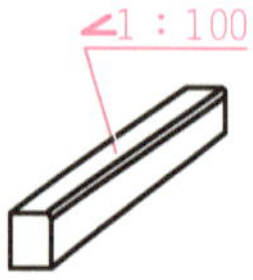	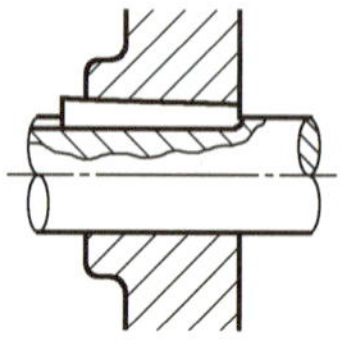	键的上、下两面为工作面,依靠楔紧作用传递转矩,能轴向固定零件和传递单方向的轴向力,对中性较差。 用于精度要求不高、低速和载荷平稳的场合,钩头供拆卸用
	钩头楔键	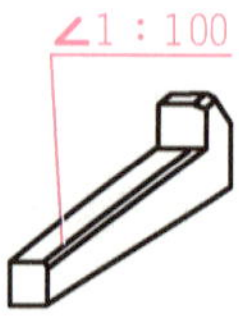	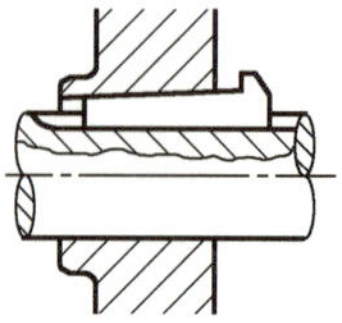	

122

续表

基本类型	模型图	连接示意图	特点及应用
切向键	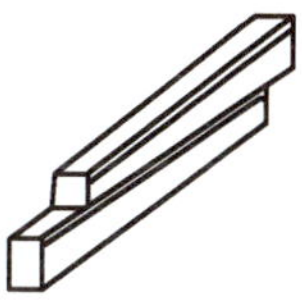	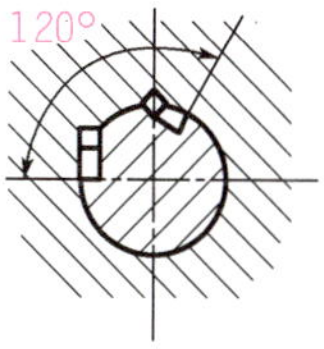	由两个楔键组成，对中性差，一个切向键只能传递一个方向的转矩，传递双向转矩应按120°分布两个切向键。 应用于载荷较大、对中性要求不高和轴径很大的场合

五、销连接

销连接用来固定零件间的相互位置，构成可拆连接；也可用于轴和轮毂或其他零件的连接，以传递较小的载荷；有时还用作安全装置中的过载剪切元件。

按用途分，销的类型见表4-1-6。

表4-1-6 销按用途分的类型

类型	结构示意图	功用及特点
定位销	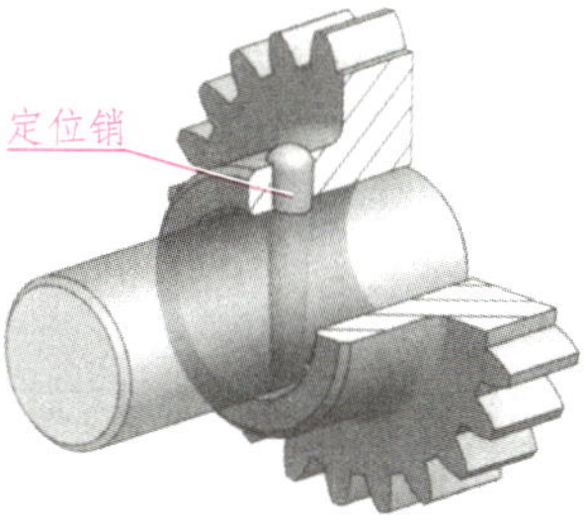	用于固定零件之间的相对位置。 定位销一般只受很小的载荷，其直径按结构确定，数目不少于2个
连接销	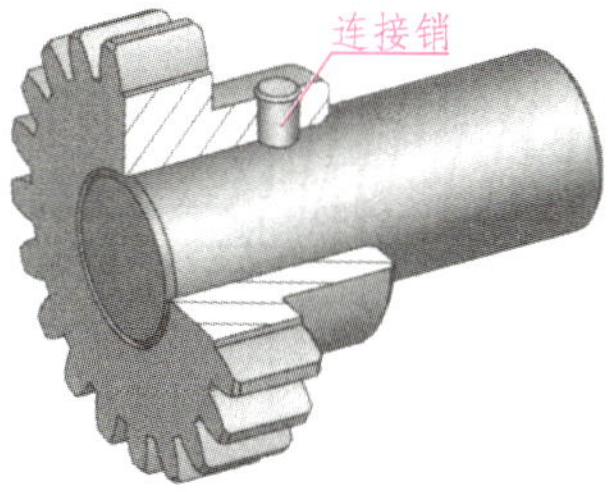	用于轴毂间或其他零件间的连接。 能传递较小的载荷，其直径亦按结构及经验确定，必要时校核其挤压和抗剪强度
安全销	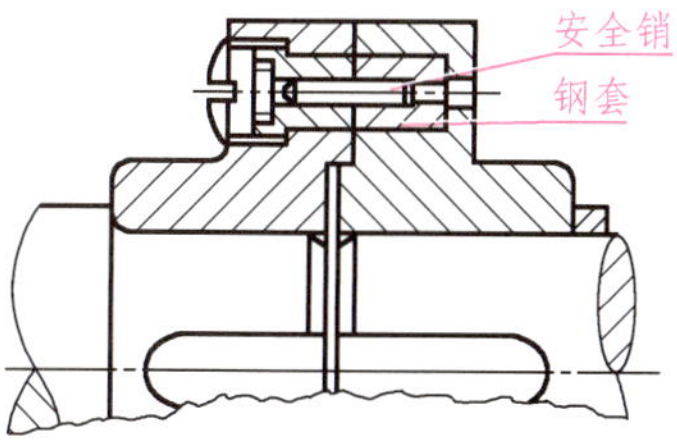	充当过载剪断元件。 销的直径按销的抗剪强度计算，当过载20%～30%时即应被剪断

按销的形状分，销的类型见表 4-1-7。

表 4-1-7 销按形状分的类型

类型	示意图	特点及应用场合
圆柱销		靠过盈与销孔配合，为保证定位精度和连接的紧固性，不宜经常装拆，主要用于定位，也用作连接销和安全销
圆锥销	1∶50	具有 1∶50 的锥度，小端直径为标准值，自锁性能好，定位精度高，主要用于定位，使用数量不得少于 2 个
异形销		种类很多，其中开口销工作可靠、拆卸方便，常与槽形螺母合用，锁定螺纹连接件

知识梳理

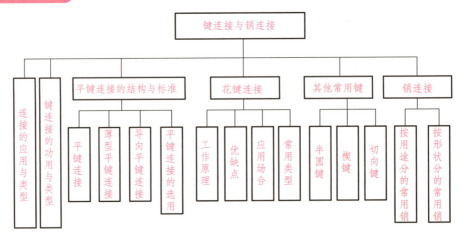

课题二　螺纹连接

螺纹连接失效引起的事故

学习目标

1. 了解常用螺纹的类型、特点和应用；
2. 熟悉螺纹连接的主要类型、应用、结构和防松方法。

课题二 螺纹连接

课题导入

螺纹连接结构简单,连接可靠,装拆方便,类型多样,是机械和结构中应用最广泛的紧固件连接。螺栓、螺钉、螺母和垫圈等均已标准化,成本低廉,在机械设备中广泛应用。

> **? 想一想:**
> 1)用于管道连接的螺纹为什么选用55°圆角的管螺纹?如选用米制60°尖角螺纹有什么不好?
> 2)煤气罐与减压阀的接口为什么选用左旋螺纹?日常生活中还发现有哪些地方选用左旋螺纹?
> 3)螺纹连接由哪些标准件所组成?

**知识链接**

一、常用螺纹的类型、特点及应用

除矩形螺纹外,螺纹均已标准化。除多数管螺纹采用英制(以每英寸牙数表示螺距)外,均采用米制。常用螺纹的类型、特点及应用见表4-2-1。

螺纹的类别

表4-2-1 常用螺纹的类型、特点及应用

类 型	牙型示意图	特 点	应 用
普通螺纹(三角形螺纹)	60°	牙型为等边三角形,α = 60°。对于同一公称直径,按螺距大小分为粗牙螺纹和细牙螺纹	粗牙螺纹常用于一般连接;细牙螺纹自锁性好,用于受冲击、振动和变载荷的连接
管螺纹	55°	牙型为等腰三角形,α = 55°。非螺纹密封的管螺纹本身不具有密封性,若要求连接后具有密封性,可压紧被连接件螺旋副外的密封面,也可在密封面间添加密封物;用螺纹密封的管螺纹在螺纹旋合后,利用本身的变形即可保证连接的密封性,不需要任何填料	适用于管子、管接头、旋塞、阀门等螺纹连接件

125

续表

类型	牙型示意图	特 点	应 用
米制锥螺纹		牙型角 α=60°，螺纹分布在锥度为1∶16的圆锥管壁上	用于气体或液体管路系统，依靠螺纹密封的连接螺纹（水和煤气管道用管螺纹除外）
矩形螺纹		牙型为正方形，α=0°，传动效率高，牙根强度弱，难以修复和补偿磨损后的间隙，使传动精度降低	用于传动，已逐渐被梯形螺纹所代替
梯形螺纹		牙型为等腰梯形，α=30°，传动效率略低于矩形螺纹，但牙根强度高，工艺性和对中性好，可补偿磨损后的间隙	最常用的传动螺纹
锯齿形螺纹		牙型为不等腰梯形，工作面的牙侧角3°，非工作面的牙侧角30°，兼有矩形螺纹传动效率高和梯形螺纹牙根强度高的特点	用于单向受力的传动中

二、螺纹连接的主要类型及应用

螺纹连接由连接件和被连接件组成，螺纹连接的主要类型、结构、特点及应用见表4-2-2。

河北邯郸龙港化工公司"11·28"液氨泄漏事故

表4-2-2　螺纹连接的主要类型、结构、特点及应用

类 型		结构示意图	特 点	应 用
螺栓连接	普通螺栓连接		螺栓穿过被连接件的通孔，与螺母组合使用，装拆方便，成本低，不受被连接件的材料限制。最常用的是六角头螺栓，配以高0.8d的六角螺母。螺栓分粗牙和细牙两种，螺栓杆部有部分螺纹和全螺纹两种。此外，还有用于工艺装夹设备的T形槽螺栓、用于将机器设备固定在地基上的地脚螺栓等类型	广泛用于传递轴向载荷且被连接件厚度不大，能从两边进行安装的场合

续表

类　型		结构示意图	特　点	应　用
螺栓连接	铰制孔用螺栓连接		螺栓穿过被连接件的铰制孔并与之过渡配合，与螺母组合使用，六角头铰制孔用螺栓的螺栓杆直径 d_s 大于公称直径 d，常配以高 $(0.36\sim0.6)d$ 的六角薄螺母，除六角螺母外，在螺栓连接中有时也采用方形、蝶形、环形、槽形、盖形螺母及圆螺母、锁紧螺母等品种	适用于传递横向载荷或需要精确固定被连接件的相互位置的场合
双头螺柱连接			双头螺柱的一端旋入较厚被连接件的螺纹孔中并固定，另一端穿过较薄被连接件的通孔，与螺母组合使用。双头螺柱的两端螺纹有等长和不等长两种：A 型带退刀槽，B 型制成腰杆，末端碾制。平垫圈可保护被连接件表面不被划伤，弹簧垫圈有 65°～80° 的左旋开口，用于摩擦防松。此外，还有斜垫圈、止动垫圈等品种	适用于被连接件之一较厚且经常装拆的场合
螺钉连接			螺钉穿过较薄被连接件的通孔，直接旋入较厚被连接件的螺纹孔中，不用螺母，结构紧凑。螺钉头部有六角头、圆柱头、半圆头、沉头等形状。起子槽有一字槽、十字槽、内六角孔等形式。机器上常设吊环螺钉。螺栓也可做螺钉使用	适用于被连接件之一较厚，受力不大，且不经常装拆的场合
紧定螺钉连接			紧定螺钉旋入被连接件的螺纹孔中，并用尾部顶住另一被连接件的表面或相应的凹坑中。头部为一字槽的紧定螺钉最常用。尾部有多种形状，平端用于高硬度表面或经常拆卸处；圆柱端可压入轴上的凹坑；锥端用于低硬度表面或不常拆卸处	用于固定两被连接件的相对位置，并可传递不大的力或转矩

三、螺纹连接的拧紧与防松

1. 螺纹连接的拧紧及控制

螺纹连接在承受工作载荷之前，一般需要拧紧，这种连接称为紧连接；不需要拧紧的连接，称为松连接。拧紧可提高连接的紧密性、紧固性和可靠性。

拧紧时螺栓所受的拉力称为预紧力。预紧力过大，螺纹牙可能被剪断而滑扣；预紧力过小，紧固件可能松脱，被连接件可能出现滑移或分离。因此，拧紧螺栓时需控制拧紧力矩，从而控制预紧力。对于精度较高的螺纹连接，常采用指针式测力矩扳手（见图 4-2-1）或预置式定力矩扳手（见图 4-2-2）控制拧紧力矩。目前较多采用电动扳手控制预紧力的方法。

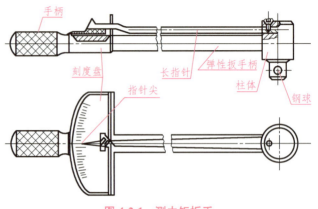

图 4-2-1 测力矩扳手

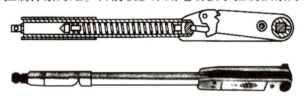

图 4-2-2 定力矩扳手

2. 螺纹连接的防松措施

连接螺纹常为单线，满足自锁条件，螺纹连接在拧紧后，一般不会松动。但在变载荷、冲击、振动作用下，都会使预紧力减小，摩擦力降低，导致螺旋副相对转动，使螺纹连接松动，因此必须采取防松措施。常用的防松方法见表 4-2-3。

表 4-2-3 螺纹连接的防松方法

类型	防松方法	防松装置示意图	相关说明
摩擦防松	对顶螺母	主螺母、副螺母	利用两螺母对顶作用使螺栓始终受到附加的拉力和附加的摩擦力，增大螺纹接触面的摩擦阻力矩。防松效果较好	使螺旋副中产生不随外力变化的正压力，以形成阻止螺旋副相对转动的摩擦力。适用于机械外部静止构件的连接，以及防松要求不严格的场合

续表

类型	防松方法	防松装置示意图	相关说明	
摩擦防松	金属锁紧螺母	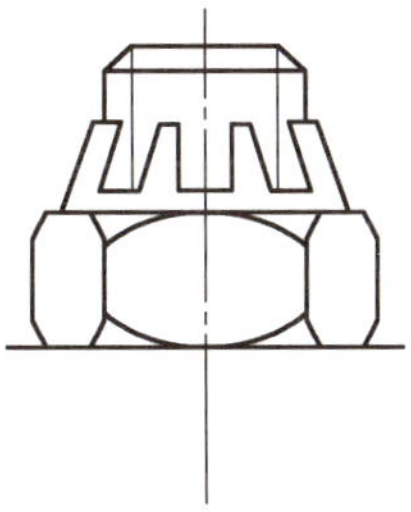	螺母一端制成非圆形收口或开缝后径向收口，当螺母拧紧后，收口张开，利用收口的弹力压紧螺纹。防松效果较对顶螺母稍差	使螺旋副中产生不随外力变化的正压力，以形成阻止螺旋副相对转动的摩擦力。适用于机械外部静止构件的连接，以及防松要求不严格的场合
	弹簧垫圈	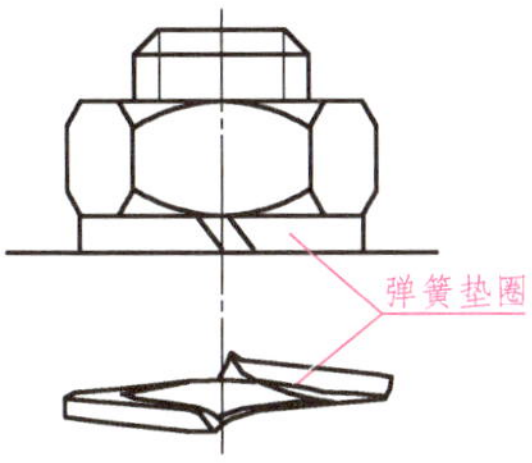	利用拧紧螺母时，弹簧垫圈被压平后产生的弹性力使螺纹间保持一定的摩擦阻力矩。防松效果较差	
锁住防松	开口销和槽形螺母	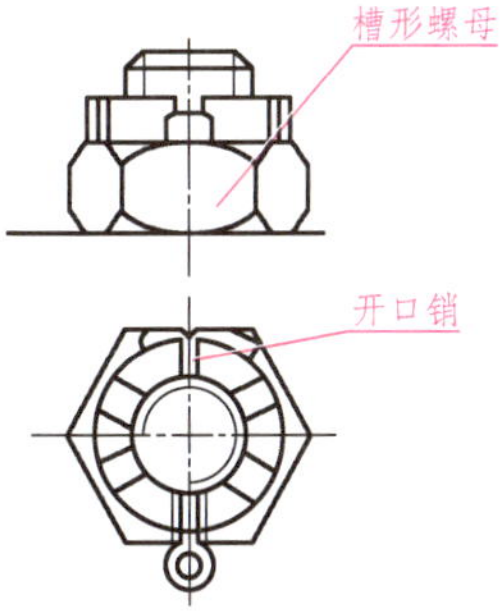	螺母拧紧后，开口销穿过螺母槽和螺栓尾部的小孔，使螺栓、螺母不能相对转动	利用各种止动件机械地限制螺旋副相对转动的方法。这种方法可靠，但装拆麻烦，适用于机械内部运动构件的连接，以及防松要求较高的场合
	串联金属丝	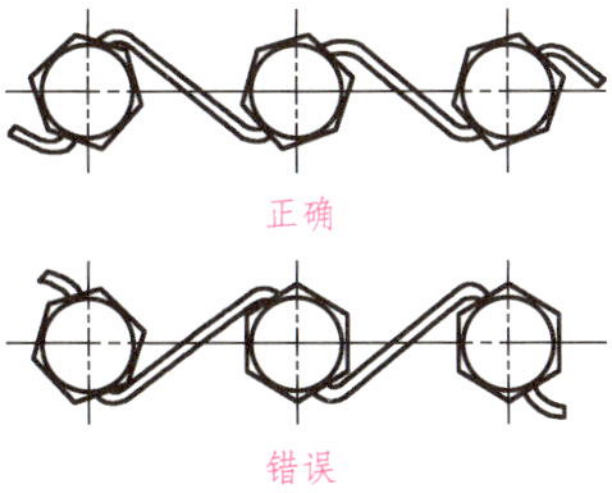	螺栓头部有小孔，使用时将金属丝穿入小孔并盘紧，以防螺栓松脱。但要注意金属丝盘线的方向应是使螺栓旋紧的方向。适用于螺栓组连接，防松可靠，装拆不便	
	止动垫圈	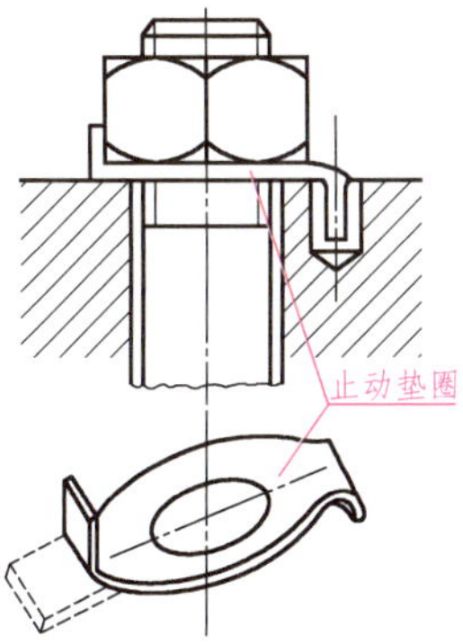	将止动垫圈的一舌折弯后插入被连接件上的预制孔中，另一舌待螺母拧紧后再折弯并紧贴在螺母的侧平面上以防松	

129

续表

类型	防松方法	防松装置示意图	相关说明	
不可拆防松	冲点法		螺母拧紧后，用冲点破坏螺栓端部的螺纹牙型，使螺纹连接件不能相对转动。 防松可靠，拆卸连接不能重复使用	在螺旋副拧紧后，采用冲点、焊接、胶接等措施，使螺纹连接不可拆。 方法简单、可靠，适用于装配后不再拆卸的连接
	焊接法		螺母拧紧后，将螺栓与螺母焊接在一起，使螺纹连接件不能相对转动。 防松可靠，但拆卸连接不能重复使用	
	胶接法	涂胶结剂	在旋合螺纹间涂以胶结剂，使螺纹副旋紧后黏合在一起。 防松效果良好，且有密封作用	

知识梳理

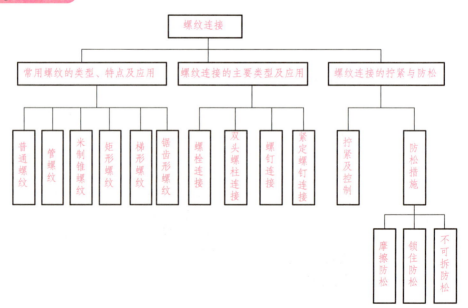

课题三　联轴器与离合器

学习目标

1. 了解联轴器的功用、类型、特点和应用；
*2. 了解离合器的功用、类型、特点和应用。

课题导入

机器设备中，常用联轴器或离合器实现轴与轴之间的连接和分离，并传递运动和动力。例如，在卷扬机传动系统中，电动机轴与减速器是用联轴器连接的；自行车的飞轮采用超越离合器实现蹬车或回链；手动挡汽车从启动到正常行驶过程中，通过踩离合器进行换挡变速。

试一试：
举出生产和生活中其他的联轴器和离合器应用的实例。

一、联轴器

联轴器是机械传动中的常用部件，多用来连接两轴，使其共同回转以传递运动和转矩，有时也可作为安全装置。机器工作时，联轴器只能保持两轴的接合状态，不能分离，只有当机器停止运转后才能用拆卸的方法将两轴分开。

按结构特点的不同，常用联轴器的类型、特点和应用见表4-3-1。

表4-3-1　常用联轴器的类型、特点和应用

类　型		结构示意图	特　点	应　用
刚性联轴器	套筒联轴器	 键　　套筒　　圆锥销 紧定螺钉 (a)　　　　　(b)	由一个套筒和键(销)等组成。结构简单，制造容易，径向尺寸小，转动惯量小	适用于工作平稳、无冲击载荷的低速轻载和尺寸小的轴

131

续表

类型		结构示意图	特点	应用
刚性联轴器	凸缘联轴器		由两个带有凸缘的半联轴器和连接螺栓组成。结构简单，使用、维护方便，对中精度高，传递转矩大，但制造和安装精度要求高，不能补偿两轴线可能出现的相对偏移，也不能消除冲击和振动	适用于速度较低、两轴的对中性好、载荷平稳的场合
挠性联轴器	无弹性元件的挠性联轴器	滑块联轴器	由两个端部开有径向矩形凹槽的套筒和一个两端有凸榫的中间滑块组成。可补偿安装及运转时两轴间的相对偏移，结构简单，径向尺寸小，但不耐冲击，易于磨损	适用于低速、轴的刚度较大、无剧烈冲击、工作平稳的场合
		齿轮联轴器	由两个带外齿轮的轴套、带内齿圈的外壳和连接螺栓组成。通过齿的啮合传递转矩。能较好地补偿综合偏移，承载能力大，能在高速重载下可靠工作，但结构复杂，制造成本高	主要用于重型机械和起重设备中
		十字轴式万向联轴器	由两个叉形接头和一个十字轴组成。结构简单，维护方便，允许两轴间有较大的角偏移，传递转矩较大，但传动中会产生附加动载荷，使传动不平稳，常成对使用	广泛应用于汽车、拖拉机和金属切削机床中

续表

类型		结构示意图	特点	应用
挠性联轴器	有弹性元件的挠性联轴器	弹性套柱销联轴器	结构与凸缘联轴器相似，只是用套有弹性套的柱销代替了连接螺栓，工作时通过弹性套传递转矩。结构简单，装拆方便，成本较低，能吸收振动和补偿一定的综合偏移，但使用寿命较短	适用于载荷平稳、需正反转或启动频繁、传递较小转矩的场合
		弹性柱销联轴器	结构与弹性套柱销联轴器相似，只是用非金属材料制成的柱销代替了弹性套柱销，工作时通过柱销传递转矩。结构简单、制造、安装和维修方便，耐久性好，有缓冲吸振和补偿轴线偏移的能力	适用于轴向窜动量大、经常正反转、启动频繁、转速较高的场合

二、离合器

离合器主要用于连接两轴，使其一起旋转并传递转矩，也可用于过载保护。在机器的运转过程中，离合器可以根据需要随时使两轴接合或分离，以满足机器变速、换向、空载启动、过载保护等方面的要求，常应用于操纵机械传动系统启动、停止、换向及变速。对离合器的要求是：工作可靠，接合平稳，分离迅速，动作准确，操作和维护方便，结构简单。

离合器的类别和应用特点

离合器的种类很多，按控制方法的不同，常用离合器的类型、特点和应用见表4-3-2。

表4-3-2 常用离合器的类型、特点和应用

类型		结构示意图	特点	应用
操纵离合器	啮合式	牙嵌式离合器	主要由两个端面上有凸牙的半离合器组成。操纵从动轴上的半离合器轴向移动实现接合与分离。结构简单，外形尺寸小，能保证主、从动轴同步回转，传递转矩大，但在嵌合时有刚性冲击	适用于在停机或低速时接合，在机床和农业机械中应用较多

133

续表

类型		结构示意图	特点	应用
操纵离合器	摩擦式 片式离合器	(图：主动摩擦片、从动摩擦片、主动轴、滑环、从动轴)	主要由两个摩擦片组成。操纵从动摩擦片轴向移动实现接合与分离。 结构简单，接合平稳，径向尺寸大，传递转矩较小	用于小转矩的轻型机械
	摩擦式 多片式离合器	(图：内片、外片、调节螺母、弹簧、压板、滑环、曲臂压杆、外套筒、内套筒、主动轴、从动轴) (a) (b)	主要由内、外两组摩擦片和内、外套筒组成。通过操纵装置实现内、外摩擦片压紧与松开，实现离合器的接合和分离。 摩擦面多，径向尺寸小，传递转矩大，结构紧凑，操作轻便，但结构复杂，散热差	优点：可运转中离合，接合平稳，过载打滑，起安全保护作用； 缺点：易磨损、发热，不能保证两轴同步运转	应用广泛
	圆锥式摩擦离合器	(图：半离合器、主动轴、从动轴)	主要由两个具有内、外圆锥面的半离合器组成。 结构简单，接合平稳，能传递较大转矩，但锥体加工精度要求高	主要用于中小功率的传动轴系

续表

类型			结构示意图	特点	应用
自控离合器	安全离合器	剪切式安全离合器（联轴器）	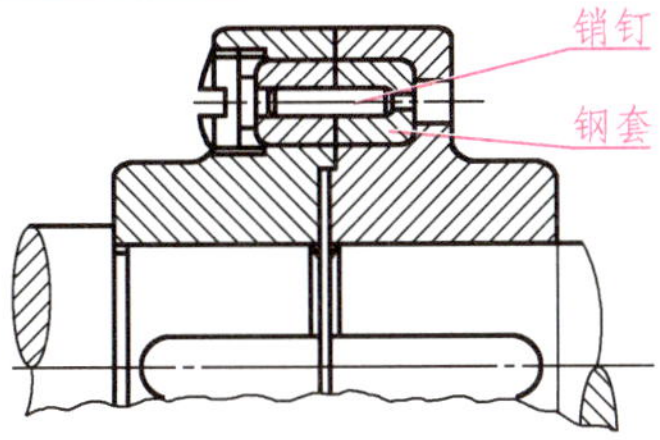	由两个半联轴器、钢套、销钉组成。当从动轴上载荷过大时，销钉被切断，使从动轴停转。销钉切断后需停车更换销钉	常用于过载较少发生的场合
		圆锥安全离合器	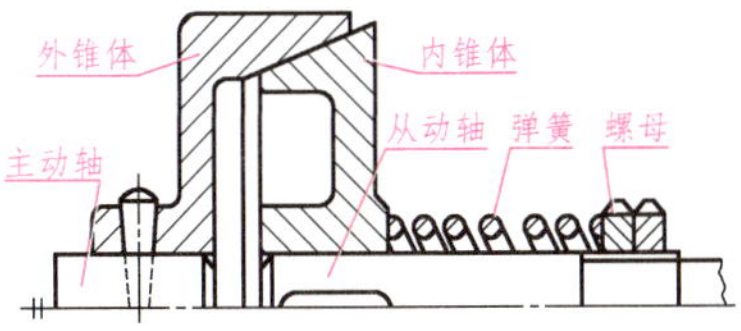	由内、外锥体、弹簧 、螺母等组成。当从动轴上载荷超过弹簧限定的转矩时，内、外锥体发生相对滑动。过载时工作不平稳，噪声大	只能用于低速的场合
		牙嵌式安全离合器	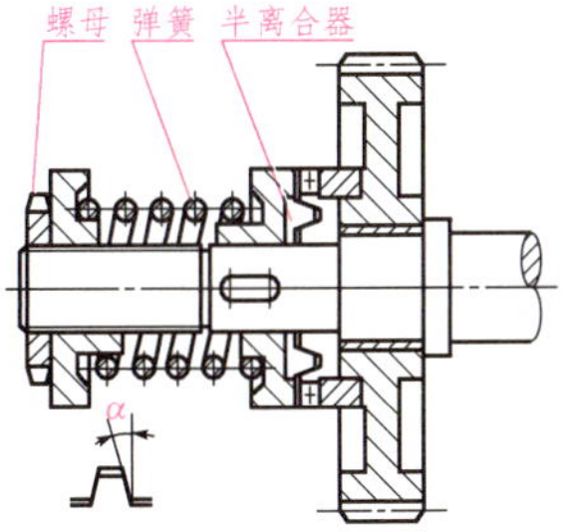	由两个端面上带牙的半离合器、弹簧、螺母等组成。当从动轴上载荷过大时，离合器牙面上产生的轴向力超过弹簧的压力，使离合器分开。过载时工作平稳，但散热差	散热良好时，可用于较高转速的场合
	离心离合器		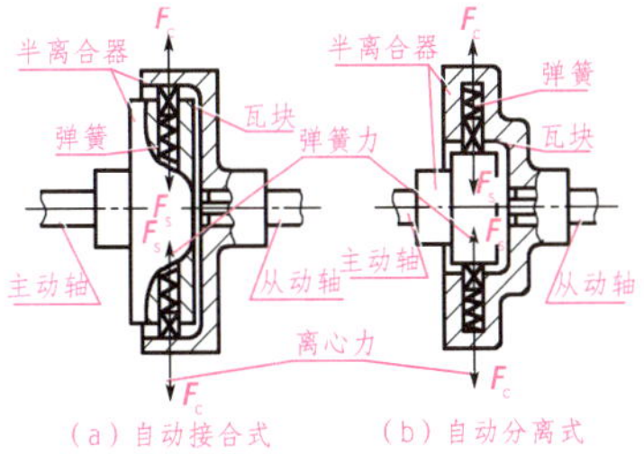（a）自动接合式　（b）自动分离式	利用离心力与弹簧力间的平衡来控制离合器的接合和分离	通常装在机械的高速部分，如电动机等动力机的输出轴和工作机的输入轴上，以限制动力机的启动转矩或实现过载保护
	超越离合器		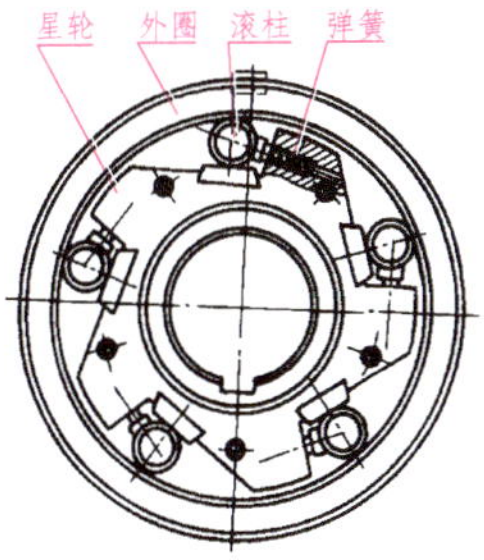	只能按一个转向传递转矩，反向时就自动分离。 工作时无噪声，但制造精度要求较高	宜用于高速、防止逆转、间歇运动等场合

单元四 连 接

知识梳理

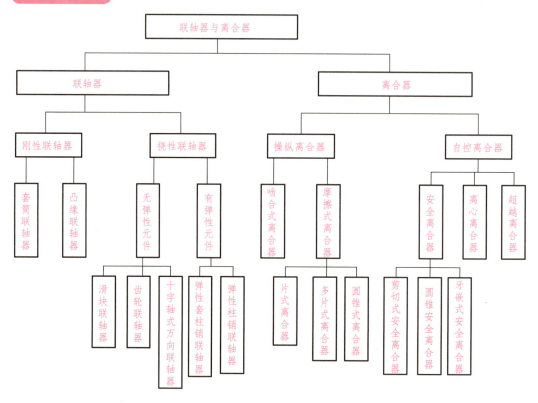

课题四 弹 簧

学习目标

了解弹簧的类型、特点和应用。

课题导入

弹簧是机器中广泛应用的一种弹性零件，在外力作用下，能够产生相当大的弹性变形，实现机械功与变形能量相互转换，满足弹性连接的各种要求。

课题四 弹 簧

> **试一试：**
> 你能说出普通自行车手闸、鞍座等处的弹簧，弹簧秤中的弹簧分别起什么作用吗？

 知识链接

一、弹性零件与弹性连接

受载后产生变形，卸载后恢复原有形状和尺寸的零件，称为弹性零件。机械中各种类型的弹簧都是弹性零件。

依靠弹性零件实现被连接件在有限相对运动时仍保持固定联系的动连接，称为弹性连接。图 4-4-1 中所示的车架与车轮就是依靠装在它们之间的板弹簧实现连接的。

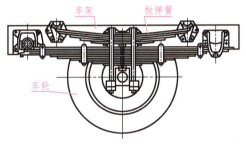

图 4-4-1 弹性连接

二、弹簧的分类方法

常用的弹簧分类方法如图 4-4-2 所示。

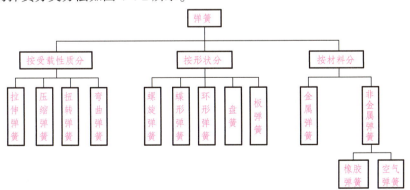

图 4-4-2 常用的弹簧分类方法

137

三、弹簧的主要功用

（1）控制机械的运动，适应被连接件的工作位置变化。如离心离合器中的弹簧、内燃机中控制气缸阀门启闭的弹簧等。

（2）吸收振动和冲击能量，改善被连接件的工作平稳性。如蛇形弹簧联轴器上的弹簧、各种车辆中的减振弹簧和缓冲器的弹簧等。

（3）储存和释放能量，提供被连接件运动所需动力。如机械式钟表中的发条弹簧、枪栓弹簧等。

（4）测量力的大小。如测力器、弹簧秤中的弹簧等。

四、常用弹簧

常用弹簧的类型、特点及应用参表 4-4-1。

表 4-4-1　常用弹簧的类型、特点及应用

承载性质	类型	结构示意图	特点	应用
压缩弹簧	圆柱形螺旋弹簧		承受压力，结构简单，制造方便，刚度稳定	应用范围最广，适用各种机械
	圆锥形螺旋弹簧		结构紧凑，稳定性好，刚度随载荷而变化	多用于载荷较大和需要减振的场合

续表

承载性质	类型	结构示意图	特点	应用
压缩弹簧	碟形弹簧		刚度大，缓冲吸振能力强	适用于载荷很大而弹簧轴向尺寸受限制的场合，常用于机械中的平衡机构
压缩弹簧	环形弹簧		能吸收较多能量，有很高的缓冲和吸振能力	常用于重型机械的缓冲装置
拉伸弹簧	圆柱形螺旋弹簧		承受拉力，结构简单，制造方便，刚度稳定	应用范围最广
弯曲弹簧	板弹簧		承受弯矩，缓冲和减振性能好，多板弹簧减振能力强	主要用于汽车、拖拉机、铁路车辆的悬挂装置中
扭转弹簧	圆柱形螺旋弹簧		承受扭矩	在各种装置中用于压紧、储能或传递转矩
扭转弹簧	盘簧		承受扭矩，变形角大，能储存的能量大，轴向尺寸很小	多用于仪器、钟表中的储能弹簧

单元四 连接

知识梳理

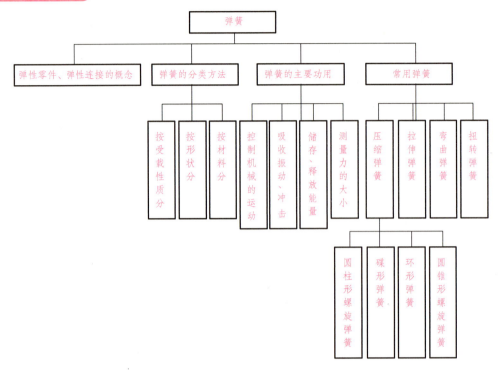

课题五　连接的拆装

学习目标

1. 会正确拆装键连接；
2. 熟悉螺纹连接的拆装要领，会正确拆装螺纹连接；
*3. 会正确安装、找正联轴器。

课题导入

观察车床主轴箱中齿轮与轴间的键连接；观察自行车、汽车上所用的螺纹连接；观察卷扬机、输送带等设备中的联轴器。想一想，如何对这些连接进行正确的安装与调试？

课题五 连接的拆装

知识链接

一、普通平键的拆装

以装拆齿轮与轴间普通平键为例,具体操作步骤见表4-4-1。

表4-4-1 装拆普通平键的操作步骤

步骤	操作内容	操作要领	操作示意图
第一步	清理、检查键和键槽尺寸	(1)清理键和键槽各表面上的锐边、飞边和污物。 (2)用千分尺、内径百分表,分别检查轴和配合件孔的配合尺寸	检查轴的配合尺寸 检查配合件的孔配合尺寸
第二步	锉配键及键槽	(1)根据平键的尺寸,用锉刀修整轴键槽和轮毂键槽。 (2)锉配平键两端的圆弧面,并用键头与轴槽试配松紧,应能使键紧紧地嵌在轴槽中	
第三步	将平键装入轴槽	(1)先试装轴与轴上零件,检查轴和孔的配合状况。 (2)清洗键槽和平键,并在平键和轴槽配合面上涂润滑油。 (3)直接用铜棒将键敲入键槽内,直至与槽底面贴实。也可用平口钳将键压入键槽内或垫铜皮用锤子将键敲入键槽内	平键

单 元 四 　 连 　 接

续表

步骤	操作内容	操作要领	操作示意图
第四步	试配并安装套件（如齿轮、带轮等）	（1）先将装有平键的轴夹在带有软钳口的台虎钳上，并在轴和孔表面加注润滑油。 （2）把齿轮上的键槽对准平键，目测齿轮端面与轴的轴心线垂直后，用铜棒、手锤敲击齿轮，慢慢地将其装入到位（应在A、B两点处轮换敲击）。 （3）用塞尺检查非配合面间隙，要求套件在轴上不得有摆动现象	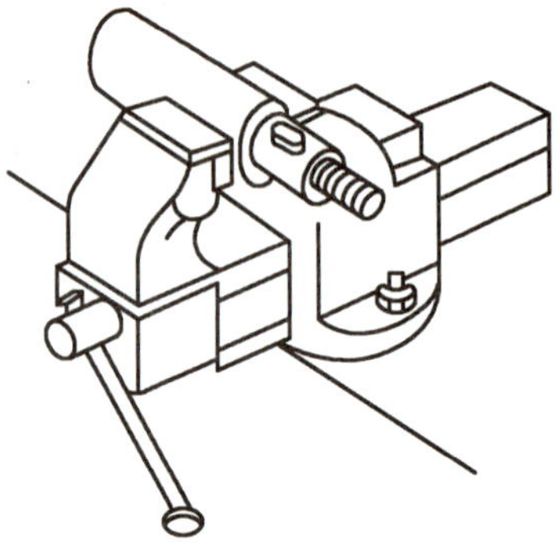 将轴装在台虎钳上 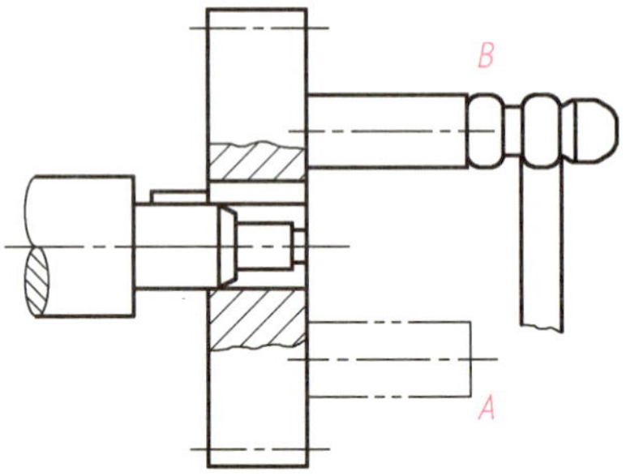 安装套件
第五步	拆卸平键	将套件用拉卸工具拆下即可。 （1）拆去轮毂后，如果键的工作面良好，不需要更换拆除时，不应将键拆下。 （2）如果键已损坏，可用錾子或一字旋具将磨损或损坏的键从键槽中取出；如键已松动，可用尖嘴钳将键拔出来	

二、螺纹连接的拆装

1. 装配的基本要求

1）螺母和螺钉必须按一定的拧紧力矩拧紧。

2）螺钉或螺母与零件贴合的表面应光洁、平整，以防止松动或使螺钉弯曲。

3）装配前，螺钉、螺母应在机油中清洗干净，保持螺钉或螺母与接触表面的清洁，螺孔内的脏物也要用压缩空气吹出。

4）工作中有振动或受冲击力的螺纹连接，都必须安装防松装置，以防止螺钉、螺母回松。

5）拧紧成组螺栓或螺母时，应使螺栓受力一致，根据零件形状及螺栓分布情况，按一定的顺序拧紧螺母。拧紧方法见表4-4-2。

表4-4-2　成组螺母(栓)的拧紧方法

成组螺母的布置形式	拧紧方法	拧紧顺序示意图
长方形布置	从中间开始，逐步向两边对称地扩展，按顺序分1～3次逐步拧紧各螺母	一字形 平行形 多孔形 非对称形
圆形或方形布置	对称地(如有定位销，应从靠近定位销的螺栓开始)按顺序分1～3次逐步拧紧各螺母	圆形布置 带定位销的布置

6）热装螺栓时，应将螺母拧在螺栓上同时加热且尽量使螺纹少受热，加热温度一般不得超过400 ℃，加热装配连接螺栓须按对角顺序进行。

2. 螺纹连接的拆装工具

螺纹连接的装拆工具很多，使用时根据使用场合和部位的不同，可选用不同的工具。螺纹连接常用装配工具见表4-4-3。

表 4-4-3　螺纹连接常用装配工具

工具名称		主要用途	使用示意图
扳手	活动扳手	用来旋紧六角头、正方头螺钉和各种螺母	（a）正确　（b）错误
	开口扳手		（a）旋松时扳手的正确放力　（b）拧紧时扳手的正确施力
	整体扳手		（a）正方形扳手　（b）六角形扳手　（c）梅花扳手 整体扳手　　梅花扳手
	成套套筒扳手		
扳手	锁紧扳手	专门用来锁紧各种结构的圆螺母	（a）钩头锁紧扳手　（c）冕形锁紧扳手 （b）U形锁紧扳手　（d）锁头锁紧扳手

续表

工具名称		主要用途	使用示意图
扳手	内六角扳手	用于装拆内六角头螺钉	
	特种扳手	用于快速、高效地拧紧螺母或螺钉	棘轮扳手 气动扳手
螺钉旋具（又称起子或螺丝刀）	标准螺钉旋具	用于旋紧或松开头部带沟槽的螺钉	一字式　十字式
	其他螺钉旋具		拳头螺钉旋具　直角螺钉旋具　锤击螺钉旋具 （a） （b） 夹紧起子

3. 双头螺柱的拆装

双头螺柱的拆装方法见表 4-4-4 所示。

微电影《螺思》

表 4-4-4 双头螺柱的拆装方法

拆装方法	操作内容	操作示意图
双螺母拆装法	先将螺母相互锁紧在双头螺栓上，拧紧时扳动上面一个螺母，拆卸时扳动下面一个螺母	
长螺母拆装法	先将长螺母旋在双头螺栓上，然后拧紧顶端止动螺钉，拆装时只要扳动长螺母即可	
专用工具拆装法	按拧入方向转动，使工具中的偏心盘楔紧双头螺栓的外圆，拆装双头螺柱	

4. 螺纹连接的拆卸

普通螺纹连接只要使用各种扳手左旋即可，但一定要注意选用合适的呆扳手或一字旋具，尽量不用活扳手。对于较难拆卸的螺纹连接件，应先弄清楚螺纹的旋向，不要盲目乱拧或用过长的加力杆。

5. 螺纹连接拆装时的注意事项

1）应保证一定的拧紧力矩，使牙间产生足够的预紧力。
2）垫圈不能漏装，特别是防松垫圈。
3）在装配前须检查螺纹的精度。
4）拆卸螺纹时，应控制一定的扭矩，不能损伤螺母。
5）螺纹连接装配后，通常采用目测、塞尺检测及手锤轻击等方法进行检查。

6. 螺母和螺钉的装调要点

1）螺母和螺钉不能有"脱扣"、"倒牙"等现象，检查时凡不符合技术条件要求的螺纹不得使用。

2）螺钉的螺杆不得变形，螺钉头部、螺母底部与零件贴合面应光洁、平整。

3）保证有可靠的防松装置。

三、联轴器的拆装及装调

1. 联轴器的拆装

下面以图 4-4-1 所示的凸缘联轴器为例介绍联轴器的拆装。

图 4-4-1　凸缘联轴器

（1）拆卸工具。拆卸工具有活扳手、呆扳手、梅花扳手。

（2）联轴器的拆卸。联轴器的拆卸步骤见表 4-4-5。

表 4-4-5　联轴器的拆卸步骤

操作步骤	操作示意图	操作内容
第一步		用扳手拧松、取出所有连接螺母、垫圈。在拧松时不要逐个完全拧松，应一起拧松、取出螺母和垫圈
第二步		抽出所有连接螺栓。如螺栓较紧，可用直径小于螺纹孔径的铜棒反复敲击螺栓端部，将其击出，但注意不要损坏螺纹

续表

操作步骤	操作示意图	操作内容
第三步	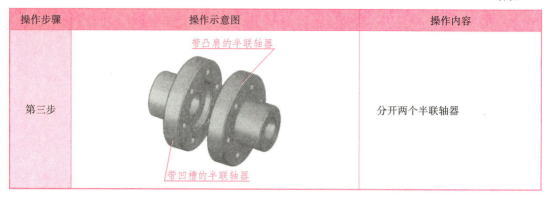 带凸肩的半联轴器 / 带凹槽的半联轴器	分开两个半联轴器

(3)联轴器的装配。

第一步：对联轴器进行清洗和清理，主要对半联轴器的接触表面进行清洗和清理，不能有杂物和飞边。

第二步：让两个半联轴器的凸肩与凹槽进行配合，并调整使两键槽在同一位置上。

第三步：按成组螺母装配的方法装配螺母和螺栓。

2. 联轴器的装调

下面以自吸入泵的凸缘联轴器为例介绍联轴器的装调方法。自吸入泵与电动机的连接如图4-4-2所示。

(1)设备及工具。装调设备及工具有自吸入泵(或其他带联轴器设备)、百分表、磁性表座、润滑油、扳手、锉刀、塞尺、铜棒等。

图 4-4-2　自吸入泵与电动机的连接

(2)联轴器的装调步骤。

1)用百分表找正自吸入泵的轴线，使其与安装底座的基准边基本平行或垂直，并固定自吸入泵。

2)清除键槽的锐边，试装半联轴器(不安装平键)，避免孔轴装配过紧；修配平键与键槽宽度的配合精度至稍紧；修锉平键与键槽间留有0.1 mm左右间隙。

3)在键和键槽的配合面上涂润滑油，将平键安装于轴的键槽中，在轴端下方垫铜棒至适当高度，用铜棒敲击键上表面，至其底面与槽底接触。

4)在两半联轴器内孔涂上润滑油，并分别安装于泵轴端和电动机轴端。

5)找正联轴器。多次测量联轴器的径向跳动、端面跳动误差并调整至允许范围，记录测量数据于表4-4-6中。

表 4-4-6　联轴器找正时测量的数据

径向跳动				轴向跳动			
测量次序	第1次	第2次	第3次	测量次序	第1次	第2次	第3次
测量值　最大值				测量值　最大值			
最小值				最小值			
径向跳动误差				端面跳动误差			

①将两个百分表固定在自吸入泵的轴上(见图4-4-3),转动泵轴,测量径向跳动和端面跳动误差。

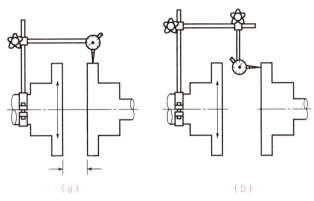

图 4-4-3　凸缘联轴器的找正
(a)测量径向偏差；(b)测量端面跳动

②根据测量值,判断两轴的空间位置关系,先在水平方向上移动电动机位置,再在垂直方向上加减电动机支脚下面的垫片,以保证联轴器的同轴度。若两者高度相差较多,可在电动机或泵底面垫入适当厚度的垫片进行调整。

③移动电动机,使电动机上半联轴器的凸肩与泵半联轴器的凹槽有少许配合。

6)拧紧螺栓组。转动自吸入泵的轴,检查并调整联轴器两圆盘间的间隙,直至间隙均匀。再移动电动机,使联轴器两圆盘端面完全接触。按成组螺栓的装配要求,对称、逐步地拧紧连接螺栓以固定联轴器和电动机。

知识梳理

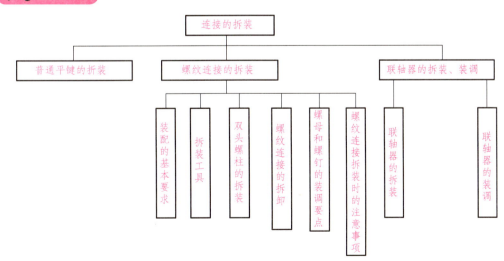

单元五

常用机构

各种机械的形式、构造及用途虽然各不相同,但它们都是由一些机构所组成。机构是由构件组成的系统,其功能是传递运动和动力。常见的机构有平面四杆机构、凸轮机构和多种间歇运动机构。为使机构实现传递运动的功能,必须正确地分析和确定机构中各构件之间的相互关系。

课题一　平面四杆机构

学习目标

1. 认识平面机构;
2. 了解平面运动副及其分类;
*3. 了解平面运动副的结构及符号;
*4. 能测绘平面机构的运动简图;
5. 熟悉平面四杆机构的基本类型、特点和应用;
6. 能判定铰链四杆机构的类型;
7. 了解含有一个移动副的四杆机构的特点和应用;
*8. 了解平面四杆机构的急回运动特性、压力角和死点位置。

课题导入

机械的种类繁多,如汽车、内燃机、机床、机器人、包装机等,它们的组成、功用、性能和运动特性各不相同,但它们的主要部分都是由一些机构(具有确定相对运动的构件)组成的。由于组成机构的构件不同,机构的运动形式也不同,因此机械的类型也多种多样。生活生产中的推拉式门窗、鹤式起重机、挖掘机等(见图 5-1-1)都

(a)　　　　　　　　　　(b)　　　　　　　　　(c)

图 5-1-1　平面连杆机构

(a)推拉式门窗;(b)鹤式起重机;(c)挖掘机

有平面连杆机构。

> **试一试：**
> 观察缝纫机脚踏驱动机构的运动，思考以下问题：
> 1）缝纫机脚踏驱动机构是如何将踏板的往复摆动转化为曲轴的圆周运动的？
> 2）缝纫机脚踏驱动机械出现无法运转的问题时如何解决？

知识链接

一、平面机构概述

1. 认识平面机构

机构按其运动空间分为平面机构和空间机构。各构件都在同一平面或平行平面内运动的机构称为平面机构，否则称为空间机构。例如，图 5-1-2 所示的颚式破碎机为平面机构，图 5-1-3 所示的飞机起落架为空间机构。机构是具有确定运动的构件系统，其组成要素有构件和运动副。

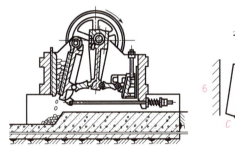
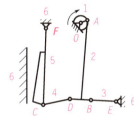

图 5-1-2 颚式破碎机

图 5-1-3 飞机起落架

2. 运动副及分类

（1）构件的自由度和运动副。

1）自由度。如图 5-1-4 所示，AB 为一个构件，它是组成机构的独立运动单元，在其运动平面内可以产生3个独立的运动，即随基点 A 沿 x 方向、y 方向的移动及绕基点 A 的转动。

构件具有独立运动的数目称为构件的自由度。显然，做平面运动的构件具有3个自由度，可用 x、y、α 这3个独立运动的位置参数来表示。

2）运动副及约束。使两个构件直接接触又能保持一定相对运动的连接，称为运动副。构件之间组成运动副，它们的独立运动受到一定的限制，自由度随之减少，我们把这种限制称为约束。构件消失的自由度数等于它所受到的约束数。

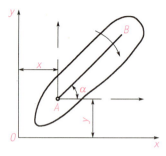

图 5-1-4　构件自由度

(2)运动副的分类。运动副按两构件接触的几何特征分为高副和低副。

1）高副。两构件通过点或线接触的运动副称为高副，如图 5-1-5 所示。高副因其为点或线接触，接触压强较大，但比较灵活，易于实现设计的运动规律。

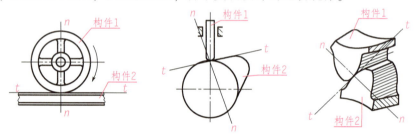

图 5-1-5　平面高副

齿轮副　　　滚动轮高副　　　凸轮高副　　　移动副　　　转动副

2）低副。两个构件通过面接触的运动副称为低副。低副因其为面接触，接触压强小，故较耐用，传力性能好。

低副按两构件间的相对运动特征分为转动副和移动副。

①转动副。如图 5-1-6(a)所示，构件1与构件2以圆柱面方式接触，两构件间只能产生相对转动，这种运动副称为转动副，或称为铰链。图 5-1-6(b)为转动副的简图符号，小圆中心表示转动副的轴线位置。

②移动副。如图 5-1-7(a)所示，构件1与构件2以棱柱面相接触，两构件间只能产生相对移动，这种运动副称为移动副。图 5-1-7(b)为移动副的简图符号，直线表示移动导路中心线位置。

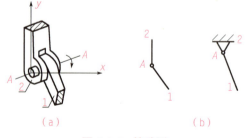

图 5-1-6　转动副

(3)运动副的结构及其表达方式。构件及运动副的规定符号见表 5-1-1。

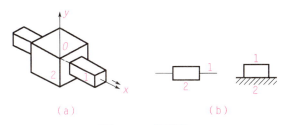

图 5-1-7 移动副

表 5-1-1 构件及运动副的规定符号

名 称		简图符号	名 称		简图符号
构件	轴、杆			基本符号	
	三副元素构件		机架	机架是转动副的一部分	
	构件的永久连接			机架是移动副的一部分	
平面低副	转动副		平面高副	齿轮副外啮合	
	移动副			内啮合	
				凸轮副	

(4)平面机构的运动简图。忽略实际机构中与运动无关的因素(如构件的形状、组成构件的零部件数目和运动副的具体结构等),用简单的线条和符号表示构件和运动副,并按一定的比例表示出机构各构件间相对运动关系的图,称为机构运动简图。

下面以图 5-1-8 所示的缝纫机踏板机构为例,说明绘制机构运动简图的方法和步骤。

1)找出各构件。找出主动件踏板 1,再按运动传递顺序找出从动件连杆 2、曲柄 3 等可动件和机架 4,如图 5-1-8(a)所示。

2)找出连接构件的各运动副。由机架的一端开始,按构件连接的顺序,找出机架与踏板、踏板与连杆、连杆与曲轴、曲轴与机架的另一端相连的各个运动副，它们分别是转动副 A、B、C、D，如图 5-1-8(b)所示。

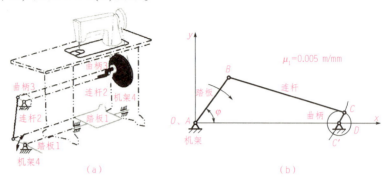

图 5-1-8 缝纫机踏板机构

3）确定各运动副间的相对位置。逐一量出各运动副（转动副）中心 A 与 B、B 与 C、C 与 D、A 与 D 之间的实际长度。

4）绘制机构运动简图。

①过机架 AD 作坐标系 Oxy。

②选取长度比例尺 $\mu_l = \dfrac{\text{实际构件长度/m}}{\text{图示构件长度/mm}}$。

缝纫机引线机构
简图画法

③按几何关系做图。

a. 先作与机架相关联的转动副 A、D。在 Ox 轴上取线段 AD。

b. 再作主动件 AB，与 Ox 轴成任意角 φ。

c. 最后作从动件 BC、CD，以 B 为圆心，以 BC 为半径做弧；再以 D 为圆心，以 CD 为半径，两弧相交得 C、C' 点，根据机构实际情况取 C 点，连 BC、DC。

④在 A、B、C、D 处分别画出运动副符号，并按数字顺序标注构件。在主动件上画上表示运动方向的箭头，便得机构运动简图，如图 5-1-8(b)所示。

若已给出主动件的某个位置值，如 $\varphi = 60°$，便可按上述方法，画出机构在主动件位于 60°时的机构位置图。

未按一定比例表示出各运动副间准确的相对位置，只是表示机构组合方式的机构图，称为机构示意图。

二、平面四杆机构

平面连杆机构是由若干刚性构件用低副连接而成的平面机构，故常称为平面低副机构。平面连杆机构中最基本的是由 4 个构件组成的机构，即平面四杆机构。

平面四杆机构的类别

1. 铰链四杆机构的类型、特点及应用

铰链四杆机构是将 4 个构件用 4 个转动副相连组成的机构，是四杆机构的基本形式，也是其他多杆机构的基础，如图 5-1-9 所示。机构中固定不动的构件 AD 称为机架，与机

架不直接相连的构件 BC 称为连杆,用转动副与机架相连的构件 AB 和 DC 称为连架杆。其中,能绕机架做连续整周转动的连架杆称为曲柄,只能做一定范围的往复摆动的连架杆称为摇杆。

按连架杆的性质,铰链四杆机构可分为 3 种基本类型,即曲柄摇杆机构、双摇杆机构、双曲柄机构,见表 5-1-2。

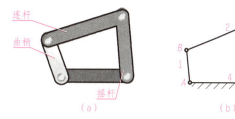

图 5-1-9 铰链四杆机构

铰链四杆机构组成　　曲柄摇杆机构　　雷达天线机构　　缝纫机踏板机构

表 5-1-2 铰链四杆机构的类型及特点

基本类型	特 点	应 用	备 注
曲柄摇杆机构	两连架杆分别为曲柄、摇杆,既能将曲柄的整周转动变换为摇杆的往复摆动,又能将摇杆的往复摆动变换为曲柄的连续回转运动		雷达天线采用的曲柄摇杆机构
			剪刀机
			破碎机
			搅拌机
			缝纫机踏板机构

续表

基本类型	特 点	应 用	备 注
双摇杆机构	两连架杆均为摇杆		电风扇摇头机构
			鹤式起重机的起吊机构
			汽车偏转车轮转向机构采用了等腰梯形双摇杆机构
双曲柄机构	两连架杆均为曲柄。能将等角速转动转变为周期性的变角速度转动或等速转动		惯性筛机构。当曲柄1做等角速转动时，曲柄3做变角速转动，通过构件5和筛体6产生变速直线运动。筛体内的物料由于惯性而来回抖动，从而达到筛选物料的目的。图为惯性筛机构中应用双曲柄机构部分的运动简图
			正平行双曲柄机构，四杆中对边杆两两相等且平行。其运动特点是两曲柄角速度相等且转向相同，而连杆做平动。图为车轮联动装置
			反平行双曲柄机构，其对边杆长相等，但两曲柄转向相反，角速度不相等。图为车门启闭机构。当主动曲柄 AB 转动时，通过连杆 BC 使从动曲柄 CD 反向转动，从而保证两扇车门能同时开启或关闭到预定工作位置

双摇杆机构　　　鹤式起重机　　　双曲柄机构　　　火车车轮联动装置　　　双曲柄机构车门启闭机构

2. 铰链四杆机构类型的判定

3 种铰链四杆机构的区别在于机构是否存在曲柄以及有几个曲柄，这又与机构中各构件的尺寸大小及选择不同的构件做机架有关，因此，铰链四杆机构基本类型可用如下方法判别：

1）机构中如最长杆与最短杆长度之和小于或等于其他两杆长度之和，该机构中可能存在曲柄，此即为机构曲柄存在条件。此时可根据机架不同的取法，得到如下机构：

①取最短杆的相邻杆为机架，则机构为曲柄摇杆机构。
②取最短杆为机架，则机构为双曲柄机构。
③取最短杆的对边为机架，则机构为双摇杆机构。

2）若最短杆与最长杆长度之和大于其他两杆长度之和，该机构无曲柄存在，此时无论取何杆为机架，均得双摇杆机构。

例 5-1　如图 5-1-10 所示，四杆机构的尺寸如图，试判别此机构的类型。

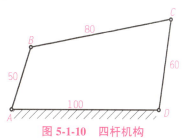

图 5-1-10　四杆机构

解　将机构中最长杆和最短杆长度之和与其他两杆长度之和相比较，因 50+100>80+60，故该机构无曲柄存在，该机构为双摇杆机构。

3. 铰链四杆机构的演化

在生产实际应用中，除了上述的 3 种基本形式外，还广泛采用其他形式的四杆机构，一般是通过改变铰链四杆机构某些构件的形状、相对长度或采用不同构件作为机架等方法演化而成的，主要有曲柄滑块机构、导杆机构、定块机构和摇块机构。

（1）曲柄滑块机构。曲柄滑块机构是具有一个曲柄和一个滑块的平面四杆机构，是由曲柄摇杆机构演化而来的。图 5-1-11 所示为曲柄滑块机构运动简图，曲柄 1 做连续整周转动，滑块 3 做往复直线移动。

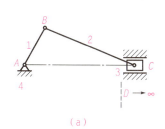 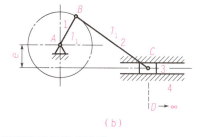

对心曲柄滑块机构

图 5-1-11　曲柄滑块机构运动简图
(a)对心曲柄滑块机构；(b)偏心曲柄滑块机构

如图 5-1-11(a)所示，滑块移动导路中线通过曲柄转动中心，称为对心曲柄滑块机构。

如图 5-1-11(b)所示，滑块移动导路中线不过曲柄转动中心，称为偏心曲柄滑块机构。对于偏心曲柄滑块机构，要保证构件 1 为曲柄，必须满足 $l_1+e \leq l_2$。

曲柄滑块机构的运动特点是将转动转化为往复移动，或将移动转化为转动。图 5-1-12 为其常见的一些应用实例。图 5-1-12(a) 为压力机中应用的曲柄滑块机构；图 5-1-12(b) 为内燃机中应用滑块机构将滑块(活塞)的往复移动转换成曲柄(曲轴)的旋转运动；图 5-1-12(c) 为搓丝机应用的曲柄滑块机构；图 5-1-12(d) 为自动送料装置，曲柄转一周，滑块就从料槽中推出一个工件。

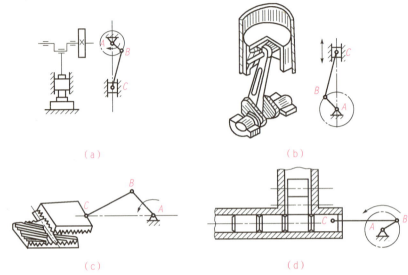

图 5-1-12 曲柄滑块机构应用实例

(a)压力机；(b)内燃机；(c)搓丝机；(d)自动送料装置

(2) 导杆机构。导杆机构可以看成是改变曲柄滑块机构中固定件的位置演化而成的，若将对心曲柄滑块机构(见图 5-1-13(a))中的构件 1 作为机架，就形成导杆机构。导杆机构可分为转动导杆机构和摆动导杆机构两种。

1) 转动导杆机构。如图 5-1-13(a) 所示，当 $l_1 < l_2$ 时，机架 1 为最短杆，相邻杆 2 与导杆 4 均能绕机架做连续转动，故称为转动导杆机构。

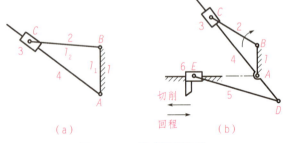

图 5-1-13 转动导杆机构

图 5-1-13(b) 所示为插床机构，其中构件 1、2、3、4 组成转动导杆机构。工作时，导杆 4 绕 A 点回转，带动构件 5 及插刀 6 往复运动，进行切削。

2) 摆动导杆机构。如图 5-1-14(a) 所示，当 $l_1 > l_2$ 时，机架 1 不是最短杆，它的相邻构件导杆 4 只能绕机架摆动，故称为摆动导杆机构。

图 5-1-14(b) 所示为刨床机构，其中构件 1、2、3、4 组成摆动导杆机构。工作时导杆 4 摆动，带动构件 5 及刨刀 6 往复运动，实现刨削。

(3) 定块机构。若取对心曲柄滑块机构中的构件 3(滑块)为机架，则滑块固定不动，称为固定滑块机构，简称定块机构，见图 5-1-15(a)。

图 5-1-15(b) 所示的手动泵是定块机构的应用实例。扳动手柄 1，使导杆 4 连同活塞 3 上下移动，便可抽水或抽油。

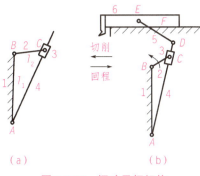
图 5-1-14 摆动导杆机构

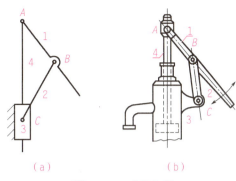
图 5-1-15 定块机构

(4) 摇块机构。若取对心曲柄滑块机构中的构件 2 为机架,因滑块 3 只能相对机架摇动,故称为摇动滑块机构,简称摇块机构,见图 5-1-16(a)。

这种机构多用摆缸式内燃机或液压驱动装置。图 5-1-16(b)所示为卡车车厢的自动翻转卸料机构,利用油缸中油压推动活塞杆 4 运动,迫使车厢 1 绕 B 点翻转,物料便自动卸下。

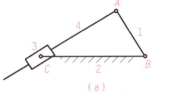
图 5-1-16 摇块机构

转动导杆机构

翻斗车

摆动导杆机构

定块机构

摇块

三*、平面四杆机构的急回运动特性、压力角和死点位置

1. 平面四杆机构的急回运动特性

如图 5-1-17 所示,在曲柄摇杆机构中,设曲柄 AB 为主动件。曲柄每旋转一周,有两次与连杆共线,如图 5-1-17 中的 B_1AC_1 和 AB_2C_2 两位置,此时的摇杆位置 C_1D 和 C_2D 称为极限位置,简称极位。当从动件摇杆处于两极限位置时,主动件曲柄对应的两位置 AB_1 和 AB_2 所夹的锐角 θ 称为极位夹角。C_1D 与 C_2D 的夹角 φ 称为最大摆角。

设曲柄以等角速度 ω_1 顺时针转动,从 AB_1 转到 AB_2 和从 AB_2 到 AB_1 所经过的角度分别为 $(180°+\theta)$ 和 $(180°-\theta)$,所需的时间为 t_1 和 t_2。相应的摇杆从

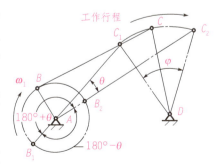
图 5-1-17 曲柄摇杆机构的运动特性

C_1D 摆动 C_2D 的行程为工作行程,克服生产阻力对外做功;从 C_2D 摆动 C_1D 的行程为空回行程,只克服运动副中的摩擦阻力,C 点在工作行程和空回行程中的平均线速度分别为

v_1 和 v_2，显然有 $t_1 > t_2$，$v_1 < v_2$。这种空回行程速度大于工作行程速度的现象称为急回特性。通常用 v_1 与 v_2 的比值 K 来描述急回特性，K 称为行程速比系数，即

$$K = \frac{v_2}{v_1} = \frac{C_1 C_2 / t_2}{C_2 C_1 / t_1} = \frac{t_1}{t_2} = \frac{180° + \theta}{180° - \theta}$$

或有

$$\theta = 180° \frac{K-1}{K+1}$$

急回曲柄机构

急回特性演示

可见，θ 越大，K 值就越大，急回特性就越明显。

急回特性在实际中广泛应用于单向工作的场合，使空回行程所用的非生产时间缩短，以提高生产率，如牛头刨床滑枕的运动。

2. 平面四杆机构的压力角和死点位置

在工程应用中，不仅要求连杆机构能满足机器的运动要求，而且希望运转轻便，效率较高，即具有良好的传力性能。

（1）压力角和传动角。衡量机构传力性能的特性参数是压力角。在不计构件重力、惯性力和运动副中的摩擦力时，从动件上受力点的速度方向与所受作用力方向之间所夹的锐角，称为机构的压力角。如图 5-1-18 所示，力 F 与 v_C 之间所夹的锐角 α 为机构在该位置的压力角。

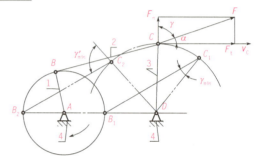

图 5-1-18 曲柄摇杆机构的压力角和传动角

将传动力 F 沿速度 v_C 的方向和垂直于速度的方向分解，可得到：

$$F_t = F\cos\alpha$$
$$F_n = F\sin\alpha$$

F_t 是推动从动件运动的分力，称为有效分力；F_n 不仅对从动件无推动作用，反而会增大铰链间的摩擦力，称为有害分力。显然压力角 α 越小，有效分力 F_t 越大，对机构传动越有利。因此，压力角 α 是衡量机构传力性能的重要参数。

在具体应用中，为度量方便和更为直观，常将压力角 α 的余角 γ 称为传动角，在曲柄摇杆机构中就是连杆和从动件所夹的锐角。由于 γ 更便于观察，因此通常用来检验机构的传力性能。

传动角 γ 随机构的不断运动而相应变化，γ 越大，机构传力性能越好；反之，机构传力性能就差。当 γ 过小时，机构就会自锁。为保证机构有较好的传力性能，应控制机构的最小传动角 γ_{min}。一般可取 $\gamma_{min} \geq 40°$，重载高速场合取 $\gamma_{min} \geq 50°$。曲柄摇杆机构的最小传动角出现在曲柄与机架共线的两个位置之一，如图 5-1-18 所示的 B_1 点或 B_2 点位置。

偏心曲柄滑块机构以曲柄为主动件，以滑块为工作件，传动角 γ 为连杆与导路垂线所夹锐角，如图 5-1-19 所示。最小传动角 γ_{min} 出现在曲柄垂直于导路时的位置，并且位于与偏距方向相反一侧。对于对心曲柄滑块机构，即偏距 $e = 0$ 的情况，显然其最小传动角 γ_{min} 出现在曲柄垂直于导路时的位置。对于以曲柄为主动件的摆动导杆机构，如图 5-1-20 所示，因为滑块对导杆的作用力始终垂直于导杆，其传动角 γ 恒为 90°，即 $\gamma = \gamma_{min} = \gamma_{max} = 90°$，表明导杆机构具有最好的传力性能。

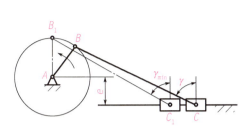

图 5-1-19　曲柄滑块机构的传动角

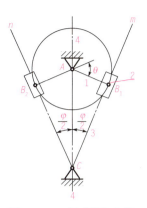

图 5-1-20　摆动导杆机构

（2）死点位置。由 $F_t = F\cos\alpha$ 知，当压力角 $\alpha = 90°$ 时，对从动件的作用力或力矩为零，此时连杆不能驱动从动件工作。机构处在这种位置称为止点，又称死点。如图 5-1-21（a）所示的曲柄摇杆机构，若摇杆为主动

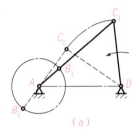

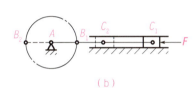

图 5-1-21　平面四杆机构的止点位置

件，当从动曲柄 AB 与连杆 BC 共线时，压力角 $\alpha = 90°$，传动角 $\gamma = 0$。如图 5-1-21（b）所示的曲柄滑块机构，如果以滑块为主动件，则当从动曲柄 AB 与连杆 BC 共线时，外力 F 无法推动从动曲柄转动。机构处于止点位置，一方面驱动力作用降为零，从动件要依靠惯性越过止点；另一方面运动方向不确定，可能因偶然外力的影响造成反转。

四杆机构是否存在止点，取决于从动件是否与连杆共线。如图 5-1-21（a）所示的曲柄摇杆机构，如果以曲柄为主动件，则摇杆为从动件，因连杆 BC 与摇杆 CD 不存在共线的位置，故不存在止点。又如图 5-1-21（b）所示的曲柄滑块机构，如果改曲柄为主动件，就不存在止点。

止点的存在对机构运动是不利的，应尽量避免出现止点。当无法避免出现止点时，一般可以采用加大从动件惯性的方法，靠惯性帮助通过止点，如内燃机曲轴上的飞轮；也可以采用机构错位排列的方法，靠两组机构止点位置差的作用通过各自的止点。图 5-1-22 所示为两组车轮的错列装置，利用左右两车轮相错 90°的方法，可使车轮能正常运转。

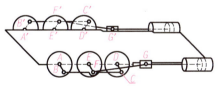

图 5-1-22　两组车轮的错列装置

在实际工程应用中，有许多场合是利用止点位置来实现一定工作要求的。图 5-1-23（a）所示为一种快速夹具，要求夹紧工件后夹紧反力不能自动松开夹具，所以将夹头构件 1 看成主动件，当连杆 2 和从动件 3 共线时，机构处于止点，夹紧反力 N 对摇杆 3 的作用力矩为零。这样，无论 N 有多大，也无法推动摇杆 3 而松开夹具。当我们用手搬动连杆 2 的延长部分时，因主动件的转换破坏了止点位置而轻易地松开工件。图 5-1-23（b）所示为飞机起落架处于放下机轮的位置，地面反力作用于机轮上使 AB 件为主动件，从动件 CD 与连

杆 BC 成一直线，机构处于止点，只要用很小的锁紧力作用于 CD 杆即可有效地保持着支撑状态。当飞机升空离地要收起机轮时，只要用较小力量推动 CD 杆，因主动件改为 CD 杆破坏了止点位置而轻易地收起机轮。此外，还有汽车发动机盖、折叠椅等，均应用止点位置实现相应功能。

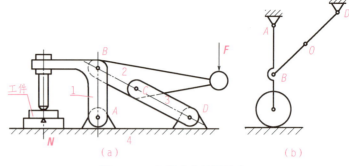

图 5-1-23　机构止点位置的应用

机构错列除死点

飞机起落架

死点夹具

做一做：

1) 试分析图 5-1-24 所示鹤式起重机的起吊机构的机械结构，并根据实际情况定出合适的杆长数值。

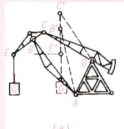
（a）

（b）

（c）

图 5-1-24　鹤式起重机的起吊机构

2) 电风扇摇头装置机构的类型判定：

第一步：观察电风扇。拆开电风扇头部罩壳，启动电风扇，观察电风扇的摇头动作。

第二步：绘出机构简图。关闭电风扇，测量摇头机构各杆长度，绘出机构简图，填入表 5-1-3。

表 5-1-3

杆长记录	机构简图
L_1	
L_2	
L_3	
L_4	

第三步：判断电风扇摇头机构的类型。该机构类型是_____。

知识梳理

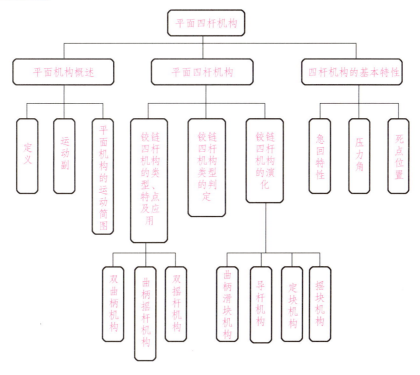

课题二　凸轮机构

学习目标

1. 了解凸轮机构的组成、特点、分类和应用；
2. 了解凸轮机构从动件的常用运动规律、压力角；
3. 了解平面凸轮轮廓的绘制方法；
*4. 了解凸轮的常用材料和结构。

课题导入

　　内燃机是一种动力机械，它是通过使燃料在机器内部燃烧，并将其放出的热能直接转换为动力的热力发动机。通常所说的内燃机是指活塞式内燃机。活塞式内燃机以往复活塞式最为普遍。活塞式内燃机将燃料和空气混合，在其气缸内燃烧，释放出的热能使气缸内产生高温高压的燃气，燃气膨胀推动活塞做功，再通过其他机构将机械功输出，驱动从动机械工作。内燃机的配气机构是典型的凸轮机构(见图5-2-1)。

单元五 常用机构

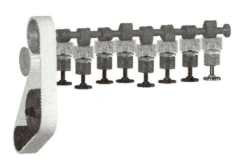

内燃机凸轮机构

图 5-2-1 内燃机凸轮机构

试一试：
上网检索相关视频资料，找出各种机构中的凸轮和从动件。

想一想：
1）凸轮机构是如何完成相应工作任务的？
2）凸轮轮廓曲线和从动件运动规律之间存在何种关系？

知识链接

凸轮机构的构成及分类

一、凸轮机构概述

1. 凸轮机构的组成、特点及应用

凸轮机构通常由凸轮、从动件和机架组成。其功用是将凸轮的连续转动或移动转换为从动件的连续或不连续的移动或摆动。

凸轮机构的主要优点是：便于准确地实现给定的运动规律和轨迹；结构简单、紧凑，易于设计。其缺点是：凸轮与从动件以点或线接触，不便于润滑，易磨损，凸轮加工制造复杂。

凸轮机构多用于需要实现特殊运动规律而传力不大的场合。图 5-2-2 所示为内燃机配气机构。凸轮做等速转动，依靠凸轮的轮廓，可以迫使从动阀杆上、下移动，按给定的配气要求启闭阀门。图 5-2-3 所示为靠模车削机构，工件做回转运动，拖板带动刀架沿凸轮靠模的轮廓运动，同时从动件推动刀架径向运动，从而使刀刃走出工作外形轮廓的轨迹。图 5-2-4 所示为自动送料机构，带凹槽的圆柱凸轮等速转动，槽中的滚子带动从动件往复移动，将工件推至指定位

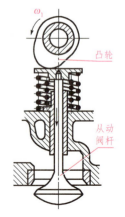

图 5-2-2 配气机构图

164

置,完成自动送料任务。

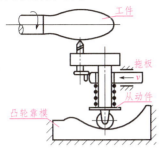

图 5-2-3 靠模车削机构

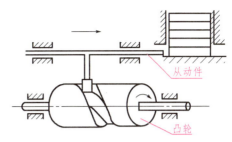

图 5-2-4 自动送料机构

2. 凸轮机构的分类

(1) 按凸轮形状分类。凸轮机构按凸轮形状可分为盘形凸轮(见图 5-2-2)、板状凸轮(见图 5-2-3)、圆柱凸轮(见图 5-2-4)。

(2) 按从动件末端形状分类。凸轮机构按从动件末端形状可分为以下几种:

1) 尖顶从动件:如图 5-2-5(a)所示,它以尖顶与凸轮接触,由于是点接触,又是滑动摩擦,因此磨损大,只限于传递运动,不宜传递动力。

2) 滚子从动件:如图 5-2-5(b)所示,它以滚子和凸轮接触,由于是线接触,又是滚动摩擦,因此磨损较小。

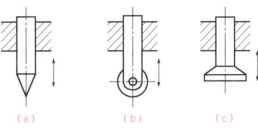

图 5-2-5 从动件末端结构形式
(a)尖顶从动件;(b)滚子从动件;(c)平底从动件

3) 平底从动件:如图 5-2-5(c)所示,它以平底与凸轮接触,由于平面与凸轮轮廓之间有楔形空间,便于形成油膜,可以减少摩擦和磨损。但驱动平底从动件的凸轮的轮廓曲线不允许呈凹形,因而运动规律的实现受到一定限制。

(3) 按从动件运动形式分类。凸轮机构按从动件运动形式可分为直动从动件(见图 5-2-5)、摆动从动件(见图 5-2-6)。

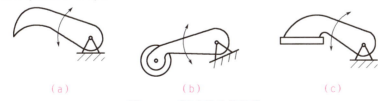

图 5-2-6 摆动从动件结构
(a)尖顶式;(b)滚子式;(c)平底式

靠模车削

圆柱凸轮的应用

尖顶摆动凸轮机构

滚子摆动凸轮机构

平底摆动凸轮机构

二、凸轮机构的运动过程和从动件的常用运动规律

1. 凸轮机构的运动过程

在凸轮机构中，从动件的运动规律是由凸轮轮廓曲线来决定的。其运动过程及有关参数见表 5-2-1。

凸轮机构的运动过程及有关参数

表 5-2-1 凸轮机构的运动过程及有关参数

运动过程及有关参数	相关说明	符号	图示
基圆半径	以凸轮轮廓最小向径 r_b 为半径，回转中心为圆心所作的圆	r_b	
初始位置	基圆与开始上升的凸轮轮廓曲线的交点	A 点位置	
推程及推程运动角	凸轮从 A 点开始以角速度 ω 转动，从动件由初始位置到达最远位置 B'，这个过程称为推程，相对应的凸轮转角称为推程运动角。 在推程中，从动件距凸轮轴心最近位置 A 到最远位置 B' 的距离 h 称为行程	δ_0、h	
远休止角	凸轮继续回转，凸轮轮廓 BC 与从动件接触，由于 BC 是以 O 为中心的圆弧，故从动件停留在凸轮最远处，相对应的凸轮转角称为远休止角	δ_s	

续表

运动过程及有关参数	相关说明	符 号	图 示
回程及回程运动角	凸轮继续回转，从动件在弹簧或重力的作用下回到最低点 D，这个过程称为回程，相对应的凸轮转角称为回程运动角	δ'_0	
近休止角	凸轮继续回转，凸轮基圆轮廓 DA 与从动件接触，由于 DA 是以 O 为中心的圆弧，从动件停留在凸轮最近处，相对应的凸轮转角称为近休止角	δ'_s	

凸轮机构完成一个运动周期后，继续回转，从动件将重复上述的升—停—降—停的运动过程。一般，推程是凸轮机构的工作行程，回程是空回行程，推程和回程在凸轮机构运动中是必有的，而远休止角和近休止角则根据工作需要而定。

2. 凸轮机构从动件的常用运动规律

（1）等速运动规律。凸轮以等角速度 ω 回转时，从动件上升或下降的速度为常数 v_0，这就是等速运动规律。

由物理学可知，从动件做等速运动时，它的位移 s 与时间 t 的关系为

$$s = v_0 t$$

凸轮的转角 δ 与时间的关系为

$$\delta = \omega t$$

由两式消去 t 可得

$$s = \frac{v_0}{\omega}\delta$$

凸轮机构位移曲线
示意图

由上式可知位移线图（s-δ 线图）为一条斜直线，如图 5-2-7（a）所示；由于速度为常数 v_0，因此速度线图为一水平线，如图 5-2-7（b）所示；由于从动件匀速运动，加速度为零，图 5-2-7（c）所示为加速度线图。

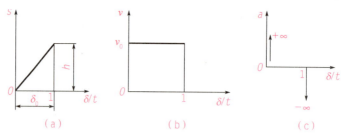

图 5-2-7 等速运动规律
(a)位移线图；(b)速度线图；(c)加速度线图

从加速度线图中可以看到，在0、1两个位置，由于从动件的速度发生突变，因而理论上在此两点处的加速度趋于无穷大，从动件的惯性力也趋于无穷大，将会引起巨大冲击。这种因加速度的无限突变而引起的冲击称为刚性冲击。周期性的刚性冲击会引起振动，损坏机构，影响机构的正常工作。因此，等速运动的凸轮机构只适用于低速和从动件惯性质量小的场合。

(2)等加速等减速运动规律。凸轮以等角速度 ω 回转时，从动件上升(下降)分成两个阶段，上升(下降)的前半段($h/2$)为等加速运动，后半段($h/2$)为等减速运动，且两个阶段加速度的绝对值相等，这就是等加速等减速运动规律。

设从动件在推程的加速运动中的加速度为常数 a_0，则其位移表达式为

$$s = \frac{1}{2}a_0 t^2$$

凸轮的转角 δ 为

$$\delta = \omega t$$

由两式消去 t 得

$$s = \frac{a_0}{2\omega^2}\delta^2$$

由上式可知，位移线图是二次抛物线。作图方法如图 5-2-8(a)所示：①将 δ_0、h 对分后，再将 $\delta_0/2$、$h/2$ 分成若干等份(这里为3等份)，得 1、2、3 和 1′、2′、3′等点；②连接 01′、02′、03′直线，它们分别与过 1、2、3 的垂直线相交得相应交点；③将各交点用光滑的曲线连接，该曲线即为等加速上升时的抛物线。用同样的方法作出等减速上升时的抛物线。

速度线图应为两条倾斜的直线，如图 5-2-8(b)所示。由于加速度为常数 a_0，因此加速度线图为上、下两条水平线，如图 5-2-8(c)所示。

从加速度线图中可以看出，在 0、3、6 处加速度发生有限突变，也会引起惯性冲击，但惯性力是一个有限值，这种冲击称为柔性冲击，可避免刚性冲击。因此等加速等减速运动多用于中速轻载的场合。

凸轮从动件运动规律还有简谐运动规律、摆线运动规律等。

3. 凸轮轮廓的绘制方法

当从动件运动规律选定后，即可根据该运动规律和其他给定条件(如结构所允许的空间、凸轮转向、基圆半径等)确定凸轮的轮廓曲线。确定凸轮轮廓曲线的方法有图解法和解析法。图解法的特点是简便、直观，但精度不高，一般适用于低速或对从动件运动规律要求不太严格的场合。

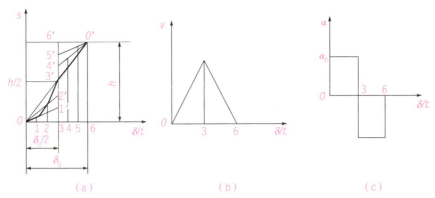

图 5-2-8　等加速等减速运动规律
（a）位移线图；（b）速度线图；（c）加速度线图

为了在图纸上画出凸轮轮廓曲线，可用"反转法"使凸轮与图纸平面相对静止。

有一尖顶对心移动从动件盘形凸轮机构，如图 5-2-9 所示，r_b 为基圆半径，从动件初始位置为 A_0 点，当凸轮以角速度 ω 转过 δ_1 时，向径 $O1''$ 位置即转到 $O1'$ 位置，于是从动件被凸轮轮廓推动上升一段位移 A_01'，凸轮继续转动，从动件可得到位移 A_02'、A_03'、…。现假设把整个机构加上一公共的角速度 ω，这样可以把凸轮看做静止不动，而从动件则以角速度 ω 绕轮转动的同时沿导路移动，分别在图中虚线位置。由图可见 $A_11'' = A_01'$，$A_22'' = A_02'$、…。从动件在这种复合运动中，其尖顶始终与凸轮接触，显然其尖顶的运动轨迹就是凸轮的轮廓曲线。因此，如果已知从动件的运动规律并已画出了位移线图，应用反转法原理把凸轮看做固定不动，从位移线图中得到对应凸轮每个转角的从动件位移 A_11''、A_22''、…，从而确定出 $1''$、$2''$、…各点，并以光滑曲线相连接，即求得凸轮轮廓曲线。

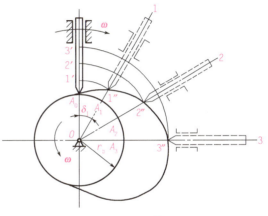

图 5-2-9　反转法

下面具体说明应用反转法绘制尖顶对心移动从动件盘形凸轮轮廓曲线的一般步骤。

如图 5-2-10（b）所示，已知凸轮逆时针回转，其基圆半径 $r_b = 30$ mm，从动件运动规律见表 5-2-2。

反转法

表 5-2-2　盘形凸轮从动件运动规律

凸轮转角	0°～180°	180°～300°	300°～360°
从动件运动规律	等速上升级 30 mm	等加速等减速下降至原处	停止不动

该盘形凸轮轮廓曲线作图步骤如下：

（1）选取适当比例尺作位移线图。选取长度比例尺和角度比例尺为 $\mu_l = 0.002$ m/mm，$\mu_\delta = 6$ °/mm。

169

按角度比例尺在横轴上由原点向右量取 30 mm、20 mm、10 mm，分别代表推程运动 180°、回程运动角 120°、近休止角 60°。每 30° 取一分点等分推程和回程，得分点 1、2、…、10，停程不必取分点。在纵轴上按长度比例尺截取 15 mm，代表推程位移 30 mm。

应用前述位移线图的作法，按已知运动规律画出位移线图，如图 5-2-10（a）所示，得到与各分点转角对应的从动件位移 11′、22′、…、99′。

（2）作基圆取分点。如图 5-2-10（b）所示，作取 O 为圆心，以 B 点为从动件尖端的最低位置，取

$$OB = \frac{r_b}{\mu_s} = \frac{0.03}{0.002} \text{mm} = 15 \text{ mm}$$

为半径作基圆。圆周上 B 点即为轮廓曲线初始点，按 ω 方向取推程运动角、回程运动角和近休止角，并分成与位移图对应的相同等分，得分点 B_1、B_2、…、B_{11}。B_{11} 和 B 点重合。

凸轮轮廓的绘制

（3）画凸轮轮廓曲线。连接 OB_1 并在延长线上取 $B_1B'_1 = 11'$ 得点 B'_1，同样在 OB_2 延长线上取 $B_2B'_2 = 22'$，…，直到 B'_9，点 B'_{10} 与基圆上点 B_{10} 重合。将 B'_1、B'_2、…、B'_{10} 连接为光滑曲线，即所要求的凸轮轮廓曲线。

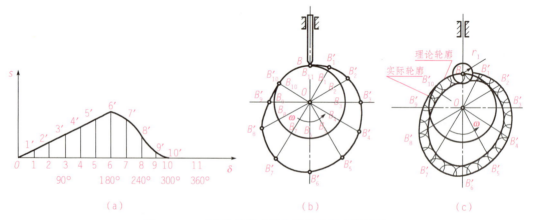

图 5-2-10 对心移动从动件盘形凸轮轮廓的绘制
(a) 位移线图；(b) 基圆与轮廓曲线；(c) 滚子从动件时的凸轮轮廓作法示意图

三、凸轮机构的压力角

图 5-2-11 所示为一尖顶对心移动从动件盘形凸轮机构在推程某一位置的受力情况，如果不考虑摩擦，凸轮给予从动件的推力 F 应沿着接触点 A 的公法线 nn 方向，它与从动件在该点的速度 v 的方向所夹的锐角 α 称为凸轮在 A 点的压力角。在工作过程中，从动件与凸轮轮廓上各点接触时，因为其所受的推力 F 的方向是变化的，所以凸轮轮廓上各点的压力角也是不相同的。

凸轮压力角

推力 F 可以分解为沿从动件速度方向的分力 F_1 和垂直于速度方向的分力 F_2：

$F_1 = F\cos\alpha$（推动从动件运动的有效分力），$F_2 = F\sin\alpha$（增大摩擦力的有害分力）

显然，α 越小，F_1 越大，F_2 越小，传力特性越好；反之，α 越大，F_1 越小，F_2 越大，导路中侧压力越大，摩擦阻力越大，凸轮转动越困难。当压力角 α 增大到一定程度，有效分力不足以克服摩擦阻力时，无论凸轮对从动件的推力有多大，从动件都不能运动，这种现象称为自锁。

由以上分析可以看出，从改善传力特性、提高效率的角度出发，希望压力角越小越好。但是压力角越小，凸轮基圆半径越大，机构尺寸越大，所以从使机构尺寸紧凑的角度考虑，希望压力角越大越好。通常希望凸轮机构既有较好的传力特性，又具有紧凑的结构尺寸。压力角的一般选择原则为：在传力许可的条件下，尽量取较大的压力角，为了使机构能顺利工作，规定了压力角的许用值 $[\alpha]$，应使 $\alpha \leq [\alpha]$。根据实践经验，推程的许用压力角：移动从动件 $[\alpha] \leq 30°$，摆动从动件 $[\alpha] \leq 45°$。回程时，传力已不是主要问题，而主要考虑减小凸轮尺寸，可取 $[\alpha] \leq 70° \sim 80°$。

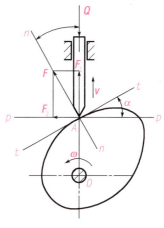

图 5-2-11 凸轮机构的压力角

四、凸轮机构的常用材料和结构

1. 凸轮和从动件的材料及热处理方法

表 5-2-3 列出了凸轮和从动件接触端常用材料及热处理方法。

表 5-2-3 凸轮和从动件接触端常用材料及热处理方法

工作条件	凸轮		从动件接触端	
	材料	热处理	材料	热处理
低速轻载	40、45、50	调质 220~260HBS	45	表面淬火 40~45HRC
	HT200、HT250、HT300	170~250HBS		
	QT500-1.5 QT600-2	190~270HBS	尼龙	
中速轻载	45	表面淬火 40~45HRC	20Cr	渗碳淬火，渗碳层深 0.8~1 mm，55~60HRC
	45、40Cr	表面高频淬火 52~58HRC		
	15Mn、20Mn、20Cr、20CrMn	渗碳淬火，渗碳层 0.8~1.5 mm，56~62HRC		
高速重载或靠模凸轮	40Cr	高频淬火，表面 56~60HRC，心部 45~50HRC	T8 T10 T12	淬火 58~62HRC
	38CrMoAl、35CrAl	氧化，表面硬度 700~900HV（60~67HRC）		

注：对于一般中等尺寸的凸轮机构，$n \leq 100$ r/min 为低速，100 r/min $< n <$ 200 r/min 为中速，$n > 200$ r/min 为高速

2. 凸轮机构的结构

（1）凸轮在轴上的固定。当凸轮的轮廓尺寸与轴的直径相近时，凸轮与轴可做成一体，称为凸轮轴，如图 5-2-12 所示。

图 5-2-12　凸轮轴

当凸轮尺寸较大，且与轴的直径相差较大时，则应与轴分开制造，然后固定于轴上。图 5-2-13（a）为用键将凸轮与轴固定，这种结构较简单，但凸轮在轴上圆周方向的位置不能调整；图 5-2-13（b）为用销将凸轮与轴固定，凸轮可沿轴上圆周方向调整位置，初调时用螺钉定位，调整结束后用推销固定；图 5-2-13（c）为用弹性锥套筒及双螺母将凸轮与轴固定，这种结构也能调整凸轮在轴上的位置，但承载能力不大。

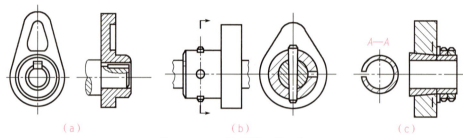

图 5-2-13　凸轮在轴上的固定

（2）滚子及其连接。滚子可以是专门制造的圆柱体，如图 5-2-14（a）、(b) 所示；也可直接采用滚动轴承做滚子，如图 5-2-14（c）所示。滚子与从动件末端可用螺栓连接，如图 5-2-14（a）所示；也可用小轴连接，如图 5-2-14（b）、(c) 所示。无论何种连接，都要保证滚子相对从动件能灵活转动。

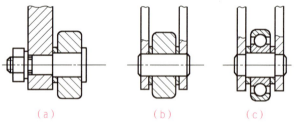

图 5-2-14　滚子及其连接

> **做一做：**
>
> 一尖顶对心移动从动件盘形凸轮机构，凸轮按顺时针方向转动，要求实现的运动规律见表 5-2-4。
>
> 表 5-2-4　运动规律
>
> | 凸轮转角 δ | 0°～90° | 90°～180° | 180°～260° | 260°～360° |
> | --- | --- | --- | --- | --- |
> | 从动件运动规律 | 等加速、等减速上升 30 mm | 停止 | 等速退至原位 | 停止 |
>
> 试绘制位移线图和凸轮轮廓曲线（基圆半径 $r_b = 40$ mm）。

知识梳理

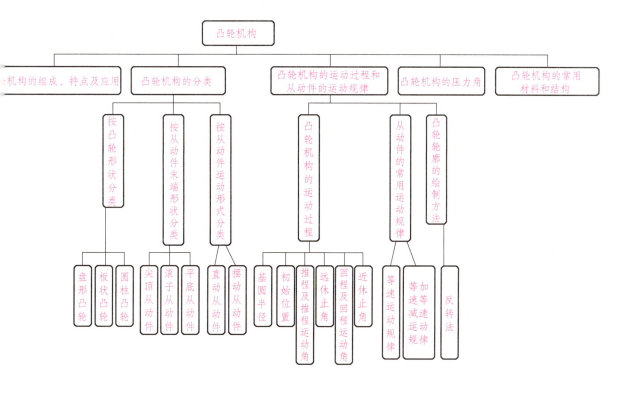

*课题三　间歇运动机构

学习目标

1. 了解棘轮机构的组成、特点和应用；
2. 了解槽轮机构的组成、特点和应用。

课题导入

在机器工作时，常常需要某些机构的主动件做连续运动，而从动件则产生周期性的时动时停的间歇运动，如牛头刨床的进给机构、印刷机的进纸机构、包装机的送进机构、电影放映机进片机构以及自动机床的进给、送料和刀架转位机构等。这种当主动件做连续运动时，从动件跟随做周期性间歇运动的装置称为间歇运动机构。间歇运动机构常用于周期性间歇运动，在半自动和自动化机械中运用极为广泛。间歇运动机构的类型很多，常用的有棘轮机构和槽轮机构。

常用的间歇机构

173

> 试一试：
> 观察牛头刨床工作台横向进给机构和电影放映卷片机构，探究这两种机构是如何运动的？

知识链接

一、棘轮机构

1. 棘轮机构的工作原理、类型及应用

（1）棘轮机构的组成及工作原理。典型的棘轮机构由棘爪、棘轮、摇杆、机架等组成，如图 5-3-1 所示。摇杆及铰接于其上的棘爪为主动件，棘轮为从动件。

图 5-3-2 所示为外啮合曲柄摇杆式棘轮机构。当主动曲柄连续转动时，摇杆往复摆动。当摇杆逆时针摆动时，棘爪嵌入棘轮的齿槽内，推动棘轮沿逆时针方向转过一个角度；当摇杆顺时针摆动时，棘爪在棘轮齿背上滑过，棘轮静止不动。在机架上安装止动棘爪可防止棘轮逆转。工作棘爪和止动棘爪均利用弹簧使其与棘轮保持可靠接触。这样，当曲柄连续回转时，棘轮做单向的间歇运动。

单动式棘轮机构

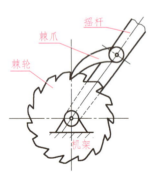

图 5-3-1 棘轮机构的组成　　图 5-3-2 外啮合曲柄摇杆式棘轮机构

曲柄摇杆式棘轮机构

（2）棘轮机构的类型。除外啮合式棘轮机构外，如果要求摇杆往复运动时都能使棘轮向同一方向转动，则可采用图 5-3-3 所示的双动式棘轮机构。驱动棘爪可制成钩头（见图 5-3-3(a)）或直头（见图 5-3-3(b)）。

如果要求棘轮做双向间歇运动，可采用具有矩形齿的棘轮以及与之相适应的双向棘爪。图 5-3-4 所示为矩形齿双向棘轮机构。如图 5-3-4(a) 所示，驱动棘爪在实线位置时，棘轮做逆时针间歇转动；驱动棘爪绕 A 点翻转到虚线位置时，棘轮做顺时针间歇转动。图 5-3-4(b) 所示为回转棘爪双向棘轮机构，当棘爪按图示位置放置时，棘轮做逆时针间歇转动。若将棘爪提起，并绕本身轴线转动 180° 后再插入棘轮齿槽，棘轮做顺时针方向间歇转动。

双动式棘轮机构

双向式棘轮机构

若将棘爪提起,并绕本身轴线转动90°,棘爪将被架在壳体的平面上,使轮与爪脱开,当棘爪往复摆动时,棘轮静止不动。

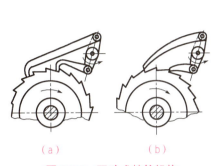

图 5-3-3　双动式棘轮机构

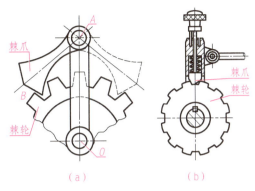

图 5-3-4　矩形齿双向棘轮机构

此外,棘轮机构还有内啮合棘轮机构(见图 5-3-5)和棘条机构等。

(3) 棘轮机构的特点及应用。棘轮机构结构简单,制造方便,运转可靠,转角大小调节方便;但不能传递大的动力,且棘爪和棘轮开始接触的瞬间会发生冲击,传动平稳性较差,不适宜于高速传动,因此常用于低速、轻载、转角小或转角大小需要调节的场合,一般用做机床及自动机械的进给机构、送料机构、刀架的转位机构、精纺机的成形机构、牛头刨床的送进机构等,也广泛用于卷扬机、提升机及牵引设备中,用它作为防止机械逆转的止动器。

自行车后轮轴
棘齿式机构

工程应用: 图 5-3-6 所示为某控制打字机输格装置。当打完一个字符后使字车完成一个输格动作。输格功能的实现:输格电磁铁通电动作,使输格离合器转动一定角度,带动输格爪动作,拉动棘轮和丝杆一起转动,使装在字车上的滑块与字车一起沿丝杆移动一个字的距离,为打下一个字符做好准备。

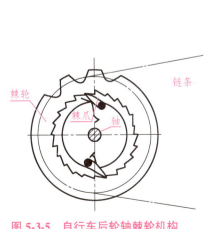

图 5-3-5　自行车后轮轴棘轮机构

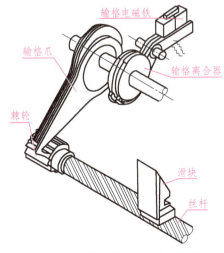

图 5-3-6　某控制打字机输格装置

图 5-3-7 所示为防止机构逆转的提升机棘轮停止器。起重设备中常应用这种机构。当

转动的鼓轮带动工件上升到所需高度位置时，鼓轮就停止转动。为了防止鼓轮逆转，使用棘爪依靠弹簧而嵌入棘轮的轮齿间，这样就可以防止鼓轮在任意位置停留时逆转，保证起重工作安全、可靠。

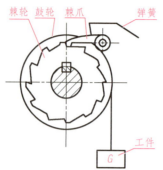

提升机棘轮停止器

图 5-3-7　提升机棘轮停止器

2. 棘轮转角的调节方法

（1）调节摇杆摆角大小控制棘轮转角。如图 5-3-8 所示，棘轮机构是利用曲柄摇杆机构的摇杆上的棘爪带动棘轮做间歇运动的。通过转动调节螺杆来实现曲柄长度 r 的增大或减小，而使摇杆摆角大小得到改变，从而控制棘轮的转角。曲柄长度 r 增大，摇杆摆角增大，棘轮转角增大，反之，棘轮转角减小。

（2）利用遮板调节棘轮转角。如图 5-3-9 所示，棘轮机构的棘轮外罩上有一带缺口的遮板，它不随棘轮一起转动。当变更遮板缺口位置时，可使棘爪行程的一部分在遮板圆弧面上滑过，不与棘轮的轮齿相接触，从而达到调节棘轮转角大小的目的。

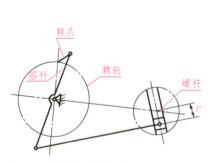

图 5-3-8　调节棘爪摆角大小控制棘轮转角

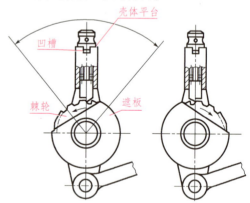

图 5-3-9　利用遮板调节棘轮的转角

二、槽轮机构

1. 槽轮机构的组成及工作原理

槽轮机构又称马氏机构，由具有径向圆销的主动拨盘、具有径向槽的槽轮和机架组成，如图 5-3-10 所示。

当主动拨盘做均匀连续转动时，在主动拨盘的圆销 A 尚未进入槽轮的径向槽时，槽轮内凹锁住弧 β 被主动拨盘的外凸锁住弧 α 卡住，因而槽轮静止不动；当主动拨盘的圆销开始进入槽轮径向槽的位置（图中所示位置）时，锁住弧被松开，圆销驱使槽轮转动。当圆销开始脱出径向槽时，槽轮的另一内凹锁住弧又被主动拨盘的外凸锁住弧卡住，致使槽轮静止不动，直到圆销在进入另一径向槽时，两者又重复上述的运动循环。该机构中，原动件回转一周时，从动件只转 1/4 周。同理，对于具有 n 个槽的槽轮机构，当原动件回转一周时，槽轮转过 $1/n$ 周。如此重复循环，槽轮实现单向的时动时停间歇转动。

槽轮机构

双销槽轮机构

图 5-3-11 所示为双圆销槽轮机构，在工作中，曲柄旋转一周，则双圆销可使槽轮间歇地转动两次。

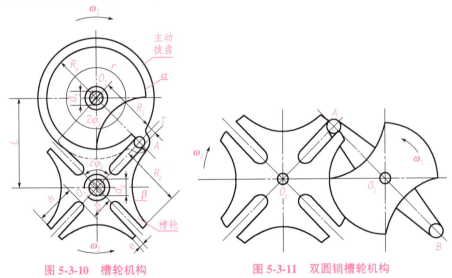

图 5-3-10 槽轮机构　　图 5-3-11 双圆销槽轮机构

2. 槽轮机构的特点及应用

槽轮机构的特点是结构简单，工作可靠，机械效率高，在进入和脱离接触时运动较平稳，能准确控制转动的角度，因此，它广泛应用于自动化机械中；但槽轮的转角不可调节，故只能用于定转角的间歇运动机构中，如自动机床、电影机械、包装机械等。

工程应用： 图 5-3-12 所示为用于六角车床刀架转位的槽轮机构。与槽轮固连在一起的刀架上装有 6 种刀具，当圆销进、出槽轮一次时，就推动槽轮转动 60°，从而将下一工序所用的刀具转换到工作位置。

电影卷片机构

图 5-3-13 所示为在电影放映机中用于实现卷片的槽轮机构。当圆销拨动槽轮转动时，胶片移动一段距离，当销子退出槽轮时，胶片静止不动，以使影片的画面有一段停留时间，以适应人们的视觉暂留现象。

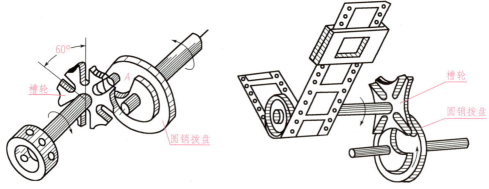

图 5-3-12 刀架转位的槽轮机构　　图 5-3-13 放映机卷片的槽轮机构

做一做：

在转动轴线互相平行的两构件中，主动件做往复摆动，从动件做单向间歇转动，若要求主动件每往复一次，从动件转 12°。试问：

1）可采用什么机构？
2）试画出其机构示意图。

知识梳理

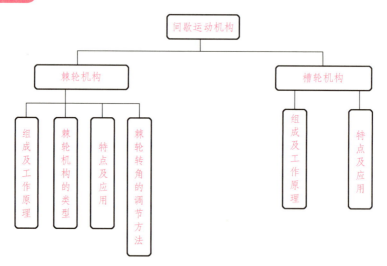

课题四　观察与分析机械设备常用机构

> **实训目的**

1. 了解各种平面连杆机构的动作与实际应用；
2. 分析各种机构的结构与运动。

> **实训设备**

矿业机械中的颚式破碎机，加工机械中的牛头刨床、插齿机模型，缝纫机械中的缝纫机头、包缝机、盲缝机、工业缝纫机、补鞋机，玩具类的电动和手动娃娃、机器人、挖掘机，教具类的各种机构模型，见图 5-4-1~图 5-4-8。

图 5-4-1　颚式破碎机

图 5-4-2　工业缝纫机

图 5-4-3　挖掘机玩具

图 5-4-4　牛头刨床

图 5-4-5　缝纫机

图 5-4-6　包缝机

单 元 五 　常用机构

图 5-4-7　盲缝机

图 5-4-8　补鞋机

实训内容

1）逐个观察各种机械、设备、仪器和装置的运动情况及功能，分析运动传递路线，了解各种机构的运动变换特点。

2）判定机构。

3）回答指定思考题（可选做）。在所分析的机械中，有哪些巧妙之处？有什么不足？提出改进方案。

①电动娃娃有哪些动作？这些动作如何实现？
②玩具娃娃的脚为什么能迈出和收回？
③机器人玩具的各动作如何实现？
④玩具挖掘机有哪些动作？
⑤缝纫机头除走针、摆梭和送布机构外，还有什么机构？
⑥包缝机中共有几个弹簧？它们各起什么作用？
⑦包缝机压脚的压力大小是否可调？怎样调节？
⑧包缝机中抬起压脚的扳手扳上去后为什么不会自动落下来？
⑨盲缝机中有几处用到弹簧？它们各起什么作用？
⑩工业缝纫机如何调整针迹的大小？
⑪工业缝纫机中共有几个弹簧？各起什么作用？
⑫物品缝制完成后，工业缝纫机用什么方法切断缝线？
⑬补鞋机中有几处用到弹簧？它们各起什么作用？
⑭补鞋机中送布机构的送布方向是否可调？如何调整？
⑮插齿机模型利用了多少种机构？各机构的作用是什么？
⑯观察曲柄的各种结构，分析采用不同曲柄结构的原因，是否见过其他的结构形式？
⑰三级机构的牛头刨床与二级机构的牛头刨床比较，在性能上可能有什么区别？

单元六 支承零部件

支承零部件主要包括轴和轴承。传动零件必须被支承起来才能进行工作,支承传动件的零件称为轴。轴本身又被支承起来,轴上被支承的部分称为轴颈,支承轴颈的支座称为轴承。轴的主要功用是支承回转零件传递转矩和运动;轴承的功用是支承轴及轴上零件,保持轴的旋转精度,减少转轴与支承件之间的摩擦和磨损。

课题一 轴

学习目标

1. 了解轴的分类、材料、结构和应用;
*2. 了解轴的强度计算。

课题导入

轴是机械传动中非常重要的零件之一,其主要功能是传递运动和动力,同时支承回转零件(如齿轮、带轮、链轮等)。日常生活和工业生产实践的设备中有很多轴,可以说,有转动的部位就有轴。轴一般都要求有足够的强度、合理的结构和良好的加工工艺性。

试一试:

图 6-1-1 所示为某数控机床的主轴,试通过资料检索及现场观察,分析其工作过程及制造材料。

图 6-1-1 数控机床主轴

单元六 支承零部件

知识链接

一、轴的分类与应用

1. 按轴线形状分类

按轴线形状分类，轴的类型见表 6-1-1。

轴的应用、分类与材料

表 6-1-1 轴按轴线形状分的类型

分类		示例图	特点	应用举例
直轴	光轴 实心轴		直轴的轴线为一条直线。直轴按外形可分为光轴（直径无变化）和阶梯轴（直径有变化），阶梯轴便于轴上零件的拆装和定位；直轴按轴的结构可分为实心轴和空心轴（如车床的主轴）	微型电动机
	光轴 空心轴			
	阶梯轴 实心轴			机床、汽车、减速器
	阶梯轴 空心轴			
曲轴			可以实现直线运动与旋转运动的转换，常用于往复式运动机械中	内燃机、空气压缩机、曲柄压力机
挠性轴			由几层紧贴在一起的钢丝构成，不受任何空间的限制，可以将扭转或旋转运动灵活地传递到任何所需要的位置	振捣器、医疗设备、操纵机构、仪表等

2. 按轴的承受载荷分类

按承受载荷分类，轴的类型见表 6-1-2。

表 6-1-2 轴按承受载荷分的类型

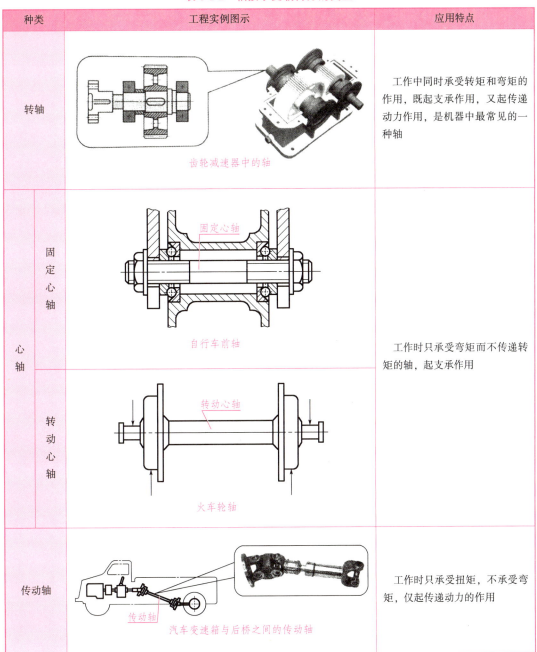

种类	工程实例图示	应用特点
转轴	齿轮减速器中的轴	工作中同时承受转矩和弯矩的作用，既起支承作用，又起传递动力作用，是机器中最常见的一种轴
心轴（固定心轴）	自行车前轴	工作时只承受弯矩而不传递转矩的轴，起支承作用
心轴（转动心轴）	火车轮轴	
传动轴	汽车变速箱与后桥之间的传动轴	工作时只承受扭矩，不承受弯矩，仅起传递动力的作用

二、轴的常用材料

轴类零件材料的选取，主要根据轴的强度、刚度、耐磨性以及制造工艺性而决定，力求经济、合理。

常用的轴类零件材料有 35、45、50 优质碳素钢，以 45 钢应用最为广泛。对于受载荷较小或不太重要的轴,也可用 Q235、Q255 等普通碳素钢。对于受力较大,轴向尺寸、重量受限制或者某些有特殊要求的轴,可采用合金钢。例如,40Cr 合金钢可用于中等精度、转速较高的工作场合,该材料经调质处理后具有较好的综合力学性能。

球墨铸铁、高强度铸铁由于铸造性能好,且具有减振性能,常在结构复杂的轴中采用。特别是我国研制的稀土-镁球墨铸铁,抗冲击韧性好,同时具有减摩、吸振、对应力集中敏感性小等优点,已被应用于制造汽车、拖拉机、机床上的重要轴类零件。

三、轴的结构

典型转轴的结构如图 6-1-2 所示,其中轴头是装配回转零件(如齿轮、带轮)的部分;轴肩(环)是轴上横截面尺寸突变的垂直于轴线的环面部分;轴颈是装配轴承的部分;轴身是连接轴头与轴颈的非配合部分。

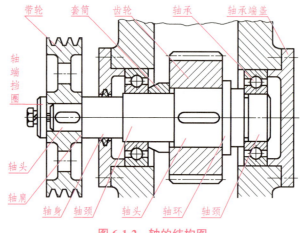

图 6-1-2 轴的结构图

四、轴上零件的固定方式

轴上零件的固定方式见表 6-1-3。

表 6-1-3 轴上零件的固定方式

固定方式		示意图	特点与应用
周向固定	平键连接		结构简单,制造容易,装拆方便,用于传递转矩较大、对中性一般的场合,应用最为广泛

续表

固定方式		示意图	特点与应用
周向固定	花键连接		承载能力大，对中性好，导向性好，但制造较困难，成本较高，适用于载荷较大、对中性要求较高或零件在轴上移动时要求导向性好的场合
	销连接		不能承受较大的载荷，可兼做轴向定位，常用于安全装置，过载时可被剪断，防止损坏其他零件
	过盈配合		结构简单，对中性好，承载能力强，同时有轴向固定和周向固定作用，但装配困难，且对配合尺寸的精度要求较高，常与平键联合使用，以承受大的交变载荷和冲击载荷
轴向固定	轴肩与轴环		结构简单，定位方便、可靠，不需要附加零件，能承受的轴向力大，广泛用于各种轴上零件的定位
	套筒		结构简单，定位可靠，多用于距离较小的轴上零件定位，但由于套筒与轴之间存在间隙，故在轴高速运转情况下不宜使用
	轴端挡圈		定位可靠，能够承受较大的轴向力和一定的冲击载荷，广泛应用于轴端零件的固定

续表

固定方式		示意图	特点与应用
轴向固定	圆锥面	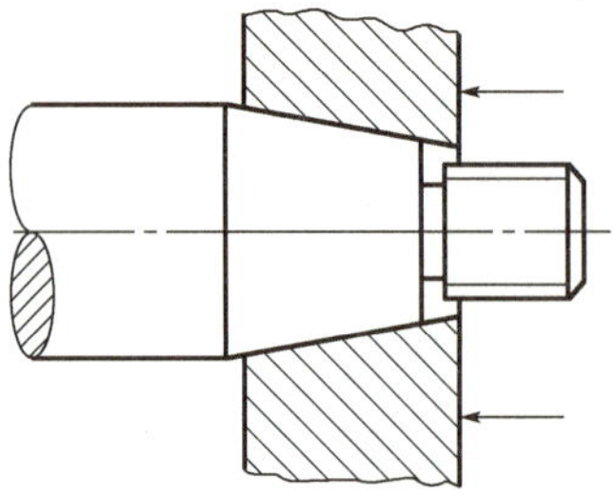	装拆方便，有消除间隙的作用，定心精度高，能承受冲击载荷，但锥面不易加工，适用高速、冲击以及对中性要求较高的场合
	圆螺母	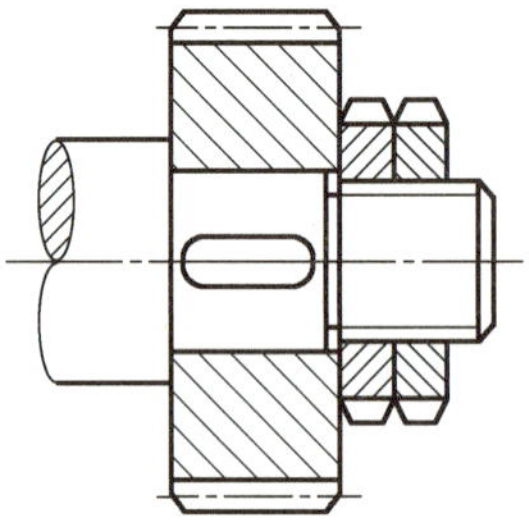	定位可靠，可承受较大的轴向力，能实现轴上零件的间隙调整，通常用于轴的中部或端部
	弹性挡圈	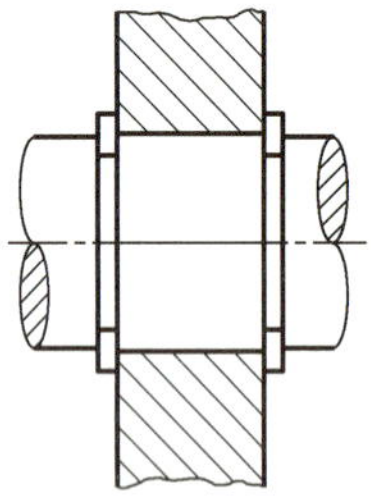 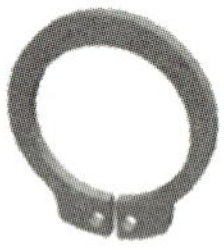	结构紧凑、简单，装拆方便，受力较小，常用于固定滚动轴承
	其他		紧定螺钉、弹簧挡圈、锁紧挡圈，多用于轴向力不大的场合

五、轴的加工工艺性

1. 加工工艺性

1）在轴的结构中，应有加工工艺所需的结构要素。例如，对于需磨削的轴段，阶梯处应设有砂轮越程槽，如图 6-1-3（a）所示；对于需切制螺纹的轴段，应设有螺纹退刀槽，如图 6-1-3（b）所示。

2）为了减少刀具品种、节省换刀时间，同一根轴上所有的圆角半径、倒角尺寸、环形槽等应尽可能统一；轴上不同轴段的键槽应布置在轴的同一母线上，以便一次装夹后用铣刀切出，如图 6-1-3（c）所示。

3）为了便于加工定位，必要时轴的两端应设中心孔，如图 6-1-3（d）所示。

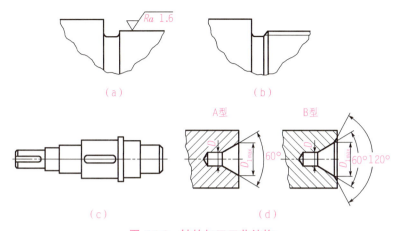

图 6-1-3 轴的加工工艺结构
(a)砂轮越程槽;(b)螺纹退刀槽;(c)键槽;(d)中心孔

2. 装配工艺性

1)零件各部位装配时,不能互相干涉,如图 6-1-4(a)所示。
2)便于导向和避免擦伤零件配合表面,轴端应倒角,如图 6-1-4(b)所示。

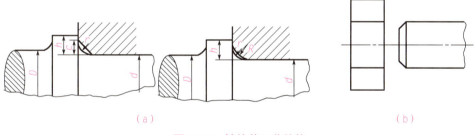

图 6-1-4 轴的装工艺结构
(a)倒圆角;(b)轴端倒角

六、轴的强度计算

轴按其承受载荷的不同,强度计算方法也不同。

1. 传动轴的强度计算

传动轴工作时承受扭矩,按扭转强度条件计算强度。轴的抗扭强度取决于轴的材料及其组织状态、轴的形状、横截面尺寸、轴所承受的扭矩及其工作状况。

2. 心轴的强度计算

心轴工作时承受弯矩,按弯曲强度条件计算强度。轴的抗弯强度取决于轴的材料及其组织状态、横截面形状和尺寸、轴所承受的弯矩。

3. 转轴的强度计算

转轴工作时,同时承受扭矩和弯矩,按弯扭组合强度条件计算强度。对于一定结构的轴，轴的支点位置及轴上所承受载荷的大小、方向和作用点均已确定，依据已知条件即可求出轴的支承反力，画出弯矩图、扭矩图和合成弯矩图，按弯扭组合强度校核危险横截面的直径。

> **做一做：**
> 1）图 6-1-5 所示的轴如果改为光轴，对轴上零件的安装定位有何影响？
> 2）指出图 6-1-6 所示轴的结构中存在哪些不合理的地方，并加以改正。

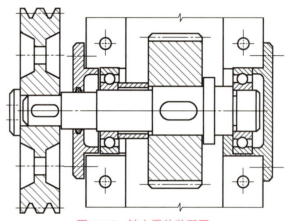

图 6-1-5　轴上零件装配图

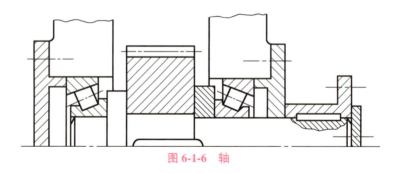

图 6-1-6　轴

知识梳理

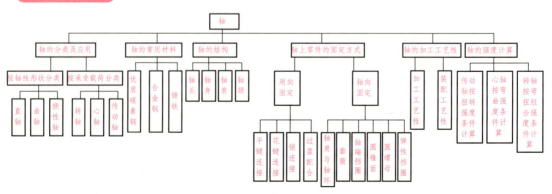

课题二 轴 承

学习目标

1. 熟悉滚动轴承的类型、特点、代号及应用；
*2. 掌握滚动轴承的选择原则；
3. 了解滑动轴承的特点、主要结构和应用；
*4. 了解滑动轴承的失效形式、常用材料。

课题导入

轴承与轴就像一对孪生兄弟，形影不离地出现在机器中。有了轴承的支承，轴和轴上的零件才能正常工作。

轴承是当代机械设备中的一种重要零部件。它的主要功能是支撑机械旋转体，降低其运动过程中的摩擦系数，并保证其回转精度。

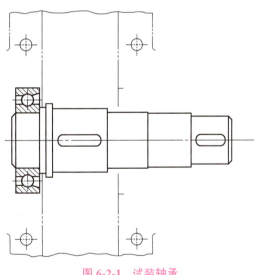

试一试：
　　正确安装图 6-2-1 所示的轴承。

想一想：
　　图 6-2-1 所示的轴上只有一个轴承，该轴能正常工作吗？

图 6-2-1　试装轴承

知识链接

根据轴承工作的摩擦性质，轴承可分为滚动轴承和滑动轴承两类。

单元六 支承零部件

一、滚动轴承

1. 滚动轴承的特点

滚动轴承是利用滚动体在轴颈与支承座圈之间滚动的原理制成的，其特点如下。

（1）优点。

1）在一般使用条件下，摩擦因数低，运转时摩擦力矩小，启动灵敏，效率高。

2）可用预紧的方法提高支承刚度及旋转精度。

3）对于同尺寸的轴颈，滚动轴承的宽度小，可使机器的轴向尺寸紧凑。

4）润滑方法简便，轴承损坏易于更换。

（2）缺点。

1）承受冲击载荷的能力较差。

2）高速运转时噪声大。

3）比滑动轴承的径向尺寸大。

4）与滑动轴承比，使用寿命较短。

滚动轴承的生产

2. 滚动轴承的基本结构

滚动轴承的基本结构如图 6-2-2 所示。

滚动轴承的结构、分类

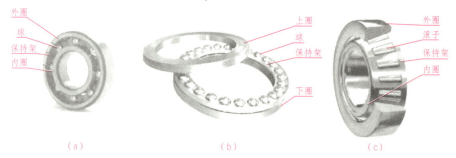

图 6-2-2 滚动轴承的基本结构
（a）深沟球轴承；（b）推力球轴承；（c）圆锥滚子轴承

内圈：装在轴颈上，与轴一起转动；

外圈：装在机座的轴承孔内，固定不动；

滚动体：在内、外圈的滚道内滚动（基本类型见图 6-2-3）；

保持架：均匀地隔开滚动体（常见结构形式见图 6-2-4）。

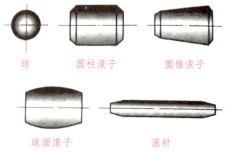

图 6-2-3 滚动体的基本类型

3. 滚动轴承的分类

滚动轴承的分类方法见表 6-2-1。

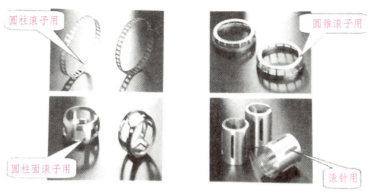

图 6-2-4 保持架的常见结构形式

表 6-2-1 滚动轴承的分类方法

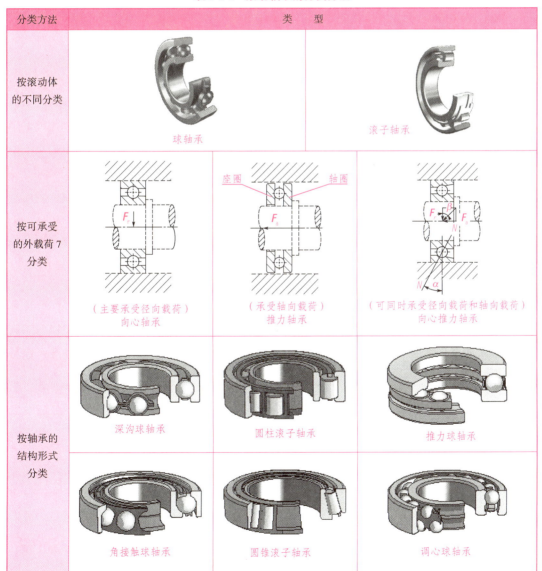

4. 滚动轴承的代号

国家标准 GB/T 272—1993 规定了滚动轴承代号的构成,见表 6-2-2。

表 6-2-2　滚动轴承代号的构成

前置代号	基本代号					后置代号						
	五	四	三	二	一	1	2	3	4	5	6	7	8
成套轴承分部件代号	轴承类型代号	尺寸系列代号		内径代号		内部结构代号	密封、防尘与外部形状变化代号	保持架及其材料代号	轴承材料代号	公差等级代号	游隙代号	配置代号	其他代号
		宽(高)度系列代号	直径系列代号										
		组合代号											

注：国家标准对滚针轴承的基本代号另有规定。

（1）类型代号。滚动轴承的类型代号见表 6-2-3。

表 6-2-3　滚动轴承的类型代号

类型代号	轴承类型	类型代号	轴承类型
0	双列角接触球轴承	6	深沟球轴承
1	调心球轴承	7	角接触球轴承
2	调心滚子轴承和推力滚子轴承	8	推力圆柱滚子轴承
3	圆锥滚子轴承	N	圆柱滚子轴承
4	双列深沟球轴承	U	外球面球轴承
5	推力球轴承	QJ	四点接触球轴承

（2）尺寸系列代号。轴承的尺寸系列代号由轴承的宽(高)度系列代号和直径系列代号组合而成,由两位数字表示。具体代号见表 6-2-4。

表 6-2-4　滚动轴承的尺寸系列代号

宽(高)度系列代号	宽度(向心轴承)	8、0、1、2、3、4、5、6 宽度尺寸依次递增
	高度(推力轴承)	7、9、1、2 高度尺寸依次递增
直径系列代号		7、8、9、0、1、2、3、4、5 外径尺寸依次递增

（3）内径代号。内径代号表示轴承公称内径的大小,其表示方法见表 6-2-5。

表 6-2-5　滚动轴承的内径代号

轴承内径 d/mm		内径代号	示例
10~17	10	00	深沟球轴承 6 201 内径 $d=12$ mm
	12	01	
	15	02	
	17	03	
20~495 （22、28、32 除外）		内径代号×5＝内径	深沟球轴承 6 210 内径 $d=50$ mm
≥500 以及 22、28、32		用内径毫米数直接表示，并在尺寸系列代号与内径代号之间用"/"号隔开	深沟球轴承 62/500，内径 $d=500$ mm 62/22，内径 $d=22$ mm

（4）前置、后置代号。前置、后置代号是轴承代号的补充，只有在轴承的结构形状、尺寸、公差、技术要求等有改变时才使用，一般情况下可部分或全部省略，其详细内容可查阅《机械设计手册》中相关的标准规定。

（5）滚动轴承的公差等级。滚动轴承的公差等级分为 0 级、6 级、6X 级、5 级、4 级和 2 级共 6 级，其代号为/P0、/P6、/P6X、/P5、/P4、/P2，依次由低级到高级，其中 0 级为普通级，在轴承代号中省略不标。

滚动轴承基本代号举例：

5. 常用的滚动轴承

常用的滚动轴承见表 6-2-6。

表 6-2-6　常用的滚动轴承

轴承名称	结构图	简图及承载方向	类型代号	基本特性
调心球轴承			1	主要承受径向载荷，也可承受少量的双向轴向载荷，一般不能承受纯轴向载荷，能够自动调心，特别适用于那些可能产生相当大的轴挠曲或不对中的轴承应用场合

续表

轴承名称	结构图	简图及承载方向	类型代号	基本特性
调心滚子轴承			2	与调心球轴承的特性基本相同，除承受径向载荷，还可承受双向轴向载荷及联合载荷，承载能力较大，同时具有较好的抗振动、抗冲击能力
推力调心滚子轴承			2	能承受很大的轴向载荷，在承受轴向载荷的同时还可以承受径向载荷，但径向载荷一般不超过轴向载荷的55%，适用于重载和要求调心性能好的场合
圆锥滚子轴承			3	能同时承受较大的径向载荷和轴向载荷。内、外圈可分离，通常成对使用，对称布置安装
双列深沟球轴承			4	主要承受径向载荷，也能承受一定的双向轴向载荷。它比深沟球轴承的承载能力大
推力球轴承 单向			5（5100）	只能承受单向轴向载荷，适用于轴向载荷大而转速不高的场合
推力球轴承 双向			5（5200）	可承受双向轴向载荷，用于轴向载荷大而转速不高的场合

续表

轴承名称	结构图	简图及承载方向	类型代号	基本特性
深沟球轴承		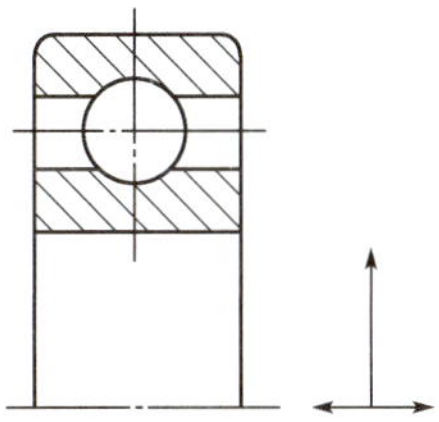	6	主要承受径向载荷，也可同时承受少量双向轴向载荷。摩擦阻力小，极限转速高，结构简单，价格便宜，应用最为广泛
角接触球轴承		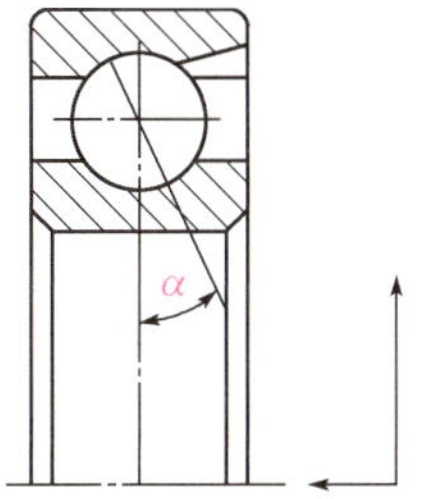	7	能同时承受径向载荷与轴向载荷，公称接触角 α 有 15°、25°、40° 三种，接触角越大，承受轴向载荷的能力越大，适用于转速较高，同时承受径向载荷和轴向载荷的场合
推力圆柱滚子轴承		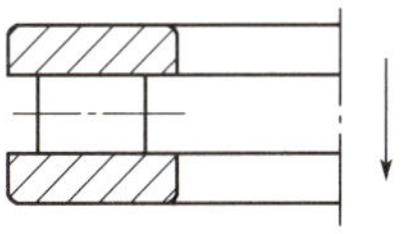	8	能承受很大的单向轴向载荷，承受能力比推力球轴承大得多，不允许有角度偏差
圆柱滚子轴承		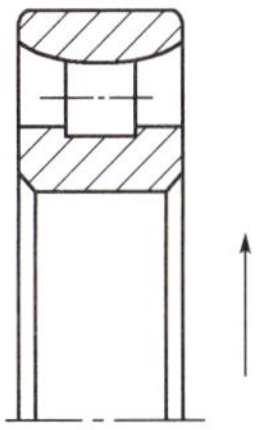	N	外圈无挡边，只能承受纯径向载荷。与球轴承相比，其承受载荷的能力较大，尤其是承受冲击载荷，但极限转速较低

6. 滚动轴承的选择原则

滚动轴承的选择包括轴承类型和型号的选择，可从以下方面考虑：

1）载荷的大小、方向和性质。载荷大且有冲击时，选用线接触的柱轴承；受径向载荷为主时，选用 6 类型轴承；承受以径向载荷为主但也有一定的轴向载荷的场合，选用 3 类型轴承；如果载荷较小，而转速较高，可选用 7 类型轴承；如果载荷较大，可取直径系列较大的 4 类型滚动体。

2）转速。滚动轴承允许的转速高于滚子轴承，但只要在许用极限速度之内，应当都可以。

3）特殊要求。两轴跨度较大，易使轴产生刚性变形，应选择自动调心轴承。例如，外径尺寸受空间结构的限制，可选用径向尺寸较小的滚动轴承或滚针轴承。

4）精度选择。精度越高，旋转精度越高，制造成本也越高，所以只要满足使用要求，就应当选择最低的精度。最高精度与常用精度的滚动轴承售价相差 10 倍。

二、滑动轴承

1. 滑动轴承的特点

滑动轴承工作平稳，噪声比滚动轴承低，工作可靠。如果能保证滑动表面被润滑油膜分开而不发生接触，可以大大地减小摩擦损失和表面磨损。但是，普通滑动轴承的启动摩擦阻力大。

滑动轴承

2. 滑动轴承的应用

1）工作转速特别高的轴承，如磨床主轴；
2）受极大的冲击和振动载荷的轴承，如轧钢机轧辊；
3）要求特别精密的轴承；
4）装配工艺要求轴承剖分的场合，如曲轴的轴承；
5）要求径向尺寸小的轴承。

3. 滑动轴承的结构

滑动轴承一般由轴瓦与轴承座构成，根据承受载荷的方向分为向心滑动轴承（主要承受径向载荷）和推力滑动轴承（主要承受轴向载荷）两大类。常用向心滑动轴承的结构有整体式和剖分式两种。常用向心滑动轴承的结构见表 6-2-7，轴瓦结构见表 6-2-8。

表 6-2-7 常用向心滑动轴承的结构

名称	图例	特点
整体式滑动轴承	轴承座　轴瓦	结构简单，无法调整轴承与轴颈的间隙，间隙过大时，需更换轴瓦。其应用于轻载、低速及间歇性工作的机器设备中，如绞车、手动起重机等
剖分式滑动轴承	螺栓　轴承盖　轴承座　剖分轴瓦	由轴承座、轴承盖、剖分轴瓦（上、下轴瓦）组成，安装时或磨损后可调整轴承的间隙，装拆方便，间隙调整容易，应用广泛

表 6-2-8 轴瓦结构

名称	图例	特点
整体式轴瓦		整体式轴瓦一般在轴套上开有油孔和油沟以便润滑
剖分式轴瓦		剖分式轴瓦由上、下两半瓦组成，上轴瓦开有油孔和油沟

为了改善轴瓦表面的摩擦性质，可以在内表面浇注一层减摩材料（如轴承合金），称为轴承衬。轴瓦上的油孔用来供应润滑油，油沟的作用是使润滑油均匀分布。

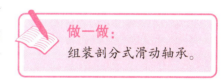

做一做：

组装剖分式滑动轴承。

4. 滑动轴承的失效形式和常用材料

（1）滑动轴承的失效形式。

1）磨损。滑动轴承相对工件滑动摩擦，工作面必会有磨损，如再有灰尘、金属微粒等杂物进入更会使磨损加剧，使轴承失去原有的正确配合精度。

2）胶合。滑动轴承在高速重载时，由于工作面局部温度升高，引起润滑失效，导致轴承两金属表面直接接触且互相熔粘在一起，称为胶合。随着轴承内两接触面的相对滑动，较弱的面就会被撕脱，形成沟痕。

3）疲劳脱落。疲劳脱落是指轴承负载表面在长时间剪应力作用下引发细小裂痕，然后渐渐延伸到表面，随后出现裂块脱落，形成所谓"剥皮现象"。

4）腐蚀。轴承合金腐蚀一般是因为润滑油不纯，润滑油中的化学杂质使轴承合金氧化而生成酸性物质，引起轴承合金部分脱落，形成无规则的微小裂孔或小凹坑，使轴承失效。

（2）轴瓦的材料。轴瓦的材料应根据轴承的工作情况选择。由于轴承在使用时会产生摩擦、磨损发热等问题，因此，要求轴承材料应具有良好的减磨性、对磨性和抗胶合性，以及足够的强度、易跑合、易加工等性能。常用的轴瓦材料有轴承合金、铜合金、粉末冶金、铸铁及非金属材料等。

单 元 六 支承零部件

知识梳理

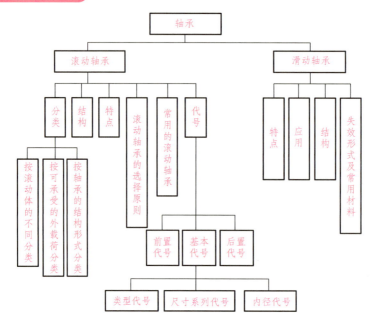

滑动轴承装配过程演示

课题三 轴上零件的安装与拆卸

1. 进一步理解轴系的结构；
2. 会正确安装、拆卸轴承；
3. 掌握典型轴上零件的装拆顺序及注意事项。

课题导入

? 想一想：
对于图 6-3-1 所示减速器中的轴及轴上零件，我们如何正确进行拆卸？

图 6-3-1 减速器的轴

198

知识链接

一、轴承的拆装

轴承的安装、拆卸方法,应根据轴承的结构、尺寸大小和与轴承部件的配合性质而定。安装、拆卸的压力应直接加在紧配合的挡圈端面上,不能通过滚动体传递压力,因为这样会在轴承工作表面造成压痕,影响轴承正常工作,甚至会使轴承损坏。轴承的保持架、密封圈、防尘盖等零件很容易变形,安装或拆卸轴承的压力不能加在这些零件上。

1. 安装轴承

安装轴承时,可用压力机在内圈上施加压力,将轴承压套到轴颈上,也可在内圈上加套后用锤子均匀敲击,装入轴颈,但不允许直接用锤子敲打轴承外圈,以防损坏轴承。对于精度要求较高的轴承或尺寸较大的轴承,还可采用热配法,即先将轴承放在温度为 80~100 ℃ 的热油中加热,使内孔胀大,然后用液压机装在轴颈上,如图 6-3-2 所示。

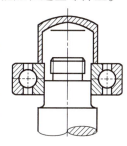

图 6-3-2　安装轴承

2. 拆卸轴承

对于配合较松的小轴承,可用手锤和铜棒沿轴承内圈四周将轴承轻轻敲出。对于配合较紧的轴承,用拉杆拆卸器(俗称拉马)将内圈拉下,如图 6-3-3 所示;也可用压力机拆卸,如图 6-3-4 所示。

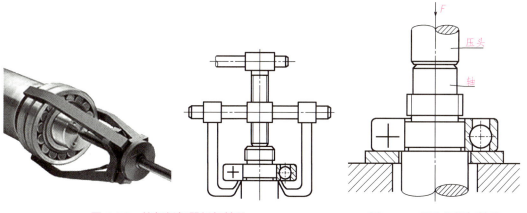

图 6-3-3　拉杆拆卸器拆卸轴承　　　　图 6-3-4　压力机拆卸轴承

二、轴上零件常用拆装工具

轴类零件拆装工具如图 6-3-5 所示。

单元六 支承零部件

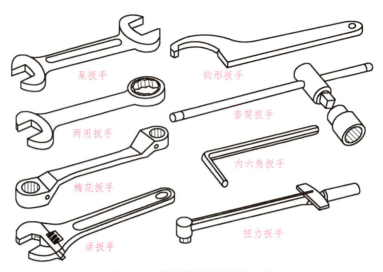

图 6-3-5 常用轴类零件拆装工具

三、轴上零件的安装步骤

减速器输出轴装配图如图 6-3-6 所示。

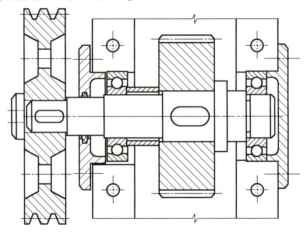

图 6-3-6 减速器输出轴装配图

减速器输出轴上零件的安装步骤见表 6-3-1。

表 6-3-1 减速器输出轴上零件的安装步骤

安装步骤	名称	图例	注意事项
1	安装平键		为方便装配,轴设计成阶梯轴,将平键装入左侧键槽

续表

安装步骤	名称	图例	注意事项
2	安装齿轮		$r<R$ 避免零件发生干涉
3	安装套筒		安装齿轮的轴段长度比齿轮轮毂长度短2~3 mm，方便定位
4	安装轴承		套筒高度不能超出轴承内圈高度
5	将轴放入减速器		

续表

安装步骤	名称	图例	注意事项
6	安装轴承端盖	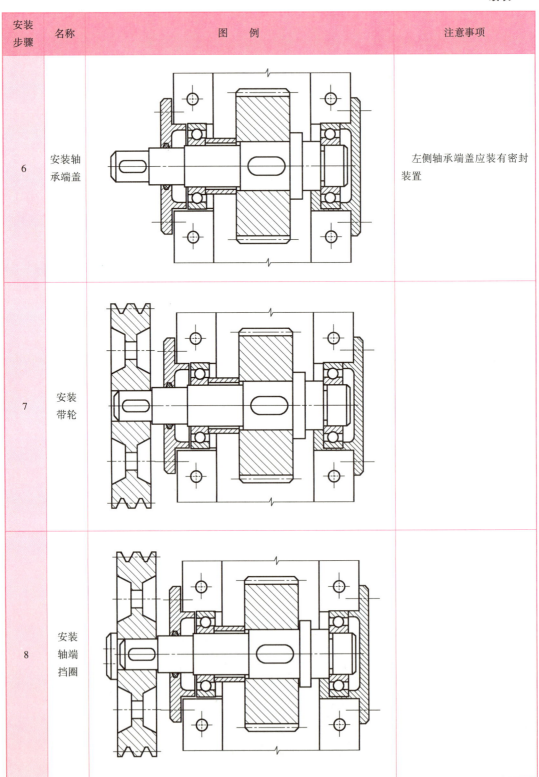	左侧轴承端盖应装有密封装置
7	安装带轮		
8	安装轴端挡圈		

课题三　轴上零件的安装与拆卸

做一做：
拆卸图 6-3-6 所示减速器输出轴上的零件。

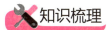

单元七

机械传动

电动自行车由电池、电动机、大链轮、小链轮、链条、车轮、控制手刹以及机架等主要部分组成。电动机把电能转化成机械能,称为原动机部分。为了使电动自行车能够正常行驶,需要将原动机的动力通过大、小链轮和链条来传递运动,这些零件的组合构成了电动自行车。人们见到的机器都是通过各种传动装置来传递运动和动力的,如汽车、飞机、机床等。机械传动装置常见的有带传动、链传动、齿轮传动、蜗杆传动等。

课题一 带传动

学习目标

1. 了解带传动的工作原理、特点、类型和应用;
2. 会计算带传动的平均传动比;
3. 了解 V 带的结构和标准;
4. 了解 V 带轮的材料和结构;
5. 了解 V 带传动参数的选用方法;
6. 了解影响带传动工作能力的因素;
*7. 了解新型带传动的应用。

课题导入

带传动是机械传动中重要的传动形式,已得到越来越广泛的应用并日益起着更为重要的作用。近年来,特别是在汽车工业、家用电器和办公机械以及各种新型机械装备中使用相当普遍。随着科学技术的进步,合成材料不断发展并迅速地在带传动上得到使用,伴随制带设备、工艺水平的持续提高,使得带传动的工作能力显著增强。为满足各种用途的需要,带的品种也不断增加。带传动在许多场合替代了其他传动形式。

课题一 带传动

> **想一想：**
> 观察图 7-1-1 所示各机器的工作过程，思考原动机是如何驱动其他机构进行工作的。

（a）

（b）

（c）

（d）

图 7-1-1 带传动实例
（a）拖拉机；（b）老式机床；（c）缝纫机；（d）轿车发动机

知识链接

一、带传动概述

1. 带传动的组成、工作原理及特点

（1）带传动的组成

带传动由固联于主动轴上的带轮（主动轮）、固联于从动轴上的带轮（从动轮）和紧套在两轮上的传动带组成，如图 7-1-2 所示。

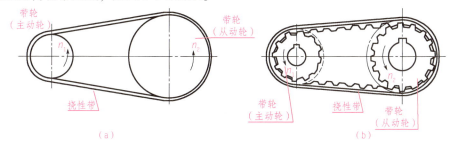

图 7-1-2 带传动的组成
（a）摩擦型带传动；（b）啮合型带传动

（2）带传动的工作原理

原动机驱动主动轮转动时，依靠带和带轮间的摩擦力（或啮合力），拖动从动轮一起转动，并传递一定的动力。

（3）带传动的特点

1）能缓冲、吸振，传动平稳，无噪声，但不能保证准确的传动比。

带传动

2) 过载时，产生打滑，可防止零件损坏，起安全保护的作用。
3) 结构简单，制造容易，安装成本低。
4) 传动效率低，使用寿命短。

2. 常用带传动

常用带传动的类型、特点及应用场合见表 7-1-1。

表 7-1-1 常用带传动的类型、特点及应用场合

类型	摩擦传动			啮合传动
	平带传动	V 带传动	圆带传动	同步带传动
示意图				
特点	结构简单，带轮制造容易，带轻且挠曲性好	承载能力大，是平带的 3 倍，使用寿命长	圆形横截面，承受载荷小	传动比准确，传动平稳，精度高，结构较复杂
应用场合	适用于中心距较大、速度高的平行轴交叉传动或相错轴的半交叉传动	用于传动比较大，中心距较小的传动。一般机械常用	仅用于如缝纫机、仪器等低速小功率的传动	主要用于中小功率、传动比要求精确的场合，如数控机床、汽车发动机、纺织机械等

3. 带传动的传动比 i

机构中瞬时输入角速度与输出角速度的比值称为机构的传动比。带传动工作中存在弹性滑动，瞬时传动比不恒定，只能用平均传动比来表示。其计算公式为

$$i_{12} = n_1/n_2 = d_2/d_1$$

式中，n_1、n_2 分别为主、从动轮的转速，r/mm；d_1、d_2 分别为主、从动轮的直径，mm。

二、同步带传动

1. 同步带和同步带轮的结构与标记

同步带和同步带轮的结构与标记见表 7-1-2。

表 7-1-2 同步带与同步带轮的结构与标记

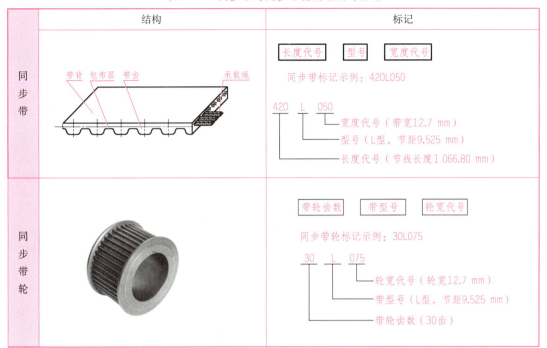

2. 同步带的安装

1）安装同步带时，如果两带轮的中心距可以移动，必须先将带轮的中心距缩短，装好同步带后，再使中心距复位。若有张紧轮，先把张紧轮放松，然后装上同步带，再装上张紧轮。

2）在带轮上装同步带时，切记不要用力过猛，或用螺钉旋具硬撬同步带，以防止同步带中的抗拉层产生外观觉察不到的折断现象。

3）控制适当的初张紧力。

4）同步带传动中，两带轮轴线的平行度要求比较高，否则同步带在工作时会产生跑偏，甚至跳出带轮。轴线不平行将引起压力不均匀，使带齿早期磨损。

5）支撑带轮的机架必须有足够的刚度，否则带轮在运转时会造成两轴线的不平行。

三、V带传动

V 带传动是一种摩擦型带传动。如图 7-1-3 所示，工作时 V 带的两侧面是工作面，主动轮转动时，通过带与带轮环槽侧面的摩擦力，驱使从动轮转动，并传递一定的动力。

在经济型数控车床、传统机床主传动装置中，常采用 V 带传动传递动力。

图 7-1-3　V 带传动

1. V带的类型、结构及标记

常见的 V 带类型如图 7-1-4 所示。

图 7-1-4　常见 V 带类型

(a)普通 V 带；(b)窄 V 带；(c)宽 V 带；(d)齿形 V 带；(e)多楔带

V 带是一种无接头的环形带，其横截面为等腰梯形，两侧面的夹角为 40°。其具体结构如图 7-1-5 所示。

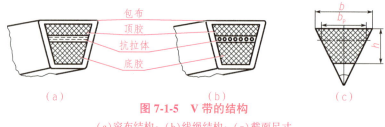

图 7-1-5　V 带的结构

(a)帘布结构；(b)线绳结构；(c)截面尺寸

普通 V 带已标准化，按横截面尺寸由小到大分为 Y、Z、A、B、C、D、E 共 7 种型号，相同条件下，横截面尺寸越大，则传递的功率越大。

V 带的标记组成：

型号　基准长度(mm)　标准号

V 带标记示例：

A　2240　GB/T 1171—2006

- 标准号
- 基准长度（2 240 mm）
- 型号（A 型）

2. V带轮的结构形式及材料

V 带轮的结构形式见表 7-1-3。

表 7-1-3　V 带轮的结构形式

序号	结构形式	图　例	选用条件
1	实心带轮	 实心带轮	带轮基准直径 $d_d \leqslant$ $(1.5 \sim 3) d_o$（d_o 为轴的直径）

续表

序号	结构形式	图例	选用条件
2	辐板带轮	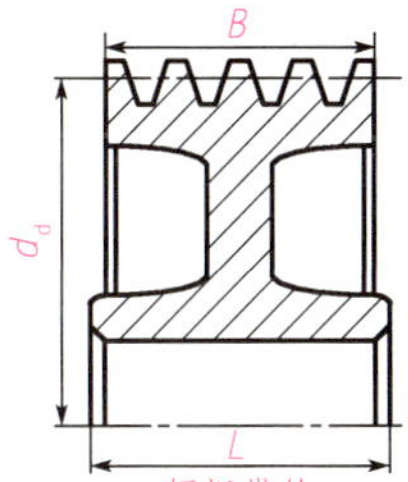 辐板带轮 	$d_d \leq 300$ mm
3	孔板带轮	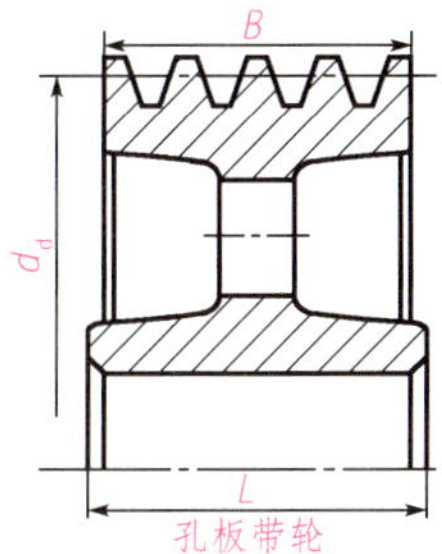 孔板带轮 	$d_d \leq 400$ mm
4	轮辐带轮	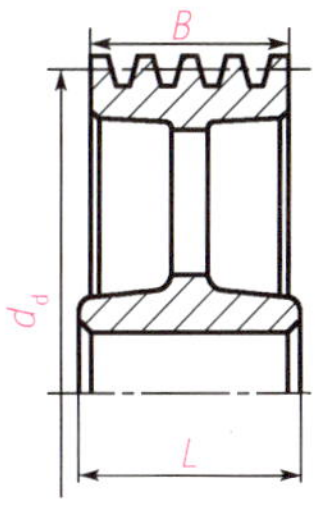 轮辐式带轮 	$d_d > 400$ mm

V 带轮的材料选用见表 7-1-4。

表 7-1-4　V 带轮的材料选用

材　料	灰铸铁（HT150、HT200）	铸钢或轻合金	铸铝或塑料
选用场合	一般场合	带速较高、功率较大时	小功率传动时

3. V 带传动的参数及其选用

V 带传动参数的选用见表 7-1-5。

表 7-1-5　V 带传动参数的选用

参　数	相关说明	选　用
带的型号		根据传动功率和小带轮转速选取
带轮的基准直径 d_d	带轮的基准直径 d_d 指的是带轮上与所配用 V 带的节宽 b_p 相对应处的直径，如下图所示。 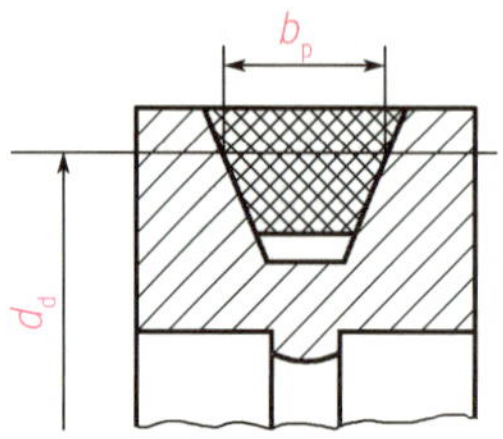 在带传动中，带轮基准直径越小，传动时带在带轮上的弯曲变形越严重，V 带的弯曲应力越大，从而会降低带的使用寿命	根据带的型号确定最小基准直径 d_{dmin}，再从国家标准标准系列值中选用合适的数值
传动比 i	传动比计算公式可近似用主、从动轮的基准直径来表示：$$i_{12}=\frac{n_1}{n_2}=\frac{d_{d2}}{d_{d1}}$$式中，d_{d1}、d_{d2} 分别为主、从动轮的基准直径，mm；n_1、n_2 分别为主、从动轮的转速，r/min	传动比 $i\leqslant 7$，常用 2～7
中心距 a	中心距是两带轮轴线间的垂直距离，两带轮中心距越大，带传动能力越高；但中心距过大，又会使整个传动尺寸不够紧凑，在高速时易使带发生振动，反而使带传动能力下降	两带轮中心距一般在 $(0.7\sim 2)(d_{d1}+d_{d2})$ 范围内
小带轮的包角 α_1	包角是带与带轮接触弧所对应的圆心角，如下图所示。 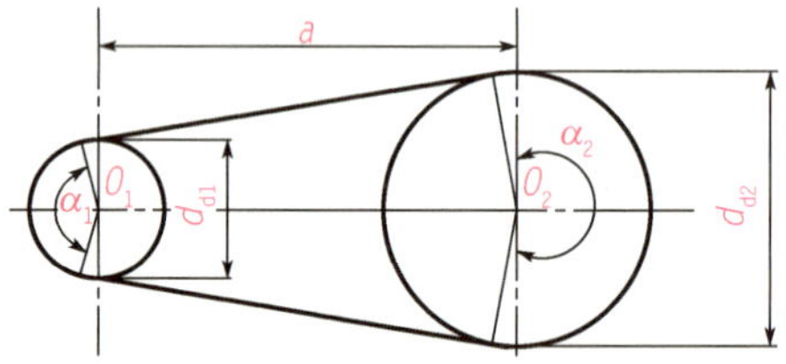 包角的大小反映了带与带轮缘表面间接触弧的长短。两带轮中心距越大，小带轮包角 α_1 也越大，带与带轮的接触弧也越长，带能传递的功率就越大；反之，所能传递的功率就越小。 小带轮包角大小的计算公式为 $$\alpha_1=180°-\left(\frac{d_{d2}-d_{d1}}{a}\right)\times 57.3°$$	一般要求小带轮的包角 $\alpha_1\geqslant 120°$
带速 v	带速 v 过快或过慢都不利于带的传动。带速太低时，传动尺寸大而不经济；带速太高时，离心力又会使带与带轮间的压紧程度减小，传动能力降低	一般取 5～25 m/s
V 带的根数 z	V 带的根数影响带的传动能力。根数多，传动功率大，但为了使各根带受力比较均匀，带的根数不宜过多	V 带传动中所需带的根数按具体传递功率大小而定，通常带的根数 z 应小于 7

4. 影响带传动工作能力的因素

影响带传动工作能力的因素见表 7-1-6。

表 7-1-6 影响带传动工作能力的因素

影响因素	相关说明
初拉力 F_0	F_0 越大，传动能力越大，不易打滑，但会使轴和轴承所受压力过大，使带的使用寿命缩短；F_0 越小，传动能力越小，越易打滑
带的型号	带的横截面面积越大，带传动能力也越大。需根据传动情况正确选择带的型号
带的速度	当传动功率一定，带速过低时，传递的圆周力增大，带易发生打滑；带速过高时，带的离心力增大，会减小摩擦力，降低带的传动能力
小带轮的包角	小带轮的包角越小，小带轮上带与带轮的接触弧越短，接触面间所产生的摩擦力越小
小带轮的基准直径	小带轮的基准直径越小，带弯曲变形越大，弯曲应力越大
中心距	中心距取大些有利于增大小带轮的包角，但会使结构不紧凑，且易引起带的颤动，使带传动的工作能力降低；中心距过小会使带的应力循环次数增加，易使带产生疲劳破坏，同时还会使小带轮的包角变小，影响带传动的工作能力
带的根数	带的根数越多，传动能力越强，同时还不易产生打滑。但带的根数过多，会使传动结构尺寸偏大，带受力不均匀

*四、新型带传动的应用

1. 同步带的应用

同步带传动兼有带传动和齿轮传动的特点，传动时带与带轮无相对滑动，能保证准确的传动比。同步带主要用于要求传动比准确的中、小功率传动中，如计算机、录音机、数控机床、汽车等。

图 7-1-6 所示为同步带传动在奥迪 A8 汽车发动机正时气门控制系统中的应用。

图 7-1-6 同步带传动在奥迪 A8 汽车发动机正时气门控制系统中的应用

同步带传动
装置演示

2. 新型带传动技术在石油行业的应用

油田开采所使用的游梁式抽油机(俗称"磕头机")，主要利用带传动带动机器运转，但传动带打滑、丢转、传动效率低一直是难以突破的技术瓶颈。2009 年，一项啮合传动与摩擦传动有机结合的新型带传动技术被应用于油田开采磕头机中，如图 7-1-7 所示。该技术不仅解决了常规传动带遇水打滑、传动效率低的问题，而且通过材质改良，大大延长了传动带的使用寿命，减少了石油开采中的原材料损耗。

3. 带传动的发展趋势

随着工业技术水平的不断提高以及对机械设备精密化、轻量化、功能化和个性化的要求，带传动不断向高精度、高速度、大功率、高效率、高可靠性、长使用寿命、低噪声、低振动、低成本和紧凑化方向发展，其应用范围越来越广，传动形式越来越多。

图 7-1-7 新型带传动技术在油田开采磕头机中的应用

知识梳理

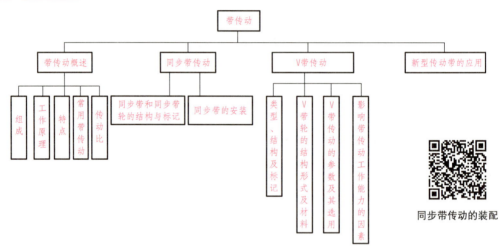

同步带传动的装配

课题二 链 传 动

学习目标

1. 了解链传动的工作原理、类型、特点和应用；
2. 会计算链传动的传动比；
*3. 了解链传动参数的选用方法；
4. 了解链传动的安装与维护。

课题导入

在机械设备和工程实际中，链传动被广泛地应用。例如，加工中心链式刀库，刀套安装在套筒滚子链条上，由电动机通过减速装置驱动主动链轮旋转，带动安装在链条上的刀套运动，实现刀库的转位，如图7-2-1所示。

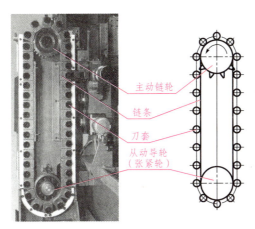

图 7-2-1 链式刀库

> **想一想：**
> 观察变速自行车的传动系统，它是如何实现变速功能的？

 知识链接

一、链传动的基本知识

1. 链传动的组成

链传动一般由主动链轮、从动链轮和链条组成，如图 7-2-2 所示。链轮具有特定的齿形，链条套装在主动链轮和从动链轮上。

2. 链传动的工作原理

链传动工作时，通过链轮轮齿与链条上链节的啮合来传递运动和动力。

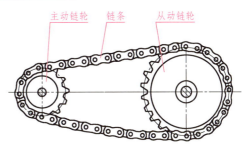

图 7-2-2 链传动

3. 链传动的特点

1）无弹性滑动和打滑现象，有准确的传动比。
2）工作可靠，效率高，过载能力强，所需张紧力小。
3）可在低速、高温、油污等较恶劣的环境下工作。
4）工作时有噪声，传动平稳性差，运转时会产生冲击。
5）一般传动比不大于 6，低速时可达 10；链条速度不大于 15 m/s，高速时可达 20~40 m/s。
6）一般两轴中心距不大于 6 m，最大中心距可达 15 m。
7）传递功率不大于 100 kW。

链传动

4. 链传动的应用场合

键传动主要适用于不宜采用带传动和齿轮传动,而两轴平行,且中心距较大,功率较大,而又要求平均传动比准确的场合,广泛应用于矿山、农业、石油、化工机械中。在日常生活中最常见的例子是在自行车传动装置上的应用。

5. 链传动的常用类型

链传动的常用类型见表 7-2-1。

表 7-2-1 链传动的常用类型

类型		示意图	特点	应用
传动链	滚子链	(内链板、外链板、销轴、套筒、滚子，节距 P)	结构简单,磨损较轻	适用于一般机械的链传动
	齿形链		传动平稳性好,传动速度高,噪声小,承受冲击性能较好,但结构复杂,装拆困难,质量较大,易磨损,成本高	适用于高速、低噪声、运动精度要求较高的传动装置

续表

类型	示意图	特 点	应 用
输送链		形式多样，布置灵活，工作速度一般不超过4 m/s	用于输送工件、物品和材料，可直接用于各种机械上，或组成一个链式输送机单元
起重链		结构简单，承载能力大，工作速度低	用于传递力，起牵引、悬挂物品的作用，兼做缓慢运动

6. 链传动的传动比

主动链轮的转速 n_1 与从动链轮的转速 n_2 之比，称为链传动的传动比。其计算式为

$$i_{12} = n_1/n_2 = z_2/z_1$$

式中，n_1、n_2 分别为主、从动链轮的转速，r/min；z_1、z_2 分别为主、从动链轮的齿数。

*7. 链传动参数的选用

链传动参数的选用见表 7-2-2。

表 7-2-2 链传动参数的选用

参 数	相关说明	选 用
节距 P	链条的相邻两销轴中心线之间的距离称为节距。节距越大，链传动各部分尺寸越大，传动能力越大，但传动的平稳性越差，冲击、振动和噪声也越严重	在满足传递功率的前提下，应选用较小节距的单排链。在高速传动时，可选用小节距多排链
链轮齿数 z	齿数选得越少，传动越不平稳，冲击、振动越剧烈。链轮齿数太多，除使传动尺寸增大外，还会因链条磨损严重而导致节距变大，易引起脱链	按链速选取小链轮齿数，再按 $z_2 = iz_1$ 确定大链轮的齿数
传动比 i	受链轮上的包角不能太小及传动尺寸不能太大等条件的制约	传动比 $i \leq 6$，最好在 2～3.5 以内
链速 v	链速变化会产生过大的冲击、振动和噪声	通常滚子链的链速应小于 12 m/s
中心距 a	中心距过小会加剧链节的疲劳和磨损，同时小轮的包角减小，受力的齿数减少，使轮齿受力增大；若中心距过大，链条的垂度增加，致使松边易发生过大的上下颤动，传动的不平稳性增加	一般取 $a = (30～50)P$

续表

参　数	相关说明	选　用
链节数	当链节数为偶数时，连接方式可采用可拆卸的外链板连接，接头处用开口销或弹簧卡固定；当链节数取奇数时，需用过渡链节，过渡链节的链板工作时会受到附加的弯矩	链节数应尽量取偶数，以避免使用过渡链节

二、链传动的安装与维护

1. 链传动的安装

链传动的安装要点如下：

1）两轴线应平行（图 7-2-3），两链轮的转动平面应在同一个平面内（图 7-2-4）。

图 7-2-3　轴线平行

图 7-2-4　两链轮回转平面共面

2）链轮在轴上必须保证周向和轴向固定，最好成水平布置。如需要倾斜布置，链传动应使紧边在上，松边在下，必要时可采用张紧装置（图 7-2-5）。

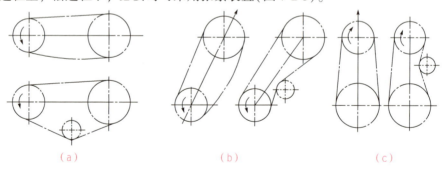

（a）　　　　　　　　　　（b）　　　　　　　　　　（c）

图 7-2-5　链传动的布置

3）凡离地面高度不足 2 m 的链传动，必须安装防护罩。

2. 链传动的维护

链传动的维护要点如下：

1）链传动在使用过程中会因磨损而逐渐伸长，为防止松边垂度过大而引起啮合不良、松边抖动和跳齿等现象，应使链条张紧。

2）在链传动的使用中应合理地确定润滑方式和润滑剂种类。图 7-2-6 所示为链条的几种润滑方式。

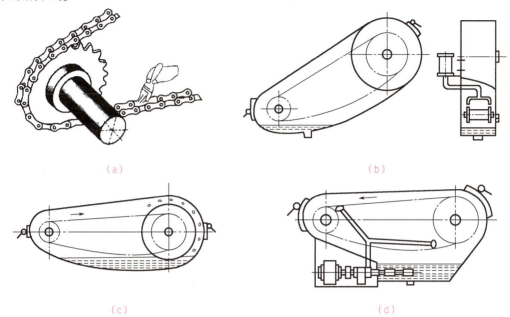

图 7-2-6 链条的润滑方式
(a)刷油润滑；(b)喷油润油；(c)浸油润滑；(d)油泵润滑

做一做：

假设小链轮 $z_1=18$，转速 $n_1=720$ r/min，传动比 $i=4$，试计算大链轮 z_2 及转速 n_2。

知识梳理

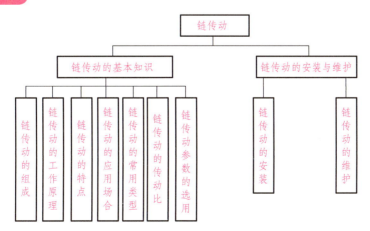

课题三　齿轮传动

学习目标

1. 了解齿轮传动的特点、分类和应用；
2. 会计算齿轮传动的传动比；
3. 了解渐开线齿轮各部分的名称、主要参数；
4. 了解齿轮的结构，能计算标准直齿圆柱齿轮的基本尺寸；
*5. 掌握渐开线直齿圆柱齿轮传动的啮合条件；
*6. 了解根切及最少齿数；
*7. 了解变位齿轮的概念；
8. 了解齿轮的失效形式与常用材料；
*9. 了解齿轮传动精度的概念；
10. 熟悉齿轮传动的维护方法；
*11. 了解齿面接触疲劳强度和齿根弯曲疲劳强度的概念。

齿轮传动

课题导入

在机械传动中，齿轮传动是应用较广泛的传动方式之一。在工程机械、矿山机械、冶金机械以及各类机床中都应用着齿轮传动。齿轮传动是依靠一对齿轮的齿依次交替地接触（啮合），从而实现一定规律的相对运动，并传递动力。

图 7-3-1 所示为数控机床分段无级调速装置，在此传动装置中，电动机通过同步带传动，将运动和动力传至轴 2，再通过滑移齿轮与机床主轴 1 的不同齿轮啮合，将运动和动力传至机床主轴 1，使轴 1 实现不同的转速。

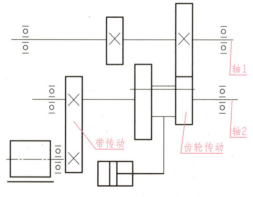

图 7-3-1　数控机床分段无级调速装置

课题三 齿轮传动

> **想一想：**
> 如图7-3-1所示装置中，滑移齿轮分别与轴1上不同齿轮啮合时，轴1和轴2的转速有怎样的关系？

知识链接

一、齿轮传动的类型及特点

1. 齿轮传动的类型及应用

齿轮传动常用的类型及应用见表7-3-1。

表7-3-1 齿轮传动常用的类型及应用

分类方法		类型	示意图	应用
两轴线平行	按轮齿的齿向分类	直齿圆柱齿轮传动		用于圆周速度较低的传动，尤其适用于变速器的换挡齿轮
		斜齿圆柱齿轮传动		用于圆周速度较高、载荷较大且要求结构紧凑的场合
		人字齿圆柱齿轮传动 人字齿轮传动		用于载荷大且要求传动平稳的场合
	按两齿轮啮合方式分类	外啮合齿轮传动 外啮合齿轮机构		用于主、从动件转动方向相反的场合

219

续表

分类方法		类型	示意图	应用
两轴线平行	按两齿轮啮合方式分类	内啮合齿轮传动 **内啮合齿轮机构**		用于主、从动件转动方向相同、结构紧凑的场合
		齿轮齿条传动 **齿轮齿条传动**		用于将连续转动转变为往复移动的场合
两轴线不平行	相交轴齿轮传动	直齿锥齿轮传动 **圆锥齿轮传动**		用于圆周速度较低、载荷小而稳定的场合
		曲齿锥齿轮传动		用于载荷大、传动平稳、噪声小的场合
	交错轴齿轮传动	交错轴斜齿轮传动 **螺旋齿轮传动**		用于圆周速度较低、载荷小的场合
		蜗轮蜗杆传动		用于传动比大，且要求结构紧凑的场合

另外，齿轮传动按工作条件不同，可分为开式齿轮传动（齿轮暴露在外，不能保证良好润滑）、半开式齿轮传动（齿轮浸入油池，有保护罩但不封闭）和闭式齿轮传动（封闭在箱体内，并能保证良好润滑）；按齿轮的齿廓曲线不同，可分为渐开线、摆线和圆弧3种，现在的齿轮绝大多数采用的是渐开线齿廓。

2. 齿轮传动的特点

（1）优点。
1）能保证瞬时传动比恒定，工作可靠性高，传递运动准确可靠。
2）传递的功率和圆周速度范围较宽，传递功率可高达 $5×10^4$ kW，圆周速度可以达到 300 m/s。
3）结构紧凑，可实现较大的传动比。
4）传动效率高，使用寿命长。
5）维护简便。
（2）缺点。
1）运转过程中有振动、冲击和噪声。
2）齿轮安装要求较高。
3）不能实现无级变速。
4）不适宜用在中心距较大的场合。

3. 齿轮传动的传动比

齿轮传动的传动比计算式为

$$i_{12} = n_1/n_2 = z_2/z_1$$

式中，n_1、n_2 分别为主、从动齿轮的转速，r/min；z_1、z_2 分别为主、从动齿轮的齿数。

二、渐开线标准直齿圆柱齿轮的各部分名称、基本参数及几何尺寸计算

1. 渐开线标准直齿圆柱齿轮的各部分名称

渐开线标准直齿圆柱齿轮的各部分名称如图7-3-2所示。

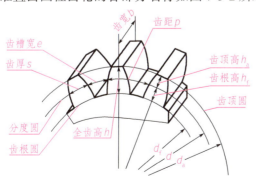

图 7-3-2　渐开线标准直齿圆柱齿轮的各部分名称

渐开线标准直齿圆柱齿轮的基本参数及尺寸计算

渐开线标准直齿圆柱齿轮各部分名称的定义、代号及说明见表 7-3-2。

表 7-3-2　渐开线标准直齿圆柱齿轮各部分名称的定义、代号及说明

名称	定　义	代号及说明
齿顶圆	通过轮齿根部的圆周	齿顶圆直径以 d_a 表示
齿根圆	通过轮齿根部的圆周	齿根圆直径以 d_f 表示
分度圆	齿轮上具有标准模数和标准齿形角的圆	对于标准齿轮，分度圆上的齿厚与齿槽宽度相等。分度圆上的尺寸和符号不加脚注
齿厚	在端平面（垂直于齿轮轴线的平面）上，一个齿的两侧齿廓之间的分度圆弧长	齿厚以 s 表示
齿槽宽	在端平面上，一个齿槽的两侧齿廓之间的分度圆弧长	齿槽宽以 e 表示
齿距	两个相邻且同侧的齿廓之间的分度圆弧长	齿距以 p 表示
齿顶高	齿顶圆与分度圆之间的径向距离	齿顶高以 h_a 表示
齿根高	齿根圆与分度圆之间的径向距离	齿根高以 h_f 表示
全齿高	齿顶圆与齿根圆之间的径向距离	全齿高以 h 表示

2. 渐开线标准直齿圆柱齿轮的基本参数

渐开线标准直齿圆柱齿轮的基本参数见表 7-3-3。

表 7-3-3　渐开线标准直齿圆柱齿轮的基本参数

基本参数	代号	图　示	相关说明
齿形角	α_k		（1）过端面齿廓上任意一点的径向线与齿廓在该点的切线所夹的锐角称为该点的齿形角。 （2）渐开线齿廓上各点的齿形角不等，离基圆越远的点齿形角越大，基圆上的齿形角为0。 （3）在齿轮传动中，齿廓曲线和分度圆周交点处的速度方向与曲线在该点处和法线方向之间所夹的锐角称为分度圆压力角，用 α 表示。标准齿轮 $\alpha=20°$
齿数	z		一个齿轮的轮齿总数
模数	m		（1）齿距 p 除以圆周率 π 所得的商称为模数。 （2）单位为 mm，已标准化。 （3）齿数相同的齿轮，模数越大，齿轮尺寸越大，轮齿越大，承载能力越大

续表

基本参数	代号	图示	相关说明
齿顶高系数	h_a^*		为使齿轮的齿形匀称,齿顶高与齿根高与模数成正比,国家标准规定标准齿轮的 $h_a = h^* m$,正常齿 $h_a^* = 1$
顶隙系数	c^*	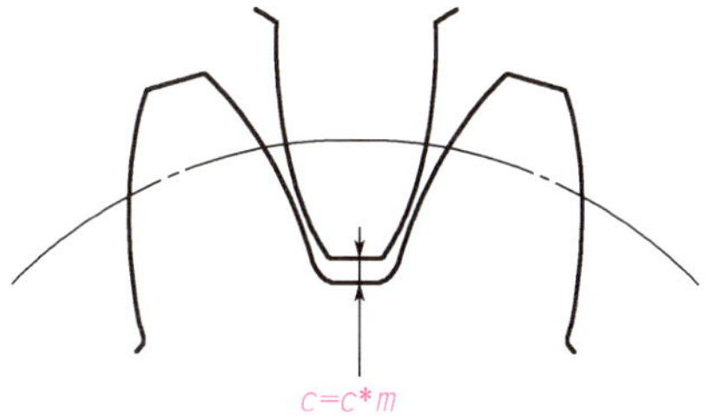	为防止一对齿轮啮合时,一个齿轮的齿顶与另一齿轮的齿槽底接触,一对齿轮啮合时应留有一定的径向间隙——顶隙。国家标准规定标准齿轮的顶隙为 $c = c^* m$,正常齿 $c^* = 0.25$

标准齿轮是指具有标准模数和标准压力角,分度圆上的齿厚和齿槽宽相等,具有标准的齿顶高和齿根高的齿轮。

3. 外啮合标准直齿圆柱齿轮的几何尺寸计算

标准直齿圆柱齿轮的压力角 $\alpha = 20°$,正常齿制齿轮的齿顶高系数 $h_a^* = 1$,顶隙系数 $c^* = 0.25$;短齿制的齿轮齿顶高系数 $h_a^* = 0.8$,顶隙系数 $c^* = 0.30$。

外啮合标准直齿圆柱齿轮的几何尺寸计算公式见表7-3-4。

表7-3-4 外啮合标准直齿圆柱齿轮的几何尺寸计算公式

名称	计算公式
分度圆直径 d	$d = mz$
齿顶圆直径 d_a	$d_a = m(z+2)$
齿根圆直径 d_f	$d_f = m(z-2.5)$
基圆直径 d_b	$d_b = d\cos\alpha$
齿距 p	$p = \pi m$
齿厚 s、齿槽宽 e	$s = e = p/2 = \pi m/2$
基圆齿距 p_b	$p_b = \pi m \cos\alpha$
齿顶高 h_a	$h_a = h^* m = m$
齿根高 h_f	$h_f = (h_a^* + c^*) m = 1.25m$
全齿高 h	$H = h_a + h_f = 2.25m$
标准中心距 a	$a = m(z_1 + z_2)/2$
传动比 i	$i = n_1/n_2 = z_2/z_1$

4. 齿轮的结构

常用圆柱齿轮的结构见表7-3-5。

表 7-3-5　常用圆柱齿轮的结构

结构	图 例	说 明
齿轮轴		当齿轮的齿根直径与轴径很接近时，可以将齿轮与轴做成一体，称为齿轮轴
实体式齿轮		当齿顶圆直径 $d_a \leq 200$ mm 时，齿轮与轴分别制造，可以采用锻造实体式结构
腹板式结构		当齿顶圆直径 $d_a \leq 500$ mm 时，为了减轻质量、节约材料，常采用腹板式结构
轮辐结构		当齿顶圆直径大于 500 mm 时，可采用铸造轮辐结构

> **做一做：**
> 外啮合的一对标准直齿圆柱齿轮，齿数 $z_1 = 30$、$z_2 = 42$，模数 $m = 5$ mm，试计算其分度圆直径 d、齿顶圆直径 d_a、齿根圆直径 d_f 和中心距 a。

三、渐开线标准直齿圆柱齿轮的正确啮合条件

保证渐开线齿轮传动中各对轮齿依次正确啮合的条件是两齿轮的基圆齿距相等，即 $p_{b1} = p_{b2}$，也即

1) 两齿轮的模数必须相等，即 $m_1 = m_2$。
2) 两齿轮分度圆上的齿形角必须相等，即 $\alpha_1 = \alpha_2$。

四、渐开线齿轮的加工

1. 齿轮常用的加工方法

齿轮的加工方法很多,如铸造、热轧、冲压、模锻及切削加工等。常用的切削加工方法有仿形法和展成法两种,见表 7-3-6。

表 7-3-6 齿轮常用的切削加工方法

加工方法	加工示例	加工特点	应用场合
仿形法	普通铣床 (a) 盘形铣刀　(b) 指状铣刀	用具有渐开线齿形的成形铣刀直接逐齿切出齿形。切削不连续,精度差,效率低,但加工方法简单,无需专用机床	仅适用于单件生产和精度要求不高的齿轮加工
展成法（范成法）	专用插齿、滚齿和磨齿机床 (a)　(b)　(c)	利用一对齿轮啮合时其共轭齿廓互为包络线的原理加工齿轮。切削是连续的,精度高,效率较高	适用于批量和精度要求较高的齿轮加工

2. 根切、最少齿数

用展成法加工标准齿轮时,若被加工齿轮的齿数过小,刀具就会将轮坯齿廓的齿根部渐开线切去一部分,此现象称为根切,如图 7-3-3 所示。根切会使齿根强度削弱,啮合时的重合度减小。

加工标准齿轮不产生根切现象的极限齿数,称为最少齿数 z_{min}。加工正常齿制标准直齿圆柱齿轮的最小齿数为 17。

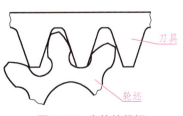

图 7-3-3 齿轮的根切

3. 变位齿轮

工程中常通过加工变位齿轮来弥补标准齿轮存在的不足。通过改变刀具与轮坯的相对位置而切制的齿轮,称为变位齿轮。表 7-3-7 列出了标准齿轮与变位齿轮的比较。

表 7-3-7 标准齿轮与变位齿轮的比较

齿轮		图 示	特 点
标准齿轮			刀具中线与被加工齿轮(轮坯)的分度圆相切。加工出的齿轮分度圆上的齿厚与齿槽宽相等
变位齿轮	正变位齿轮		刀具中线离开被加工齿轮(轮坯)中心一段距离。齿顶高增大,齿根高减小;齿厚增大,齿槽宽减小
	负变位齿轮		刀具中线向被加工齿轮(轮坯)中心移近一段距离。齿顶高减小,齿根高增大;齿厚减小,齿槽宽增大

五、齿轮的失效形式与常用材料

1. 齿轮的失效形式

齿轮失去正常的工作能力,称为失效。齿轮的常见失效形式见表 7-3-8。其中开式齿轮传动的主要失效形式为齿面磨损,开式传动或硬齿面闭式传动的主要失效形式为轮齿折断,软齿面的主要失效形式为齿面点蚀。

表 7-3-8　齿轮常见的失效形式

失效形式	示意图	产生原因	避免措施
轮齿折断	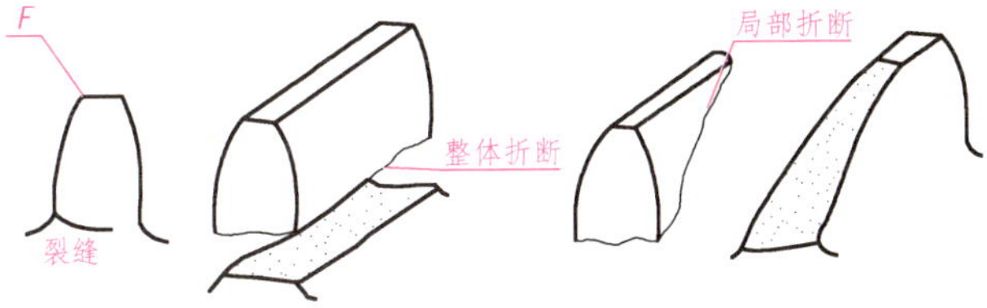 	（1）轮齿受到严重冲击、短期过载而突然折断。 （2）轮齿长期工作后经过多次反复的弯曲，引起齿根疲劳折断	（1）选择适当的模数和齿宽。 （2）采用合适的材料及热处理方法。 （3）齿根圆角不宜过小，并有一定的表面粗糙度要求。 （4）使齿根危险横截面处的弯曲应力最大值不超过许用应力值
齿面点蚀	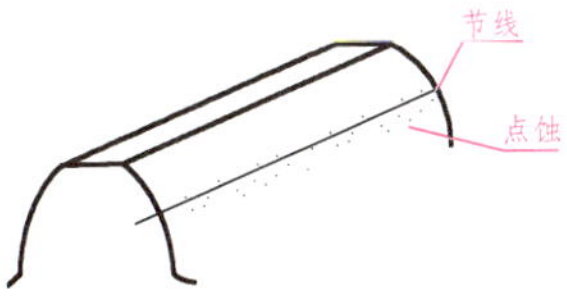 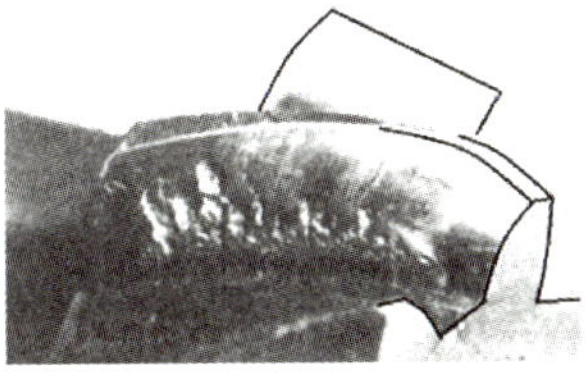	按一定规律变化的表面接触应力，当作用次数超过一定限度时，轮齿表面产生细微的疲劳裂纹并逐渐扩展，使轮齿表面小块金属脱落，形成麻点和凹坑	（1）合理选择齿轮参数。 （2）选择合适的材料及齿面硬度。 （3）减小表面粗糙度值。 （4）选用黏度高的润滑油，并采用适当的添加剂
齿面胶合	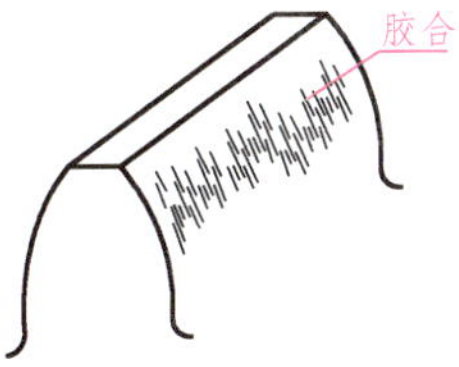 	高速、重载的齿轮传动，在较大压力作用下，轮齿的两齿面直接接触，产生局部高温，表面金属被熔焊，使两齿面粘连，随着齿面的相对滑动，较软轮齿的表面金属被撕裂，形成沟痕	（1）选用特殊的高黏度润滑油或在油中加入抗胶合的添加剂。 （2）选用不同的材料，使两轮不易黏连。 （3）提高齿面硬度。 （4）降低齿面表面粗糙度。 （5）改进冷却条件

227

续表

失效形式	示意图	产生原因	避免措施
齿面磨损		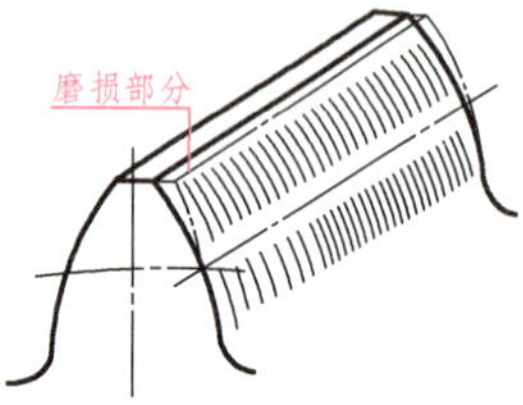 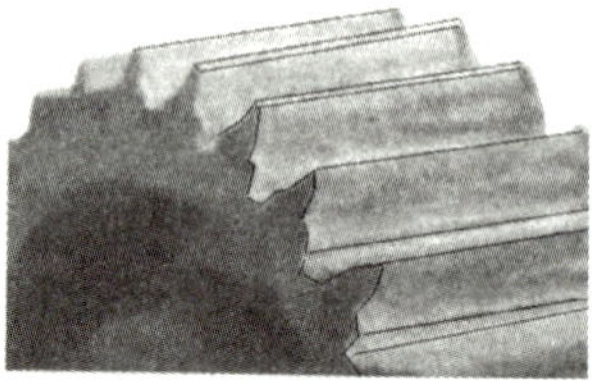 接触齿面间的相对滑动	（1）提高齿面硬度。 （2）降低齿面表面粗糙度。 （3）采用合适的材料组合。 （4）改善润滑条件和工作条件
齿面塑性变形		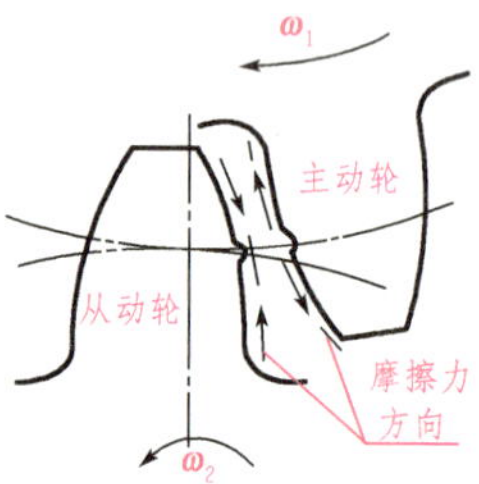 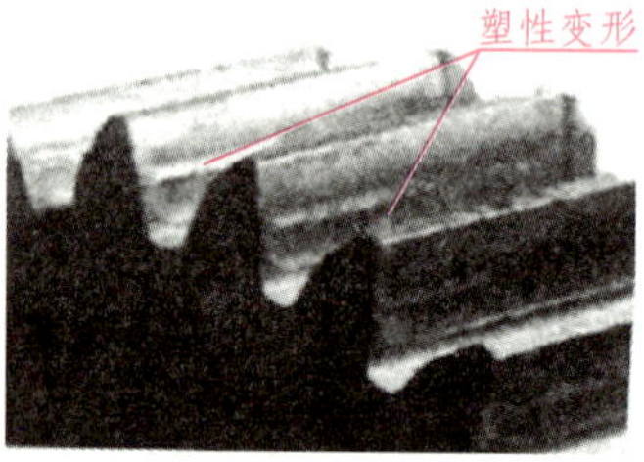 齿面较软时，在重载作用下，齿面表层金属沿着相对滑动方向发生局部的塑性流动，出现塑性变形	（1）提高齿面硬度。 （2）选用黏度大的润滑油。 （3）尽量避免频繁启动和过载

2. 齿轮的常用材料

常用的齿轮材料为各种牌号的优质碳素结构钢、合金结构钢、铸钢、铸铁和非金属材料等。不同场合齿轮材料的选用见表 7-3-9。钢制齿轮一般需经过热处理改善齿轮的性能，见表 7-3-10。

表 7-3-9 齿轮材料的选用

应用场合	选用材料
一般场合	锻件或轧制钢材
齿轮结构尺寸较大，轮坯不易锻造时	铸钢
开式低速传动	灰铸铁或球墨铸铁
低速重载	综合力学性能较好的钢材
高速齿轮	齿面硬度高的材料
受冲击载荷	韧性好的材料
高速、轻载而又要求低噪声	非金属材料，如夹布胶木、尼龙

表 7-3-10　钢制齿轮材料

类　　别	材料牌号	热处理方法	硬　　度
优质碳素钢	35	正火	150~180HBS
		调质	190~230HBS
	45	正火	169~217HBS
		调质	229~286HBS
		表面淬火	40~50HRC
	50	正火	180~220HBS
合金结构钢	40Cr	调质	240~258HBS
		表面淬火	48~55HRC
	35SiMn	调质	217~269HBS
		表面淬火	45~55HRC
	40MnB	调质	241~286HBS
		表面淬火	45~55HRC
	20Cr	渗碳淬火后回火	56~62HRC
	20CrMnTi		56~62HRC
	38CrMnALA	渗氮	850HV
铸钢	ZG45	正火	156~217HBS
	ZG55		169~229HBS
灰铸铁	HT300	—	185~278HBS
	HT350		202~304HBS
球墨铸铁	QT600-3	—	190~270HBS
	QT700-2		225~305HBS
非金属	夹布胶木	—	25~35HBS

六、*齿轮传动精度

在齿轮加工和齿轮副安装过程中总存在误差，从而影响齿轮传动的准确性、平稳性和载荷的均匀性。为了保证齿轮副的正常传动，必须根据齿轮和齿轮副的实际使用要求，选择齿轮传动精度。齿轮传动精度由4个方面组成，见表7-3-11。

表 7-3-11　齿轮传动精度

齿轮传动精度	定　义	相关说明
运动精度	指齿轮传动中传递运动的准确性	通常以齿轮每回转一周产生的转角误差来反映。转角误差越小，传递运动越准确，传动比也就越准确
工作平稳性精度	指在齿轮回转的一周中，其瞬时传动比变化的限度	瞬时传动比变化越小，齿轮副传动越平稳

续表

齿轮传动精度	定义	相关说明
接触精度	指齿轮在传动中，工作齿面承受载荷的分布均匀性	常用齿轮副的接触斑点面积的大小(占整个齿面的百分比)和接触位置来表示
齿轮副的侧隙	指相互啮合的一对齿轮的非工作齿面之间的间隙	齿轮副的侧隙可防止齿轮副出现卡死现象，还可储存润滑油，改善齿面的摩擦条件。一般通过选择适当的齿厚极限偏差和控制齿轮副中心距偏差来保证齿轮副的侧隙

七、齿轮传动的维护方法

齿轮传动的维护方法如下：
1) 及时清除齿轮啮合工作面的污染物，保持齿轮清洁。
2) 正确选用齿轮的润滑油(脂)，按规定及时检查油质，定期换油。
3) 保持齿轮工作在正常的润滑状态。
4) 经常检查齿轮传动的啮合状况，保证齿轮处于正常的传动状态。
5) 禁止超速、超载运行。

*八、齿面接触疲劳强度和齿根弯曲疲劳强度

1. 齿面接触疲劳强度

齿面接触应力为交变应力，齿面接触疲劳强度是指两齿轮齿面接触时，其表面产生很大的局部接触应力时的强度。当齿轮材料、传递转矩、齿宽和齿数比确定后，直齿圆柱齿轮的齿面接触疲劳强度取决于小齿轮的直径或中心距的大小。

2. 齿根弯曲疲劳强度

齿轮在受载时，可以看成一悬臂梁，齿根所受的弯矩最大。齿根弯曲疲劳强度是指齿轮在无限次交变载荷作用下不被破坏的强度。提高直齿圆柱齿轮齿根弯曲疲劳强度的主要措施如下：
1) 适当增大齿宽。
2) 增大齿轮模数。
3) 采用较大的变位系数。
4) 提高齿轮精度等级。
5) 改善齿轮材料和热处理方式。

知识梳理

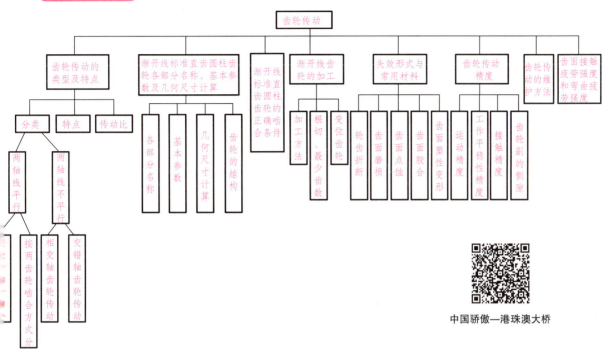

中国骄傲—港珠澳大桥

课题四　蜗杆传动

学习目标

1. 了解蜗杆传动的特点、类型；
2. 了解蜗杆传动的主要参数和几何尺寸；
3. 会计算蜗杆传动的传动比；
4. 会判定蜗杆传动中蜗轮的转向；
5. 了解蜗杆传动的失效形式；
*6. 了解蜗轮、蜗杆的结构和常用材料；
7. 熟悉蜗杆传动的维护措施。

课题导入

电动四方刀架是经济型数控车床普遍采用的一种刀架，其结构如图 7-4-1 所示。其工作方式为：电动机通过联轴器与蜗杆连接，蜗杆与蜗轮的轮齿啮合，电动机旋转时，将运动和动力传递至蜗轮，带动上刀体转动，实现转刀台的功能。

单元七 机械传动

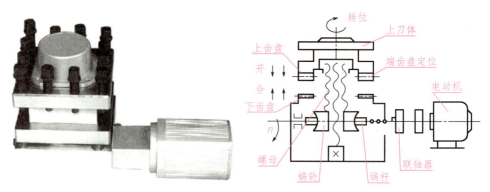

图 7-4-1 电动四方刀架

其传动路线如下：

电动机 —联轴器→ 蜗杆 —蜗杆传动→ 蜗轮 —→ 上刀体旋转

> **想一想：**
> 电动四方刀架中为什么要采用蜗杆传动？

 知识链接

 **一、蜗杆传动的组成、类型和特点**

1. 蜗杆传动的组成

蜗杆传动由蜗杆、蜗轮和机架组成，如图 7-4-2 所示。一般蜗杆为主动件。

图 7-4-2 蜗杆传动

2. 蜗杆传动的类型

蜗杆的分类见表 7-4-1。

课题四　蜗杆传动

表 7-4-1　蜗杆的分类

分类方法	类　型		示意图
按蜗杆形状分类	圆柱蜗杆传动	阿基米德蜗杆	
		渐开线蜗杆	
		法向直廓蜗杆	
	环面蜗杆传动		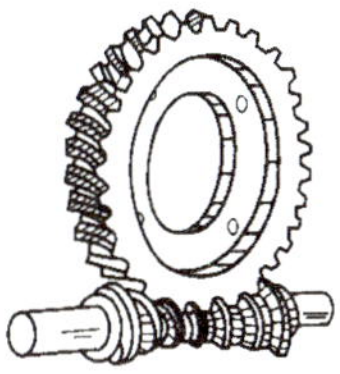
	锥蜗杆传动		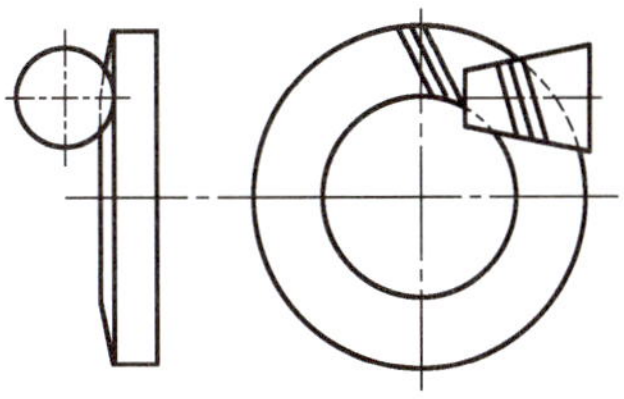
按蜗杆螺旋线方向分类	右旋蜗杆		
	左旋蜗杆		
按蜗杆头数分类	单头蜗杆		 蜗杆上只有一条螺旋线
	多头蜗杆		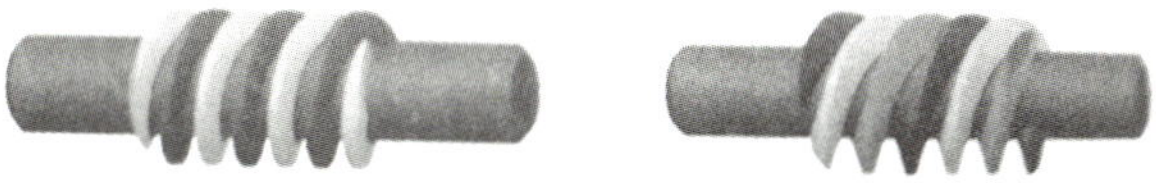 (a) 双头　　　(b) 三头 蜗杆上有两条以上螺旋线

3. 蜗杆传动特点

1）传动比大，结构紧凑，体积小，质量小。
2）传动平稳，无噪声。

3）具有自锁性。蜗杆的螺旋升角很小时，蜗杆只能带动蜗轮转动，而蜗轮不能带动蜗杆转动。

4）蜗杆传动效率低，一般效率只有 0.7~0.9。

5）发热量大，齿面容易磨损，成本高。

二、蜗杆传动的主要参数

通过蜗杆轴线并与蜗轮轴线垂直的剖切平面称为中间平面。在该平面内，蜗轮蜗杆之间的啮合相当于齿轮和齿条的啮合，如图 7-4-3 所示。蜗杆传动的主要参数及几何尺寸计算均以中间平面为准。

蜗杆传动的主要参数见表 7-4-2。

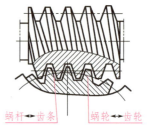

图 7-4-3　中间平面

表 7-4-2　蜗杆传动的主要参数

主要参数	说明
模数 m	蜗杆用轴向模数 m_{x1} 表示，蜗轮用端面模数 m_{t2} 表示，蜗杆传动的 $m_{x1}=m_{t2}$。模数已标准化，可从模数系列标准中选取
齿形角 α	蜗杆的轴面齿形角 α_{x1} 和蜗轮的端面齿形角 α_{t2} 相等，且为标准值，即 $\alpha_{x1}=\alpha_{t2}=\alpha=20°$
蜗杆直径系数 q	在生产中为使刀具标准化，限制滚刀的数目，对一定模数 m 的蜗杆分度圆直径 d_1 做了规定，即规定了蜗杆直径系数 q，且 $q=d_1/m$
蜗杆分度圆导程角 γ	蜗杆分度圆导程角 γ 是指蜗杆分度圆柱螺旋线的切线与端平面之间所夹的锐角。其计算公式为 $$\gamma=\arctan\frac{p_x z_1}{\pi d_1}=\arctan\frac{z_1 m}{d_1}$$ 式中，p_x 为轴向齿距；d_1 为蜗杆分度圆直径。导程角大则蜗杆传动的效率高，但自锁性差；导程角小则蜗杆传动自锁性强，但效率低
蜗杆头数 z_1	蜗杆头数 z_1 主要根据蜗杆传动的传动比和传动效率来选定，一般推荐选用 $z_1=1、2、4、6$。蜗杆头数少，蜗杆传动的传动比大，易自锁，传动效率低；蜗杆头数越多，效率越高，加工越困难
蜗轮齿数 z_2	可根据 z_1 和传动比来确定，一般推荐 $z_2=29\sim80$

三、蜗杆传动的传动比及几何尺寸计算

1. 蜗杆传动的传动比

蜗杆传动的传动比计算公式如下：

$$i=n_1/n_2=z_2/z_1$$

2. 蜗杆传动的几何尺寸计算

蜗杆传动的几何尺寸可按表 7-4-3 计算。

表 7-4-3 蜗杆传动的几何尺寸计算公式

名　称	符　号	计算公式 蜗杆	计算公式 蜗轮	说　明
中心距	a	$a=(d_1+d_2)/2$		
齿顶高	h_a	$h_{a1}=h_a^* m$	$h_{a2}=h_a^{*\prime} m$	$h_a^*=1$
齿根高	h_f	$h_{f1}=(h_a^*+c^*)m$	$h_{f2}=(h_a^*+c^*)m$	$c^*=0.2$
全齿高	h	$h_1=h_{a1}+h_{f1}$	$h_2=h_{a2}+h_{f2}$	
分度圆直径	d	$d_1=mq$	$d_2=mz_2$	
蜗杆齿顶圆直径	d_{a1}	$d_{a1}=d_1+2h_{a1}$		
蜗轮齿顶圆直径	d_{a2}		$d_{a2}=d_2+2h_{a2}$	
齿根圆直径	d_f	$d_{f1}=d_1-2h_{f1}$	$d_{f2}=d_2-2h_{f2}$	
蜗杆分度圆导程角	γ	$\tan\gamma=mz_1/d_1$		
蜗轮分度圆螺旋角	β		$\beta=\gamma$	蜗轮蜗杆旋向相同
齿距	p	$p_x=p_t=\pi m$		

3. 蜗轮回转方向的判定

蜗轮回转方向的判定方法见表 7-4-4。

蜗轮回转方向的判定方法

表 7-4-4 蜗杆、蜗轮的旋向及蜗轮回转方向的判定方法

项目	示意图	判定方法
判定蜗杆或蜗轮的旋向	右旋蜗杆 左旋蜗杆 右旋蜗轮　左旋蜗轮	右手定则：伸出右手，掌心对着自己，四指沿着蜗杆或蜗轮轴线方向，若齿向与右手拇指指向一致，则该蜗杆或蜗轮为右旋，反之，为左旋

续表

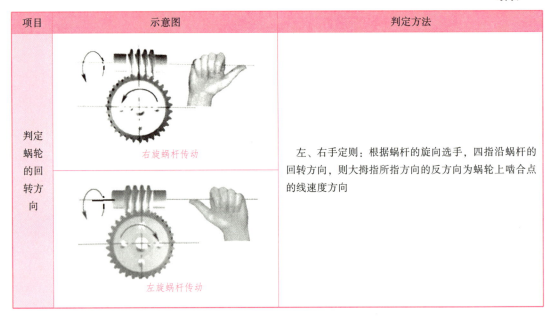

项目	示意图	判定方法
判定蜗轮的回转方向	右旋蜗杆传动 左旋蜗杆传动	左、右手定则：根据蜗杆的旋向选手，四指沿蜗杆的回转方向，则大拇指所指方向的反方向为蜗轮上啮合点的线速度方向

4. 蜗杆传动的正确啮合条件

蜗杆传动的正确啮合条件如下：

$$m_{x1} = m_{t2} = m$$
$$\alpha_{x1} = \alpha_{t2} = \alpha$$
$$\gamma_1 = \beta_2$$

*四、蜗轮、蜗杆的结构和常用材料

1. 蜗轮、蜗杆的结构

蜗杆通常与轴做成一体，称为蜗杆轴，结构形式如图 7-4-4 所示。当蜗杆螺旋部分的直径较大时，可以将蜗杆与轴分开制造。

蜗轮常用与蜗杆参数形状相同的蜗轮滚刀切制。蜗轮轮齿沿齿宽方向呈凹圆弧形，以包围圆柱蜗杆，如图 7-4-5 所示。

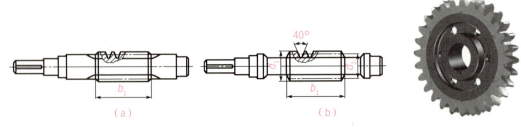

(a)　　　　　　　　(b)

图 7-4-4　蜗杆轴　　　　　　　图 7-4-5　蜗轮
(a)无退刀槽；(b)有退刀槽

蜗轮常用的结构形式见表7-4-5。

表7-4-5 蜗轮常用的结构形式

结构形式		示意图	应用场合
整体式			适用于铸铁蜗轮或直径小于100 mm的青铜蜗轮
组合式	齿圈式		适用于直径较大的青铜蜗轮
	螺栓连接式		
	镶铸式		

2. 蜗杆、蜗轮的常用材料

1) 蜗杆。中、低速蜗杆常用45钢调质；高速蜗杆采用40Cr、40MnB调质后表面淬火或采用20、20CrMnTi渗碳淬火。

2) 蜗轮。蜗轮的材料主要采用青铜。齿面滑动速度较低时选用铸铝铁青铜ZCuAl10Fe3；齿面滑动速度较高或连续工作的重要场合常用铸锡磷青铜ZCuSn10P1或铸锡铅锌青铜 ZCuSn5Pb5Zn；低速、轻载场合，以及直径较大的蜗轮，也可使用HT200、HT300。

五、蜗杆传动的失效形式及维护

1. 失效形式

在蜗杆传动中，失效常发生在蜗轮轮齿上。蜗轮轮齿的失效形式有点蚀、磨损、胶合和轮齿折断。但一般蜗杆传动效率较低，滑动速度较大，容易发热，故胶合和磨损破坏更为常见。

2. 蜗杆传动的维护

（1）润滑。蜗杆传动摩擦发热多，所以要求工作时有良好的润滑条件，以减少磨损与散热，提高传动的效率。润滑方式主要有油池润滑和喷油润滑。选用黏度大、亲和力大的润滑油，同时选用必要的散热冷却方法，如加风扇、通冷却水等强制冷却，保证润滑的效果。

（2）散热。蜗杆传动摩擦发热多，工作时必须要有良好的散热条件。常用的散热方式如图 7-4-6 所示。

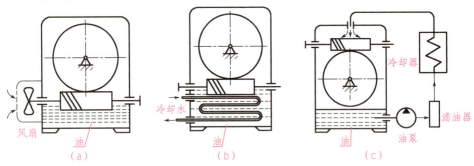

图 7-4-6　蜗杆传动的冷却方式
(a)风扇冷却；(b)蛇管冷却；(c)冷却器冷却

 做一做：
判断图 7-4-7 中的蜗轮回转方向。

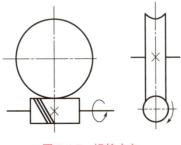

图 7-4-7　蜗轮方向

知识梳理

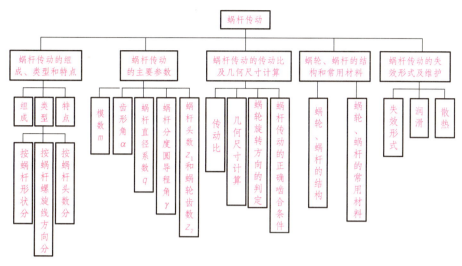

课题五　带(链)传动的安装与调试

学习目标

1. 会正确安装、张紧、调试和维护 V 带传动；
2. 会正确安装、张紧、调试和维护链传动。

课题导入

THMDZT-I 型机械装调技术综合实训装置如图 7-5-1 所示，其依据相关国家职业标准及行业标准，结合职业院校数控技术及其应用、机械制造技术、机电设备安装与维修、机械装配、设备装配与自动控制等专业的培养目标而研制，是职业院校技能大赛指定的产品。通过有效实训，能提高学生在机械制造企业及相关行业一线工艺装配与实施、机电设备安装调试和维护修理、机械加工质量分析与控制、基层生产管理等岗位的能力。

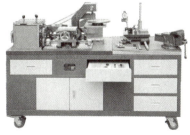

图 7-5-1　THMDZT-I 型机械装调技术综合实训装置

239

单元七 机械传动

> **想一想：**
> 观察 THMDZT-Ⅰ型机械装调技术实训装置（见图 7-5-2），如何安装并调试这些传动机构？

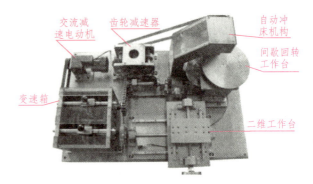

图 7-5-2　THMDZT-Ⅰ型机械装调技术实训装置

知识链接

一、V 带传动的安装与调试

V 带传动的安装主要包括带轮安装到轮轴上和 V 带安装到带轮上，并根据装配要求进行调整。

拆装天煌 THMDZT-Ⅰ实训装置中 V 带轮需要的工具见表 7-5-1。

表 7-5-1　V 带传动的安装与调试工具清单

序 号	工具名称	数 量	序 号	工具名称	数 量
1	百分表及表座	1套/组	6	木槌	1把/组
2	塞尺	1把/组	7	螺旋压入工具	1套/组
3	钢直尺	1把/组	8	清洁布	若干
4	三爪拉马	1套/组	9	润滑油	若干
5	套筒扳手	1套/组	—	—	—

1. 拆卸带轮

拆卸带轮前必须看清带轮孔与轴的连接方式，然后采用适当的方法拆卸。

一般带轮孔和轴的连接采用过渡配合（H7/k6），这种配合有少量过盈，对同轴度要求较高。为了传递较大的转矩，需用键和紧固件等进行外圆周向固定和长度轴向固定。

下面以图 7-5-3 中的带轮为例说明带轮的拆卸步骤：

1）用套筒扳手拆下轴端挡圈的紧固螺钉。
2）拆下轴端挡圈。
3）用三爪拉马拆下带轮，如图 7-5-4 所示。
4）拆下键槽内的平键。
5）用清洁布清洁拆下零件的各装配面，涂上润滑油。

课题五 带(链)传动的安装与调试

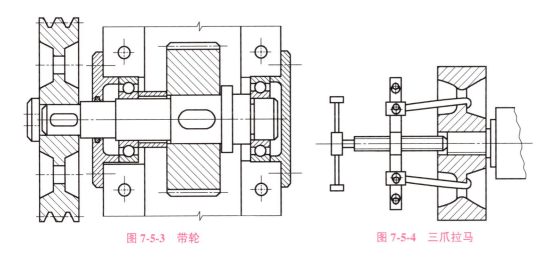

图 7-5-3 带轮　　　　　　　图 7-5-4 三爪拉马

2. 装配带轮

1) 清理键、键槽、轴表面、带轮孔内表面等安装面，并涂上润滑油。

2) 将带轮装上轴。将带轮装上轴的方法有锤击法和压入法等。锤击法一般用木槌锤击带轮。由于带轮通常用铸铁(脆性材料)制造，因此当用锤击法装配时，应避免锤击轮缘，锤击点尽量靠近轴心。带轮的装配可用图 7-5-5 所示的螺旋压力工具压入。

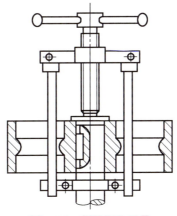

图 7-5-5 螺旋压入工具

3. 带轮检测

1) 用百分表检测带轮的端面圆跳动和径向圆跳动，如图 7-5-6 所示，径向圆跳动公差和端面圆跳动公差为 0.2~0.4 mm。

2) 用钢直尺检查两带轮的相互位置误差，如图 7-5-7 所示。两带轮轮槽的中间平面与带轮轴线垂直度误差范围为 ±30′；两带轮轴线应相

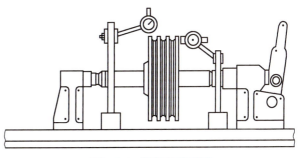

图 7-5-6 带轮跳动测量

互平行，相应轮槽的中间平面应重合，其误差范围为±20′。根据两带轮中心距，换算成钢直尺与带轮间的间隙，用塞尺直接测量间隙，以控制带轮的安装位置误差。

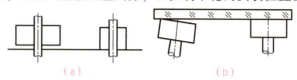

图 7-5-7　带轮跳动

(a)拉线法；(b)钢直尺法

4. V 带的安装与调试

1）正确选择 V 带的型号和长度。

2）安装 V 带。将两带轮的中心距调小，然后将 V 带先套在小带轮上，再将 V 带旋进大带轮(不要用带有刃口锋利的金属工具硬性将带拨入轮槽，以免损伤带)。

3）检查带在轮槽中的位置是否正确。带在带轮轮槽中的正确位置如图 7-5-8(a)所示，而 7-5-8(b)和图 7-5-8(c)所示为带的型号选择错误。

  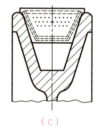

图 7-5-8　带在槽轮中的位置

(a)正确；(b)错误；(c)错误

4）张紧带。用大拇指按压带紧边中间位置，一般经验值为能压下 10～15 mm 为宜，如图 7-5-9 所示。

5）装好带传动的防护罩。

V 带传动安装与调试的评价标准见表 7-5-2。

图 7-5-9　指压张紧带测量法

表 7-5-2　V 带传动安装与调试的评价标准

序号	项目		评分标准	分值	自评	组评	师评	备注
1	拆卸带轮	工具选择	根据带与轴的装配方式正确选择拆卸工具	5				
2		拆卸过程	三爪拉马三爪位置匀称，拉出带轮施力均匀	10				
3		清洁	各装配部位清洁仔细	2				
4		零件摆放	按序拆下零件并安全摆放	5				

课题五 带(链)传动的安装与调试

续表

序号	项目		评分标准	分值	自评	组评	师评	备注
5	装配带轮	准备工作	装配表面清理干净、润滑油涂抹均匀	2				
6		装配过程	木槌敲击带轮中心位置,敲击位置匀称,带轮装入不出现歪斜	10				
7		精度检验	带轮径向圆跳动误差小于 0.4 mm	8				
8			带轮端面圆跳动误差小于 0.4 mm	8				
9			两带轮轮槽的中间平面与带轮垂直度误差小于±30′	10				
10			两带轮轴线相互平行且相应轮槽的中间平面应重合,误差小于±20′	10				
11	V带安装与调试	型号识读	V带型号与带轮匹配	5				
12		装带步骤	装入V带步骤正确,带没有划伤	10				
13		带位置	带在轮槽中的位置正确	5				
14		带张紧	带能被拇指按下 10~15 mm	5				
15		带防护	装好防护罩	5				
			合计	100				

做一做:
完成 THMDZT-I 型机械装调技术综合实训装置中 V 带传动的拆卸、安装与调试。

二、链传动的安装与调试

链传动和带传动的安装和调试方法基本相同。但由于链传动本身结构和装配技术要求有别于带传动,所以链传动的安装和调试有其特定的要求。

THMDZT-I 型机械装调技术综合实训装置中链传动安装与调试所需的工具见表 7-5-3。

表 7-5-3 链传动的安装与调试工具清单

序号	工具名称	数量	序号	工具名称	数量
1	百分表及表座	1把/组	5	纯铜棒	1套/组
2	塞尺	1把/组	6	清洁布	若干
3	钢直尺	1套/组	7	润滑油	若干
4	套筒扳手	1把/组	—	—	—

1. 清理、选配链条和链轮

选配链条和主、从动链轮，使链条的规格符合链轮。清理链轮孔和减速器输出轴、小锥齿轮轴，清理键和键槽，并涂抹润滑油。

2. 链轮的装配与调试

1）在THMDZT-Ⅰ型机械装调技术综合实训装置的减速箱输出轴和小锥齿轮轴上安装链轮，如图7-5-10所示。一般链轮孔和轴的配合通常采用H7/k6过渡配合，故装配链轮时注意用纯铜棒轻轻地敲入，注意控制链轮不要歪斜。

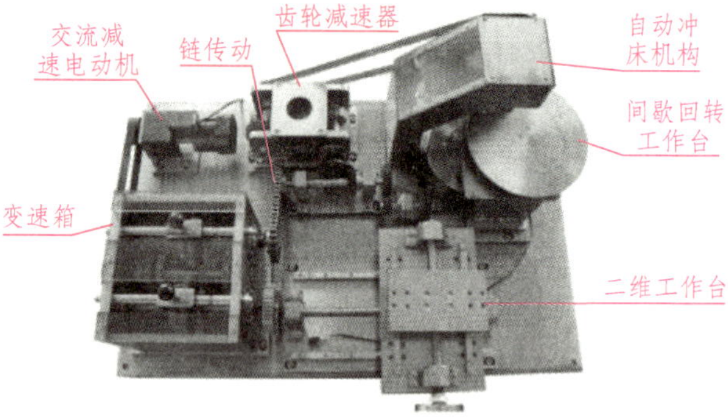

2）用套筒扳手拧紧轴端挡圈，将两链轮固定在相应轴上。旋转链轮，使其能自如空转。

图7-5-10　THMDZT-Ⅰ型机械装调技术实训装置之链传动

3）用百分表检查两链轮的端面跳动和径向跳动，使跳动误差小于端面跳动和径向跳动误差允许值。

4）用钢直尺初步检查两链轮的轮齿几何中心平面。

3. 链条的装配与调试

1）根据变速箱和小锥齿轮轴的位置，用截链器[见图7-5-11(a)]将链条截到合适长度。

2）用弹簧卡连接链条两端，使之成为一环形链[若链传动结构不允许调节两轴中心距，则必须先将链条套在链轮上，然后进行连接，此时需采用图7-5-11(b)所示的专用工具]。

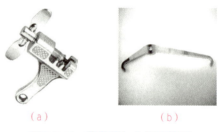

（a）　　　　　　　　（b）

图7-5-11　截链器与专用拉链器
（a）截链器；（b）专用拉链器

3）移动变速箱的前后位置，减小两链轮的中心距，将链条安装上，并用经验法测试链条的张紧程度。

4）用钢直尺复检两链轮的轮齿几何中心平面，并用塞尺检查两链轮平面轴向偏移误差和歪斜误差，使误差小于0.60 mm。

5）链传动装置装配、调整合格后，给链条和链轮轮齿加足够的润滑油。

链传动安装与调试评分表见表7-5-4。

表7-5-4　链传动安装与调试评分表

序号	项目		评分标准	分值	自评	组评	师评	备注
1	装配链轮	准备工作	装配表面清理干净、润滑油涂抹均匀	5				
2		装配过程	纯铜棒敲击带轮位置匀称，链轮装入不出现歪斜	10				
3			空套链轮在轴上转动灵活	10				

续表

序号	项目		评分标准	分值	自评	组评	师评	备注
4	装配链条	精度检验	链轮径向跳动小于相应允差	10				
5			链轮端面跳动小于相应允差	10				
6			两轮中心平面轴向偏移误差和歪斜误差不大于 0.002a	20				
7			链条连接处的弹簧卡方向与链条运动方向相反	10				
8			链条下垂量不大于 0.02a	15				
9	维护保养		润滑油涂抹均匀、适量	10				
			合计	100				

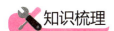知识梳理

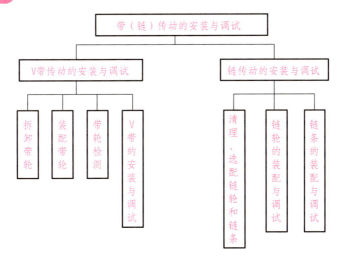

课题六　轮系与减速器

学习目标

1. 了解轮系的类型和应用；
2. 会计算定轴轮系的传动比；
*3. 了解行星轮系传动比的计算；
4. 了解减速器的类型、结构和应用；
*5. 了解新型轮系的应用；
6. 会正确拆装减速器。

单元 七　机械传动

课题导入

在实际使用的机械装备中，有时为了获得较大的传动比，或将主动轴的一种转速变换为从动轴的多种转速，或需要改变从动轴的回转方向，此时依靠一对齿轮传动是不够的，往往采用一系列相互啮合的齿轮，将主动轴和从动轴连接起来实现传动，以达到人们所预期的功用要求和工作目标。这种由一系列相互啮合的齿轮组成的传动系统称为轮系。

图 7-6-1　自动变速器轮系结构

图 7-6-1 为汽车自动变速器轮系结构，图 7-6-2 为机械手表的基本结构。它们均是通过轮系来实现人们所预期的功用的。

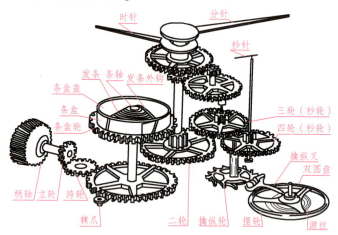

变速机构的
工作原理

图 7-6-2　机械手表的基本结构

想一想：
1) 汽车自动变速器（见图 7-6-1）是如何实现自动变速的？
2) 机械手表（见图 7-6-2）是如何实现秒、分、时进制的？

知识链接

一、轮系的类型和应用

1. 轮系的类型

轮系的形式有很多，按照轮系传动时各齿轮的轴线位置是否固定可分为定轴轮系、周转轮系(差动轮系和行星轮系)、混合轮系三大类,见表 7-6-1。

表 7-6-1 轮系的类型

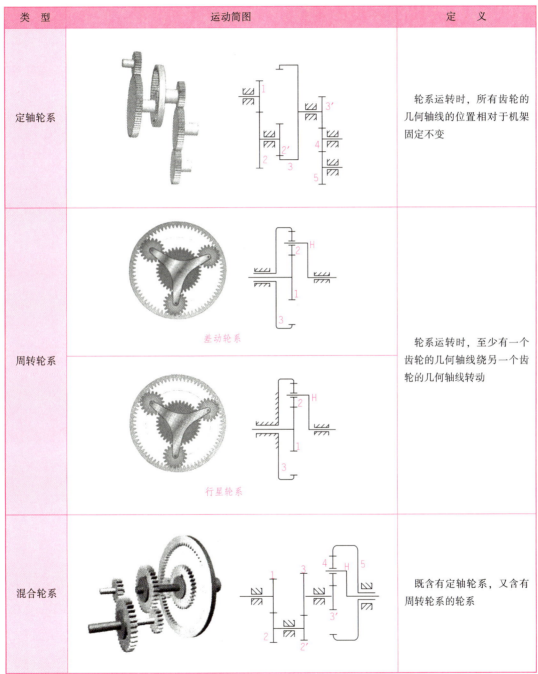

类 型	运动简图	定 义
定轴轮系		轮系运转时,所有齿轮的几何轴线的位置相对于机架固定不变
周转轮系	差动轮系 行星轮系	轮系运转时,至少有一个齿轮的几何轴线绕另一个齿轮的几何轴线转动
混合轮系		既含有定轴轮系,又含有周转轮系的轮系

2. 轮系的应用特点

轮系的应用特点见表 7-6-2。

表 7-6-2　轮系的应用特点

应用特点	相关说明	应用示例图
可获得很大的传动比	由于结构尺寸的限制，一对齿轮的传动比只能达到 3~8，而采用轮系可以以较小的齿轮尺寸获得很大的传动比，例如，大传动比减速器的传动比高达 1 000	大传动比减速器工作原理
可做相对较远距离的传动	当两轴中心距较大时，若采用一对齿轮传动，则每个齿轮的几何尺寸较大，而轮系传动，每个齿轮的几何尺寸较小，结构紧凑，节约材料	轮系做远距离传动
可以方便实现变向和变速要求	齿轮1和齿轮3直接啮合时，两轮转向相反；若在两轮中间增加齿轮2，则齿轮1和3的转向相同。中间齿轮2也称为惰轮、过桥轮，它既是前对齿轮的从动轮，又是后对齿轮的主动轮，只改变从动轮的转动方向，不影响系统传动比	利用中间齿轮的变向机构
	当滑移齿轮在左位时，齿轮1与齿轮3啮合，轴Ⅱ获得一种转速；当滑移齿轮在右位时，齿轮2与齿轮4啮合，轴Ⅱ获得另一种转速	滑移齿轮变速机构

续表

应用特点	相关说明	应用示例图
可实现运动的合成与分解	当汽车转弯时，通过汽车后桥差速器(行星轮系)，能将传动轴输入的一种转速分解为两轮不同的转速	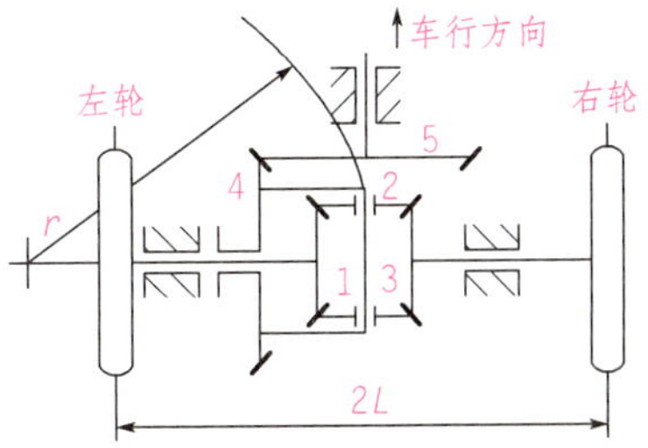 汽车后桥差速器

二、定轴轮系的传动比

轮系的传动比是指轮系的首轮转速与末轮转速之比。定轴轮系的传动比计算包括轮系传动比的大小和确定末轮的回转方向。

1. 一对齿轮传动中各轮转向的判定

一对齿轮传动，已知某一轮的转向，就可确定另一轮的转向，可采用标注箭头法或"+、-"(正负号)法(适用于轴线平行的齿轮传动)，具体见表7-6-3。

表7-6-3　一对齿轮传动中各轮转向的判定

齿轮传动的类型		标注箭头法	正负号法
圆柱齿轮啮合传动	外啮合齿轮传动	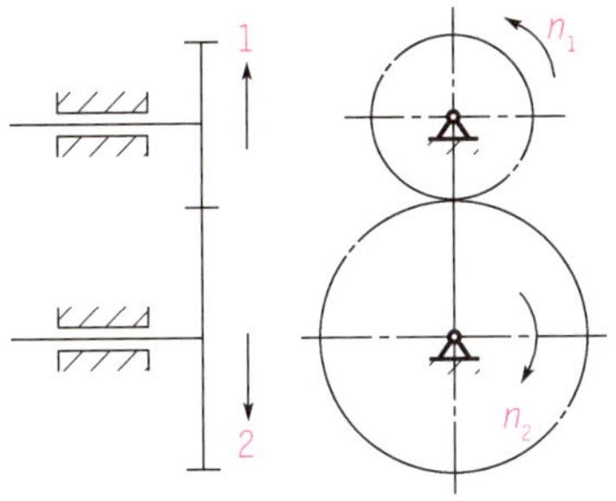 两轮的啮合点速度相同，表示转向的箭头方向相反	传动比为"-"
	内啮合齿轮传动	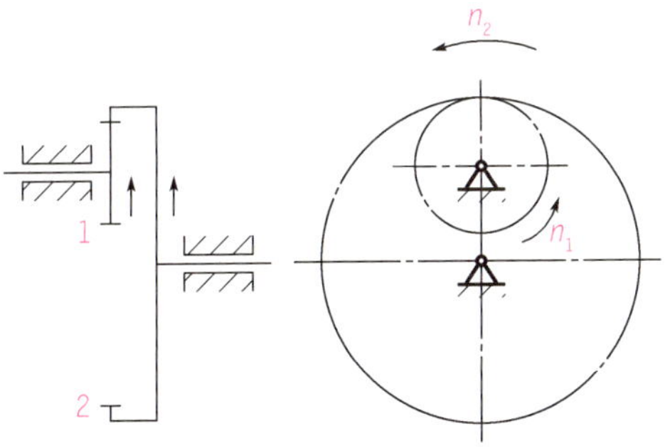 两轮的啮合点速度相同，表示转向的箭头方向相同	传动比为"+"

249

续表

齿轮传动的类型	标注箭头法	正负号法
锥齿轮啮合传动	两轮的啮合点速度相同，表示转向的箭头同时指向或背离啮合点	

2. 传动比的计算

（1）传动比的计算。传动比的计算公式为

$$i_{1k}=\frac{n_1}{n_k}=各级齿轮副传动比的连乘积=(-1)^m\frac{各级齿轮副中从动齿轮齿数的连乘积}{各级齿轮副中主动齿轮齿数的连乘积}$$

式中，i_{1k} 为轮系中首轮到任意齿轮间的总传动比；n_1 为轮系首轮的转速；n_k 为轮系第 k 个齿轮的转速；m 为外啮合齿轮副的个数；$(-1)^m$ 为只在轮系中各齿轮回转轴线均平行时，用以判定末轮的回转方向，否则用标注箭头法判定各轮的转动方向。

（2）传动路线。用以反映轮系从输入轴（首轮）至输出轴（末轮）的传动次序路线图称为传动路线。如图 7-6-3 所示，定轴轮系的传动路线如下：

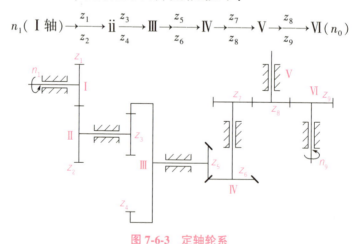

图 7-6-3 定轴轮系

无论轮系多么复杂，计算传动比之前都应进行传动路线分析。

做一做：
分析图 7-6-4 中轮系的传动路线，求 i_{19} 并判定轴Ⅵ的转动方向。

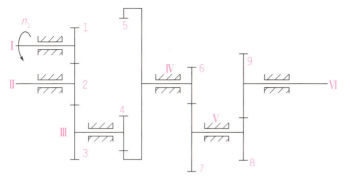

图 7-6-4 定轴轮系传动的计算

*三、行星轮系的传动比

1. 行星轮系的组成

行星轮系由行星轮(轴线位置变动,既做自转又做公转的齿轮)、行星架(转臂,支承行星轮的构件)、中心轮(太阳轮,轴线位置固定的齿轮)组成,如图 7-6-5 所示。

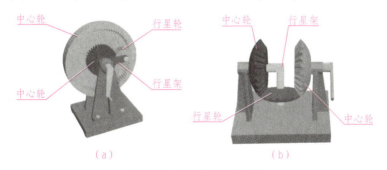

图 7-6-5 行星轮系的组成
(a)圆柱齿轮组成的行星轮系;(b)锥齿轮组成的行量轮系

2. 行星轮系的传动比计算

行星轮系的传动比采用转化轮系(转化机构)法计算,即在行星轮系上加上一个公共转速($-n_H$)后,使原行星轮系转化为一个假想的定轴轮系,用定轴轮系的传动比计算公式来求解行星轮系的传动比。其计算公式为

$$i_{1k}^H = \frac{n_1^H}{n_k^H} = \frac{n_1 - n_H}{n_k - n_H} = \frac{齿轮1到齿轮k之间所有从动轮齿数的连乘积}{齿轮1到齿轮k之间所有主动轮齿数的连乘积}$$

式中,齿轮 1 为轮系中起始主动齿轮;齿轮 k 为轮系中最末从动齿轮;n_H 为行星架的转速;n_1 为齿轮 1 的转速;n_k 为齿轮 k 的转速。

此式只适用于齿轮 1、齿轮 k、行星架 H 的轴线平行的场合。转化轮系中各构件的转向可用标注箭头法或正负号法确定。

单元七 机械传动

> **做一做：**
> 如图7-6-6所示的行星轮系，已知标准齿轮1、2、3的齿数均为60，求 i_{13}^H。

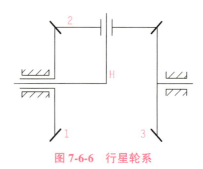

图7-6-6 行星轮系

*四、新型轮系的应用

1. 摆线针轮行星传动

摆线针轮行星传动(见图7-6-7)的特点是传动比范围较大，单级传动的传动比为9~87，两级传动的传动比可达121~7 569。由于同时参加啮合的齿数多，理论上有一多半的齿参与传递载荷，因此承载能力较强，传动平稳。又由于针齿销可加套筒，使针轮与摆线轮之间的摩擦为滚动摩擦，因此轮齿磨损小，使用寿命长，传动效率较高。摆线针轮行星传动在国防、军工、冶金、造船、矿山等工业机械中应用十分广泛。

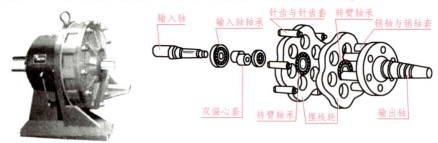

图7-6-7 摆线针轮行星传动结构

2. 谐波齿轮传动

谐波齿轮传动的工作原理不同于普通齿轮传动。它是通过波发生器所产生的连续移动变形波使柔性齿轮产生弹性变形，从而产生齿间相对位移而达到传动的目的，如图7-6-8所示。谐波齿轮传动与摆线针轮行星齿轮传动相比，结构简化，传动比大，体积小，质量小，承载能力强，传动平稳，传动效率高。目前，谐波齿轮传动已广泛应用于仪表、船舶、能源、航空航天及军事装备中。

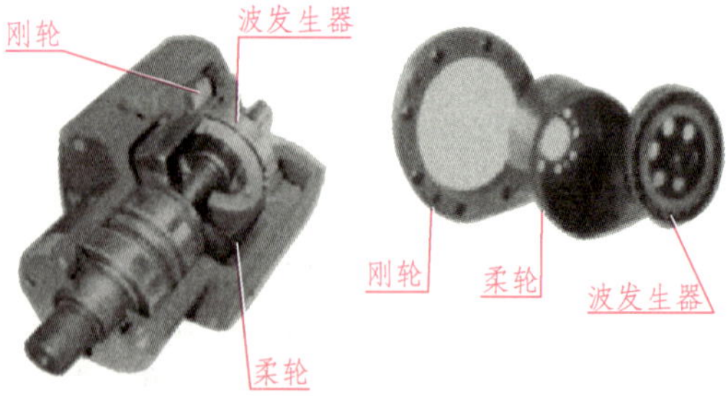

图7-6-8 谐波齿轮传动

五、减速器的类型、结构和应用

减速器是一种由封闭在刚性壳体内的齿轮传动、蜗杆传动、齿轮-蜗杆传动所组成的独立部件，常用做原动件与工作机之间的减速传动装置。

1. 减速器的类型

减速器的类型见表 7-6-4。

表 7-6-4 减速器的类型

分类方法		类 型
按传动及结构特点分类	齿轮减速器	圆柱齿轮减速器
		锥齿轮减速器
		圆柱-锥齿轮减速器
	蜗杆减速器	圆柱蜗杆减速器
		圆弧齿蜗杆减速器
		圆锥蜗杆减速器
		蜗杆-齿轮减速器
	行星减速器	渐开线行星齿轮减速器
		摆线针轮减速器
		谐波齿轮减速器
按减速齿轮的级数分类	一级(或单级)减速器	
	二级减速器	
	三级减速器	
	多级减速器	
按轴在空间的相互配置方式分类	立式减速器	
	卧式减速器	

2. 减速器的结构

图 7-6-9 所示为单级直齿圆柱齿轮减速器的分解图。它主要由齿轮、轴、轴承、箱体等组成。

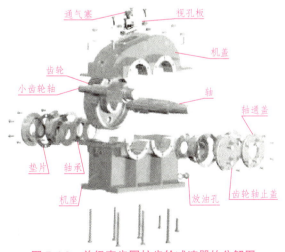

图 7-6-9 单级直齿圆柱齿轮减速器的分解图

253

3. 常用减速器的类型、特点及应用

常用减速器的类型、特点及应用见表7-6-5。

表7-6-5 常用减速器的类型、特点及应用

类型	运动简图	实物示意图	特点及应用
圆柱齿轮减速器	一级 二级展开式 二级同轴式 二级分流式		应用最广，传递功率范围大（可从很小到4 000 kW），圆周速度从很低到70 m/s，效率高
一级锥齿轮减速器			用于输入轴和输出轴两轴线垂直相交的传动，传动比为1~5
二级圆柱-锥齿轮减速器			锥齿轮用于高速级，使齿轮尺寸不致过大，用于传动比较大的场合

续表

类　　型		运动简图	实物示意图	特点及应用
蜗杆减速器	蜗杆下置式			润滑方便，但蜗杆搅油损失大，一般用于蜗杆圆周速度 $v \leq 5$ m/s 时
	蜗杆上置式			润滑不便，但装拆方便，一般用于蜗杆圆周速度 $v > 4$ m/s 时

六、减速器的拆装

1. 训练用工具及设备

训练工具包括旋具（螺钉旋具）、各种类型的扳手（如活扳手、梅花扳手、套筒扳手等）、手锤、机油、铜棒、冲子、铲子、尖嘴钳、锉刀、游标卡尺、钢直尺和零件存放盘等。训练设备为单级齿轮减速器（见图 7-6-9）。

2. 注意事项

1）切勿盲目拆装，拆卸前要仔细观察零件的结构及位置，考虑好拆装顺序。
2）拆下的零部件要统一放在盘中，摆放整齐，并注意零件的件数，以免丢失和损坏，个别装配位置关系重要的零件在拆装前需做好位置标记。
3）在对减速器进行装配时需对零件进行清洗和清理。
4）爱护工具、仪器及设备，小心仔细拆装，避免损坏。

3. 减速器的拆卸步骤

减速器的拆卸步骤见表 7-6-6。

表 7-6-6　减速器的拆卸步骤

步　骤	具体操作	示意图
第一步	拆下机盖与机座相连的螺栓、螺母	
第二步	拆下轴通盖、轴止盖与机盖、机座相连的螺栓	
第三步	拆下连接机盖与机座的螺栓，拆下机盖	
第四步	拆下放油塞、油标，放干净机座内的机油	
第五步	拆下轴通盖、轴止盖、垫圈及毡圈	
第六步	拆下小齿轮轴组及大齿轮轴组部件	

4. 减速器的装配

1）清洗零件。用汽油清洗滚动轴承，用煤油清洗其他零件。
2）给零件未加工表面涂耐油漆，零件配合面洗净后涂润滑油。
3）零件预装。修配平键，将齿轮等回转零件装配到轴上。
4）组件装配。将轴承、挡油环等装配到轴上。
5）减速器总装。将轴系部件安装到箱体内，调整轴系部件至减速器位置正确。
6）检测齿轮传动精度、齿侧间隙。
7）在箱体结合面涂密封胶，注入润滑油，合上箱盖。
8）按成组螺纹装配的方法顺序、均匀地拧紧各连接螺栓。

知识梳理

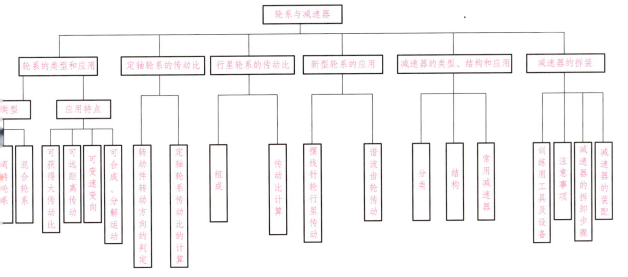

单元八　机械零件的精度

检查不严谨造成的事故

螺栓折断了，可以更换相同规格的；螺母丢失了，可以配上相同规格的。同一规格的机械零部件按规定的技术要求制造，能够彼此相互替换使用而性能效果相同，这一性质称为机械零部件的互换性。

互换性原理始于兵器制造。我国战国时期（公元前476年至公元前222年）生产的兵器便能满足互换性要求。西安秦始皇陵兵马俑坑出土的弩机（当时的一种远射程的弓箭）的大量组成零件都具有互换性。这些零件是青铜制品，其中圆柱销和销孔已能保证一定精度的间隙配合。

大国工匠裴永斌和方文墨人物事迹介绍

在机械工程中，互换性最早出现在1797年，应用在H·莫兹利创制的螺纹车床所生产的螺栓和螺母。20世纪初，汽车工业的迅速发展，促进了多种生产方法的形成，如零件互换性生产、专业分工和协作、流水加工线和流水装配线等。

机械零件的精度，包括尺寸精度、几何精度以及表面粗糙度等精度。机械零件精度的高低，关系到机械零件加工是否容易，成本是否低廉；关系到机械的装配是否顺利，检测是否方便，性能是否可靠。

课题一　极限与配合

学习目标

1. 了解极限与配合的术语、定义和相关标准；
*2. 初步掌握基准制、公差等级及配合种类的选用。

课题导入

在现代工业生产中，我们总是能够从同一规格的零件中随便选取一个，就能满足使用要求。因此要求零件的尺寸是一个加工范围，而不是一个确定的尺寸。对于相互结合的零件，这个范围既要满足相互之间的关系，同时又要在满足不同使用要求的前提下制造时能够节省资源，提高经济性。这样就形成了"极限与配合"的概念，"极限"用于协调机器零部件使用要求和制造过程中经济性之间的冲突,"配合"反映零部件相互之间结合的关系。本课题主要介绍孔和轴的定义、极限与配合的术语与标准等相关内容。

> **想一想**:
> 生产出的机械零件的每一个尺寸不可能是完全相同的,那么如何确定零件是合格还是不合格呢?

一、有关尺寸的基本术语及定义

1. 互换性

在一批相同规格的零件或部件中任取一件,不经修配或其他加工,就能顺利装配,并能够达到预期使用要求。我们把这批零件或部件所具有的这种性质称为互换性。

2. 尺寸

尺寸是用特定单位表示长度大小的数值。长度包括直(半)径、宽度、深(高)度、中心距等。尺寸由数字和特定单位组成,如 30 毫米(mm)、60 微米(μm)等。

(1)公称尺寸(D,d)。公称尺寸是设计时给定的尺寸,它可以是一个整数,或者小数。如图 8-1-1 所示,φ10 mm、φ20 mm、35.5 mm 分别为销轴直径、孔直径、销轴长度的公称尺寸。通常孔的公称尺寸用"D"表示,轴的公称尺寸用"d"表示。

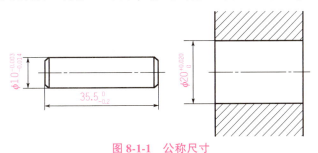

图 8-1-1 公称尺寸

(2)实际尺寸(D_a,d_a)。实际尺寸是指通过测量获得的尺寸。由于测量误差的存在,一个零件的不同位置所获得的实际尺寸有可能是不同的,如图 8-1-2 所示。

(3)极限尺寸。极限尺寸是指允许尺寸变化的两个界限值。允许的最大尺寸是上极限尺寸,用 D_{max}(d_{max})表示;允许的最小尺寸是

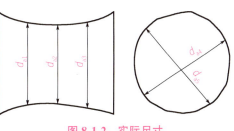

图 8-1-2 实际尺寸

259

下极限尺寸,用 $D_{min}(d_{min})$ 表示,如图 8-1-3 所示。

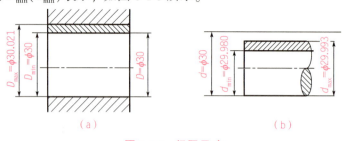

图 8-1-3 极限尺寸
(a)孔的极限尺寸;(b)轴的极限尺寸

3. 孔和轴

(1)孔。孔是工件的圆柱形内表面,也包括非圆柱形内表面,加工过程中孔的尺寸由小变大。通常孔的参数用大写字母表示。图 8-1-4(a)所示的 L_1、L_2、L_3 均是孔的尺寸。

(2)轴。轴是工件的圆柱形外表面,也包括非圆柱形外表面,加工过程中轴的尺寸由大变小。通常轴的参数用小写字母表示。图 8-1-4(b)所示的 l_1、l_2、l_3 均是轴的尺寸。

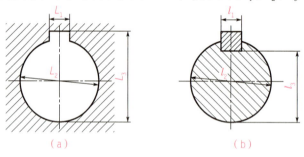

图 8-1-4 孔、轴的示意图
(a)孔;(b)轴

二、有关偏差、公差的术语及定义

1. 偏差

偏差是指某一尺寸(实际尺寸、极限尺寸等)减其公称尺寸所得的代数差。偏差可以为正值、负值或零。

(1)极限偏差。极限尺寸减其公称尺寸所得的代数差称为极限偏差。极限偏差分为上极限偏差和下极限偏差,如图 8-1-5 所示。

1)上极限偏差。上极限尺寸减其公称尺寸所得的代数差称为上极限偏差。

孔的上极限偏差(ES)的计算公式如下:

$$ES = D_{max} - D \tag{8-1}$$

轴的上极限偏差(es)的计算公式如下:

$$es = d_{max} - d \tag{8-2}$$

2)下极限偏差。下极限尺寸减其公称尺寸所得的代数差称为下极限偏差。

孔的下极限偏差(EI)的计算公式如下：

$$EI = D_{\min} - D \tag{8-3}$$

轴的下极限偏差(ei)的计算公式如下：

$$ei = d_{\min} - d \tag{8-4}$$

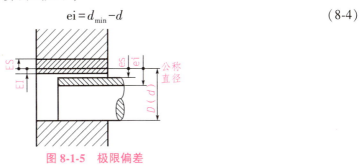

图 8-1-5 极限偏差

极限偏差数值在图样或技术文件上的标注：国家标准规定，上极限偏差标注在公称尺寸的右上角，下极限偏差标注在公称尺寸的右下角，如 $\phi 25^{+0.126}_{-0.034}$ mm、$\phi 30^{+0.021}_{0}$ mm。当上、下极限偏差数值相等而符号相反时，应简化标注，如 $\phi 40$ mm±0.016 mm。

（2）实际偏差。实际尺寸减其公称尺寸所得的代数差称为实际偏差。合格零件的实际偏差应在规定的上、下极限偏差之间。

> **做一做**
>
> 1) 如图 8-1-6 所示，某孔直径的公称尺寸为 $\phi 20$ mm，上极限尺寸为 $\phi 20.026$ mm，下极限尺寸为 $\phi 20.008$ mm，求孔的上极限偏差、下极限偏差。
>
> 2) 如图 8-1-7 所示，某轴直径的公称尺寸为 $\phi 40$ mm，上极限偏差 es 为 +0.125 mm，下极限偏差 ei 为 -0.021 mm，求轴的最大极限尺寸 $d_{\max}$、最小极限尺寸 $d_{\min}$。

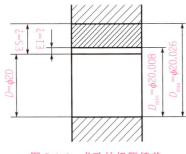

图 8-1-6 求孔的极限偏差

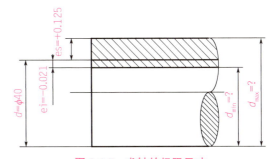

图 8-1-7 求轴的极限尺寸

2. 尺寸公差

尺寸公差（T_h、T_s）是允许尺寸的变动量，简称公差。公差是设计人员根据零件使用时的精度要求并考虑加工时的经济性，对尺寸变动量给定的允许值。孔的公差用符号 T_h 表示，轴的公差用符号 T_s 表示，计算公式如下：

孔的公差：

$$T_h = D_{\max} - D_{\min} = ES - EI \quad (8-5)$$

轴的公差：

$$T_s = d_{\max} - d_{\min} = es - ei \quad (8-6)$$

公差没有正负的含义，公差值前不应出现"+"或"−"。从加工角度看，公称尺寸相同的零件，公差值越大，加工越容易，反之，加工越困难。

尺寸、偏差、公差之间的关系如图 8-1-8 所示。

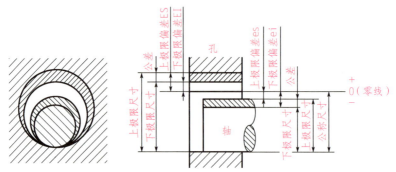

图 8-1-8　尺寸、偏差和公差之间的关系

 做一做：
求轴 $\phi 20_{-0.22}^{+0.15}$ mm 的公差 T_s 和孔 $\phi 35_{-0.019}^{-0.006}$ mm 的公差 T_h。

3. 公差带图

不画出孔和轴的全形，只按规定将有关公差部分放大画出，能够清楚反映尺寸、偏差和公差之间关系的示意图，称为公差带图，如图 8-1-9 所示。图中，由代表上极限偏差（上极限尺寸）和下极限偏差（下极限尺寸）的两条直线所限定的区域称为公差带。孔的公差带用向右倾斜的剖面线表示，轴的公差带用向左倾斜的剖面线表示。

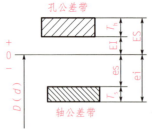

图 8-1-9　公差带图

孔、轴尺寸
公差带的画法

公差带包括大小和位置两个因素。公差带大小是指公差带沿垂直于零线方向的宽度，由公差值确定。公差带位置是指公差带相对于零线的位置，由基本偏差（即靠近零线的上极限偏差或下极限偏差）确定。如图 8-1-10 所示，孔的基本偏差为 EI = 0 mm，轴的基本偏差为 es = −0.030 mm。

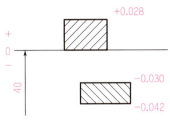

图 8-1-10　基本偏差示例

做一做：

已知孔和轴的公称尺寸为 $D = d = 40$ mm，孔的极限尺寸 $D_{max} = 40.028$ mm，$D_{min} = 40.000$ mm，轴的极限尺寸 $d_{max} = 39.970$ mm，$d_{min} = 39.958$ mm。求孔和轴的极限偏差及公差，并画出公差带图。

三、有关配合的术语及定义

1. 配合的概念

配合是指公称尺寸相同，相互结合的孔和轴之间的公差带之间的关系。孔的尺寸减去相配合的轴的尺寸为正时，称为间隙，一般用 X 表示，其数值应标注"+"号；孔的尺寸减去相配合的轴的尺寸为负时，称为过盈，一般用 Y 表示，其数值应标注"-"号。

2. 配合的种类

在公差带图中，孔和轴之间的公差带位置关系有 3 种：间隙配合、过盈配合和过渡配合。

（1）间隙配合。总具有间隙（包括最小间隙为零）的配合称为间隙配合。间隙配合时，孔的公差带在轴的公差带之上，如图 8-1-11 所示。

三种配合类型的转换

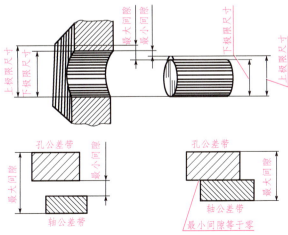

图 8-1-11　间隙配合

（2）过盈配合。总具有过盈(包括最小过盈等于零)的配合称为过盈配合。过盈配合时，孔的公差带在轴的公差带之下，如图 8-1-12 所示。

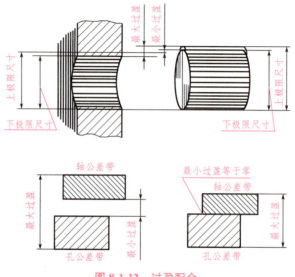

图 8-1-12　过盈配合

（3）过渡配合。可能具有间隙或过盈的配合称为过渡配合。过渡配合时，孔的公差带与轴的公差带相互重叠，如图 8-1-13 所示。

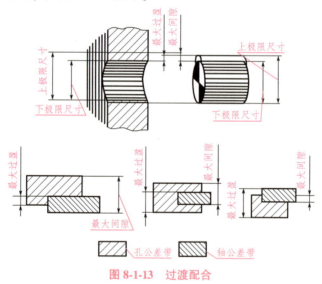

图 8-1-13　过渡配合

3. 配合公差

配合公差(T_f)是允许间隙或过盈的变动量。它等于相互配合的孔和轴的公差之和，即 $T_f = T_h + T_s$。配合公差表示配合精度的高低，配合公差越大，配合时形成的间隙或过盈的变化量就越大，配合后松紧变化程度就越大，配合的一致性越差，配合精度就越低；反之，配合精度高。

四、极限与配合的相关标准

1. 标准公差和标准公差等级

国家标准 GB/T 1800.1—2009《产品几何技术规范(GPS)极限与配合 第1部分：公差、偏差和配合的基础》中所规定的任一公差，称为标准公差。国家标准设置了 20 个公差等级，即 IT01、IT0、IT1、IT2、…、IT18，"IT"表示标准公差，阿拉伯数字表示公差等级，IT01 精度最高，IT18 精度最低，其余精度依次降低。国家标准制定的一系列由不同公称尺寸和不同公差等级组成的标准公差数值见表 8-1-1。

表 8-1-1 标准公差数值

公称尺寸 mm		标准公差等级																		
		IT01	IT0	IT1	IT2	IT3	IT4	IT5	IT6	IT7	IT8	IT9	IT10	IT11	IT12	IT13	IT14	IT15	IT16	IT17	IT18
大于	至	μm													mm						
—	3	0.3	0.5	0.8	1.2	2	3	4	6	10	14	25	40	60	0.1	0.14	0.25	0.4	0.6	1	1.4
3	6	0.4	0.6	1	1.5	2.5	4	5	8	12	18	30	48	75	0.12	0.18	0.3	0.48	0.75	1.2	1.8
6	10	0.4	0.6	1	1.5	2.5	4	6	9	15	22	36	58	90	0.15	0.22	0.36	0.58	0.9	1.5	2.2
10	18	0.5	0.8	1.2	2	3	5	8	11	18	27	43	70	110	0.18	0.27	0.43	0.7	1.1	1.8	2.7
18	30	0.6	1	1.5	2.5	4	6	9	13	21	33	52	84	130	0.21	0.33	0.52	0.84	1.3	2.1	3.3
30	50	0.6	1	1.5	2.5	4	7	11	16	25	39	62	100	160	0.25	0.39	0.62	1	1.6	2.5	3.9
50	80	0.8	1.2	2	3	5	8	13	19	30	46	74	120	190	0.3	0.46	0.74	1.2	1.9	3	4.6
80	120	1	1.5	2.5	4	6	10	15	22	35	54	87	140	220	0.35	0.54	0.87	1.4	2.2	3.5	5.4
120	180	1.2	2	3.5	5	8	12	18	25	40	63	100	160	250	0.4	0.63	1	1.6	2.5	4	6.3
180	250	2	3	4.5	7	10	14	20	29	46	72	115	185	290	0.46	0.72	1.15	1.85	2.9	4.6	7.2
250	315	2.5	4	6	8	12	16	23	32	52	81	130	210	320	0.52	0.81	1.3	2.1	3.2	5.2	8.1
315	400	3	5	7	9	13	18	25	36	57	89	140	230	360	0.57	0.89	1.4	2.3	3.6	5.7	8.9
400	500	4	6	8	10	15	20	27	40	63	97	155	250	400	0.63	0.97	1.55	2.5	4	6.3	9.7

注：1. 公称尺寸大于 500 mm 的 IT1~IT5 的标准公差数值为试行。
　　2. 公称尺寸小于或等于 1 mm 时，无 IT4~IT8

2. 基本偏差系列及其代号

基本偏差是指两个极限偏差中靠近零线或位于零线的那个偏差，用来确定公差带的位置。国家标准 GB/T 1800.1—2009《产品几何技术规范(GPS)极限与配合 第1部分：公差、偏差和配合的基础》中已经将基本偏差标准化，孔和轴各规定了 28 种基本偏差，分别用拉丁字母表示，在 26 个字母中去掉容易混淆的 5 个字母：I(i)、L(l)、O(o)、Q(q)、W(w)，增加了 7 个字母组合：CD(cd)、EF(ef)、FG(fg)、JS(js)、ZA(za)、ZB(zb)、ZC(zc)，如图 8-1-14 所示。

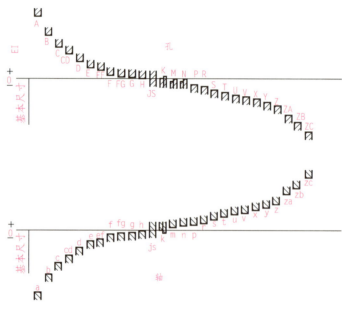

图 8-1-14 基本偏差系列图

在孔的基本偏差系列中，A 到 H 的基本偏差为下极限偏差，J 到 ZC 的基本偏差为上极限偏差，JS 的公差带对称配置在零线两侧，上、下偏差均可以作为基本偏差。

在轴的基本偏差系列中，a 到 h 的基本偏差为上极限偏差，j 到 zc 的基本偏差为下极限偏差，js 的公差带对称配置在零线两侧，上、下偏差均可以作为基本偏差。

H(h)的基本偏差为零。

孔、轴的基本偏差数值已经标准，见表 8-1-2 和表 8-1-3。

基本偏差决定了公差带的位置，另一个极限偏差由基本偏差和标准公差计算所得。

基本偏差为上极限偏差时：

$$EI = ES - IT \quad (ei = es - IT)$$

基本偏差为下极限偏差时：

$$ES = EI + IT \quad (es = ei + IT)$$

  做一做：
查表确定 ϕ40E7、ϕ52m6 的基本偏差及另一个极限偏差，并写出尺寸标注。

表 8-1-2 孔的基本偏差数值表

公差尺寸/mm		基本偏差数值																						
		下极限偏差 EI											上极限偏差 ES											
		所有标准公差等级											IT6	IT7	IT8	≤IT8	>IT8	≤IT8	>IT8	≤IT8	>IT8	≤IT7		
大于	至	A	B	C	CD	D	E	EF	F	FG	G	H	JS			J			K		M		N		P~ZC
—	3	+270	+140	+60	+34	+20	+14	+10	+6	+4	+2	0	偏差 =± $\frac{IT_n}{2}$, 式中, IT_n 是 IT 数值	+2	+4	+6	0	0	−2	−2	−4	−4	在大于 IT7 的相应数值上增加一个 Δ 值
3	6	+270	+140	+70	+46	+30	+20	+14	+10	+6	+4	0		+5	+6	+10	−1+Δ		−4+Δ	−4	−8+Δ	0	
6	10	+280	+150	+80	+56	+40	+25	+18	+13	+8	+5	0		+5	+8	+12	−1+Δ		−6+Δ	−6	−10+Δ	0	
10	14	+290	+150	+95		+50	+32		+16		+6	0		+6	+10	+15	−1 +Δ		−7 +Δ	−7	−12 +Δ	0	
14	18																						
18	24	+300	+160	+110		+65	+40		+20		+7	0		+8	+12	+20	−2 +Δ		−8 +Δ	−8	−15 +Δ	0	
24	30																						
30	40	+310	+170	+120		+80	+50		+25		+9	0		+10	+14	+24	−2 +Δ		−9 +Δ	−9	−17 +Δ	0	
40	50	+320	+180	+130																			
50	65	+340	+190	+140		+100	+60		+30		+10	0		+13	+18	+28	−2 +Δ		−11 +Δ	−11	−20 +Δ	0	
65	80	+360	+200	+150																			
80	100	+380	+220	+170		+120	+72		+36		+12	0		+16	+22	+34	−3 +Δ		−13 +Δ	−13	−23 +Δ	0	
100	120	+410	+240	+180																			
120	140	+460	+260	+200		+145	+85		+43		+14	0		+18	+26	+41	−3 +Δ		−15 +Δ	−15	−27 +Δ	0	
140	160	+520	+280	+210																			
160	180	+580	+310	+230																			
180	200	+660	+340	+240		+170	+100		+50		+15	0		+22	+30	+47	−4 +Δ		−17 +Δ	−17	−31 +Δ	0	
200	225	+740	+380	+260																			
225	250	+820	+420	+280																			
250	280	+920	+480	+300		+190	+110		+56		+17	0		+25	+36	+55	−4 +Δ		−20 +Δ	−20	−34 +Δ	0	
280	315	+1 050	+540	+330																			

单元八 机械零件的精度

续表

公差尺寸/mm		基本偏差数值																			
		下极限偏差 EI											上极限偏差 ES								
		所有标准公差等级											IT6	IT7	IT8	≤IT8	>IT8	≤IT8	>IT8	≤IT7	
大于	至	A	B	C	CD	D	E	EF	F	FG	G	H	JS			J		K		M	N	P~ZC
																				≤IT8	>IT8	
315	355	+1 200	+600	+360		+210	+125		+62		+18	0	偏差=± $\frac{IT_n}{2}$,式中,IT_n是IT数值	+29	+39	+60	−4+Δ	−21	−21+Δ	−37+Δ	0	在大于IT7的相应数值上增加一个Δ值
355	400	+1 350	+680	+400		+230	+135		+68		+20	0		+33	+43	+66	−5+Δ	−23	−23+Δ	−40+Δ	0	
400	450	+1 500	+760	+440		+260	+145		+76		+22	0					0	−26		−44		
450	500	+1 650	+840	+480		+290	+160		+80		+24	0					0	−30		−50		
500	560					+320	+170		+86		+26	0					0	−34		−56		
560	630					+350	+195		+98		+28	0					0	−40		−66		
630	710					+390	+220		+110		+30	0					0	−48		−78		
710	800					+430	+240		+120		+32	0					0	−58		−92		
800	900					+480	+260		+130		+34	0					0	−68		−110		
900	1 000					+520	+290		+145		+38	0					0	−76		−135		
1 000	1 120																					
1 120	1 250																					
1 250	1 400																					
1 400	1 600																					
1 600	1 800																					
1 800	2 000																					
2 000	2 240																					
2 240	2 500																					
2 500	2 800																					
2 800	3 150																					

续表

公差尺寸/mm		基本偏差数值															Δ值					
		上极限偏差 ES															标准公差等级					
		标准公差等级大于 IT7																				
大于	至	P	R	S	T	U	V	X	Y	Z	ZA	ZB	ZC			IT3	IT4	IT5	IT6	IT7	IT8
—	3	−6	−10	−14		−18		−20		−26	−32	−40	−60			0	0	0	0	0	0
3	6	−12	−15	−19		−23		−28		−35	−42	−50	−80			1	1.5	1	3	4	6
6	10	−15	−19	−23		−28		−34		−42	−52	−67	−97			1	1.5	2	3	6	7
10	14	−18	−23	−28		−33		−40		−50	−64	−90	−130			1	2	3	3	7	9
14	18	−18	−23	−28		−33	−39	−45		−60	−77	−108	−150			1	2	3	3	7	9
18	24	−22	−28	−35		−41	−47	−54	−63	−73	−98	−136	−188			1.5	2	3	4	8	12
24	30	−22	−28	−35	−41	−48	−55	−64	−75	−88	−118	−160	−218			1.5	2	3	4	8	12
30	40	−26	−34	−43	−48	−60	−68	−80	−94	−112	−148	−200	−274			1.5	3	4	5	9	14
40	50	−26	−34	−43	−54	−70	−81	−97	−114	−136	−180	−242	−325			1.5	3	4	5	9	14
50	65	−32	−41	−53	−66	−87	−102	−122	−144	−172	−226	−300	−405			2	3	5	6	11	16
65	80	−32	−43	−59	−75	−102	−120	−146	−174	−210	−274	−360	−480			2	3	5	6	11	16
80	100	−37	−51	−71	−91	−124	−146	−178	−214	−258	−335	−445	−585			2	4	5	7	13	19
100	120	−37	−54	−79	−104	−144	−172	−210	−254	−310	−400	−525	−690			2	4	5	7	13	19
120	140	−43	−63	−92	−122	−170	−202	−248	−300	−365	−470	−620	−800			3	4	6	7	15	23
140	160	−43	−65	−100	−134	−190	−228	−280	−340	−415	−535	−700	−900			3	4	6	7	15	23
160	180	−43	−68	−108	−146	−210	−252	−310	−380	−465	−600	−780	−1 000			3	4	6	7	15	23
180	200	−50	−77	−122	−166	−236	−284	−350	−425	−520	−670	−880	−1 150			3	4	6	9	17	26
200	225	−50	−80	−130	−180	−258	−310	−385	−470	−575	−740	−960	−1 250			3	4	6	9	17	26
225	250	−50	−84	−140	−196	−284	−340	−425	−520	−640	−820	−1 050	−1 350			3	4	6	9	17	26
250	280	−56	−94	−158	−218	−315	−385	−475	−580	−710	−920	−1 200	−1 550			4	4	7	9	20	29
280	315	−56	−98	−170	−240	−350	−425	−525	−650	−790	−1 000	−1 300	−1 700			4	4	7	9	20	29

269

续表

公称尺寸/mm		基本偏差数值 上极限偏差 ES 标准公差等级大于 IT7											Δ值 标准公差等级						
大于	至	P	R	S	T	U	V	X	Y	Z	ZA	ZB	ZC	IT3	IT4	IT5	IT6	IT7	IT8
315	355	−62	−108	−190	−268	−390	−475	−590	−730	−900	−1 150	−1 500	−1 900	4	5	7	11	21	32
355	400		−114	−208	−294	−435	−530	−660	−820	−1 000	−1 300	−1 650	−2 100						
400	450	−68	−126	−232	−330	−490	−595	−740	−920	−1 100	−1 450	−1 850	−2 400	5	5	7	13	23	34
450	500		−132	−252	−360	−540	−660	−820	−1 000	−1 250	−1 600	−2 100	−2 600						
500	560	−78	−150	−280	−400	−600													
560	630		−155	−310	−450	−660													
630	710	−88	−175	−340	−500	−740													
710	800		−185	−380	−560	−840													
800	900	−100	−210	−430	−620	−940													
900	1 000		−220	−470	−680	−1 050													
1 000	1 120	−120	−250	−520	−780	−1 150													
1 120	1 250		−260	−580	−810	−1 300													
1 250	1 400	−140	−300	−640	−960	−1 450													
1 400	1 600		−330	−720	−1 050	−1 600													
1 600	1 800	−170	−370	−820	−1 200	−1 850													
1 800	2 000		−400	−920	−1 350	−2 000													
2 000	2 240	−195	−440	−1 000	−1 500	−2 300													
2 240	2 500		−460	−1 100	−1 650	−2 500													
2 500	2 800	−240	−550	−1 250	−1 900	−2 900													
2 800	3 150		−580	−1 400	−2 100	−3 200													

注：1. 公称尺寸小于或等于 1 mm 时，基本偏差 A 和 B 及大于 IT8 的 N 均不采用。公差带 JS7～JS11，若 IT_n 数值是奇数，则取偏差 $=\pm\dfrac{IT_{n-1}}{2}$。

2. 对小于或等于 IT8 的 K、M、N 和小于或等于 IT7 的 P～ZC，所需 Δ 值从表内右侧选取。例如，18～30 mm 段的 K7，Δ = 8 μm，ES = −2+8 = +6（μm）；18～30 mm 段的 S6，Δ = 4 μm，所以 ES = −35+4 = −31（μm）。特殊情况：250～315 mm 段的 M6，ES = −9 μm（代替 −11 μm）。

表 8-1-3　轴的基本偏差数值表

基本偏差数值（上极限偏差）

| 基本尺寸/mm | | \multicolumn{11}{c}{所有标准公差等级} |
大于	至	a	b	c	cd	d	e	ef	f	fg	g	h	js
—	3	−270	−140	−60	−34	−20	−14	−10	−6	−4	−2	0	偏差 $=\pm\dfrac{IT_n}{2}$，式中，IT_n，是IT数值
3	6	−270	−140	−70	−46	−30	−20	−14	−10	−6	−4	0	
6	10	−280	−150	−80	−56	−40	−25	−18	−13	−8	−5	0	
10	14	−290	−150	−95		−50	−32		−16		−6	0	
14	18												
18	24	−300	−160	−110		−65	−40		−20		−7	0	
24	30												
30	40	−310	−170	−120		−80	−50		−25		−9	0	
40	50	−320	−180	−130									
50	65	−340	−190	−140		−100	−60		−30		−10	0	
65	80	−360	−200	−150									
80	100	−380	−220	−170		−120	−72		−36		−12	0	
100	120	−410	−240	−180									
120	140	−460	−260	−200		−145	−85		−43		−14	0	
140	160	−520	−280	−210									
160	180	−580	−310	−230									
180	200	−660	−340	−240		−170	−100		−50		−15	0	
200	225	−740	−380	−260									
225	250	−820	−420	−280									
250	280	−920	−480	−300		−190	−110		−56		−17	0	
280	315	−1 050	−540	−330									

续表

基本尺寸/mm		基本偏差数值（上极限偏差 es）											
		所有标准公差等级											
大于	至	a	b	c	cd	d	e	ef	f	fg	g	h	js
315	355	−1 200	−600	−360		−210	−125		−62		−18	0	偏差 =± $\frac{IT_n}{2}$，式中，IT_n 是 IT 数值
355	400	−1 350	−680	−400		−230	−135		−68		−20	0	
400	450	−1 500	−760	−440		−260	−145		−76		−22	0	
450	500	−1 650	−840	−480		−290	−160		−80		−24	0	
500	560					−320	−170		−86		−26	0	
560	630					−350	−195		−98		−28	0	
630	710					−390	−220		−110		−30	0	
710	800					−430	−240		−120		−32	0	
800	900					−480	−260		−130		−34	0	
900	1 000					−520	−290		−145		−38	0	
1 000	1 120												
1 120	1 250												
1 250	1 400												
1 400	1 600												
1 600	1 800												
1 800	2 000												
2 000	2 240												
2 240	2 500												
2 500	2 800												
2 800	3 150												

续表

课题一 极限与配合

基本偏差数值（下极限偏差 ei）

基本尺寸 /mm		所有标准公差等级																			
大于	至	IT5和IT6	IT7	IT8	IT4~IT7	≤IT3 >IT7	m	n	p	r	s	t	u	v	x	y	z	za	zb	zc
			j		k	k														
—	3	-2	-4	-6	0	0	+2	+4	+6	+10	+14		+18		+20		+26	+32	+40	+60
3	6	-2	-4		+1	0	+4	+8	+12	+15	+19		+23		+28		+35	+42	+50	+80
6	10	-2	-5		+1	0	+6	+10	+15	+19	+23		+28		+34		+42	+52	+67	+97
10	14	-3	-6		+1	0	+7	+12	+18	+23	+28		+33		+40		+50	+64	+90	+130
14	18	-3	-6		+1	0	+7	+12	+18	+23	+28		+33	+39	+45		+60	+77	+108	+150
18	24	-4	-8		+2	0	+8	+15	+22	+28	+35		+41	+47	+54	+63	+73	+98	+136	+188
24	30	-4	-8		+2	0	+8	+15	+22	+28	+35	+41	+48	+55	+64	+75	+88	+118	+160	+218
30	40	-5	-10		+2	0	+9	+17	+26	+34	+43	+48	+60	+68	+80	+94	+112	+148	+200	+274
40	50	-5	-10		+2	0	+9	+17	+26	+34	+43	+54	+70	+81	+97	+114	+136	+180	+242	+325
50	65	-7	-12		+2	0	+11	+20	+32	+41	+53	+66	+87	+102	+122	+144	+172	+226	+300	+405
65	80	-7	-12		+2	0	+11	+20	+32	+43	+59	+75	+102	+120	+146	+174	+210	+274	+360	+480
80	100	-9	-15		+3	0	+13	+23	+37	+51	+71	+91	+124	+146	+178	+214	+258	+335	+445	+585
100	120	-9	-15		+3	0	+13	+23	+37	+54	+79	+104	+144	+172	+210	+254	+310	+400	+525	+690
120	140	-11	-18		+3	0	+15	+27	+43	+63	+92	+122	+170	+202	+248	+300	+365	+470	+620	+800
140	160	-11	-18		+3	0	+15	+27	+43	+65	+100	+134	+190	+228	+280	+340	+415	+535	+700	+900
160	180	-11	-18		+3	0	+15	+27	+43	+68	+108	+146	+210	+252	+310	+380	+465	+600	+780	+1 000
180	200	-13	-21		+4	0	+17	+31	+50	+77	+122	+166	+236	+284	+350	+425	+520	+670	+880	+1 150
200	225	-13	-21		+4	0	+17	+31	+50	+80	+130	+180	+258	+310	+385	+470	+575	+740	+960	+1 250
225	250	-13	-21		+4	0	+17	+31	+50	+84	+140	+196	+284	+340	+425	+520	+640	+820	+1 050	+1 350
250	280	-16	-26		+4	0	+20	+34	+56	+94	+158	+218	+315	+385	+475	+580	+710	+920	+1 200	+1 550
280	315	-16	-26		+4	0	+20	+34	+56	+98	+170	+240	+350	+425	+525	+650	+790	+1 000	+1 300	+1 700

续表

基本尺寸 /mm		基本偏差数值（下极限偏差 ei）																	
		IT5 和 IT6	IT7	IT8	IT4~IT7	≤IT3 >IT7	所有标准公差等级/μm												
大于	至	j	j	j	k	k	m	n	p	r	s	t	u	v	x	y	z	za	zb	zc
315	355	−18	−28		+4	0	+21	+37	+62	+108	+190	+268	+390	+475	+590	+730	+900	+1 150	+1 500	+1 900
355	400	−18	−28		+4	0	+21	+37	+62	+114	+208	+294	+435	+530	+660	+820	+1 000	+1 300	+1 650	+2 100
400	450	−20	−32		+5	0	+23	+40	+68	+126	+232	+330	+490	+595	+740	+920	+1 100	+1 450	+1 850	+2 400
450	500	−20	−32		+5	0	+23	+40	+68	+132	+252	+360	+540	+660	+820	+1 000	+1 250	+1 600	+2 100	+2 600
500	560					0	+26	+44	+78	+150	+280	+400	+600							
560	630					0	+26	+44	+78	+155	+310	+450	+660							
630	710					0	+30	+50	+88	+175	+340	+500	+740							
710	800					0	+30	+50	+88	+185	+380	+560	+840							
800	900					0	+34	+56	+100	+210	+430	+620	+940							
900	1 000					0	+34	+56	+100	+220	+470	+680	+1 050							
1 000	1 120					0	+40	+66	+120	+250	+520	+780	+1 150							
1 120	1 250					0	+40	+66	+120	+260	+580	+840	+1 300							
1 250	1 400					0	+48	+78	+140	+300	+640	+960	+1 450							
1 400	1 600					0	+48	+78	+140	+330	+720	+1 050	+1 600							
1 600	1 800					0	+58	+92	+170	+370	+820	+1 200	+1 850							
1 800	2 000					0	+58	+92	+170	+400	+920	+1 350	+2 000							
2 000	2 240					0	+68	+110	+195	+440	+1 000	+1 500	+2 300							
2 240	2 500					0	+68	+110	+195	+460	+1 100	+1 650	+2 500							
2 500	2 800					0	+76	+135	+240	+550	+1 250	+1 900	+2 900							
2 800	3 150					0	+76	+135	+240	+580	+1 400	+2 100	+3 200							

注：基本尺寸小于或等于1 mm时，基本偏差 a 和 b 均不采用。公差带 js7~js11，若 IT_n 数值是奇数，则取偏差 $=\pm\dfrac{IT_n-1}{2}$。

3. 公差带代号

一个确定的公差带由公差带位置和公差带的大小两部分组成，公差带的位置由基本偏差确定，公差带的大小由标准公差确定，即公差带代号由基本偏差代号和标准公差等级组成。

孔、轴公差带代号由基本偏差代号与公差等级数字组成。例如，孔公差带代号 H9、D9、T7，轴公差带代号 h6、d8、u6。

尺寸公差带在零件图上的标注有 3 种形式，如图 8-1-15 所示。

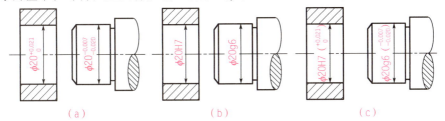

图 8-1-15 尺寸公差带的标注

（a）标准偏差值；（b）标注公差带代号；（c）标注公差代号和偏差值

4. 基准制

不同孔和轴的公差带位置可以得到不同的配合，为了便于现代化生产，简化标准，国家标准对配合固定了两种基准制：基孔制和基轴制。

（1）基孔制。基孔制是基本偏差为一定的孔的公差带，与不同基本偏差的轴的公差带形成各种配合的一种制度。基孔制中孔为基准孔，其基本偏差代号为"H"，其基本偏差为下极限偏差，数值为零，如图 8-1-16（a）所示。

基孔制

（2）基轴制。基轴制是基本偏差为一定的轴的公差带，与不同基本偏差的孔的公差带形成各种配合的一种制度。基轴制中轴为基准轴，其基本偏差代号为"h"，其基本偏差为上极限偏差，数值为零，如图 8-1-16（b）所示。

基轴制

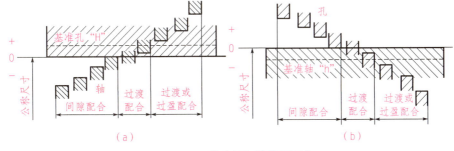

图 8-1-16 基孔制与基轴制配合

（a）基孔制配合；（b）基轴制配合

（3）配合代号。国家标准规定，配合代号用孔、轴公差带代号的组合表示，写成分数形式，分子为孔的公差带代号，分母为轴的公差带代号。例如，$\phi 40H8/f7$ 或 $\phi 40 \dfrac{H8}{f7}$，其含义是：公称尺寸为 $\phi 40$ mm，孔的公差带代号为 H8，轴的公差带代号为 f7，为基孔制间隙配合。

（4）配合代号的标注。配合代号的标注方法如图 8-1-17 所示。

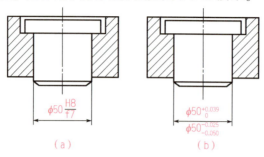

图 8-1-17　配合代号的标注
（a）标注公差带代号；（b）标注偏差值

五、公差带与配合的选用

在机械制造中，合理地选用公差带与配合对提高产品的性能、质量，以及降低制造成本有重大作用。公差带与配合的选择就是公差等级、基准制和配合种类的选择，此三者是有机联系的，往往同时进行选择。

1. 公差等级的选用

选择公差等级时要正确处理机器零件的使用性能和制造工艺及成本之间的关系。一般来说，公差等级高，使用性能好，但零件加工困难，生产成本高；反之，公差等级低，零件加工容易，生产成本低，但零件使用性能较差。总的选择原则是：在满足使用要求的条件下，尽量选取低的公差等级。

2. 公差带的选用

标准规定了一般用途的公差带，孔 105 种，轴 116 种；常用公差带孔 43 种，轴 59 种；优先选用的公差带，孔和轴各有 13 种，如图 8-1-18 和图 8-1-19 所示。设计时优先选用圆圈中的优先公差带，其次选用方框中的常用公差带，最后选用其他公差带。

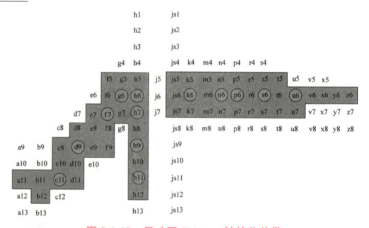

图 8-1-18　尺寸至 500 mm 轴的公差带

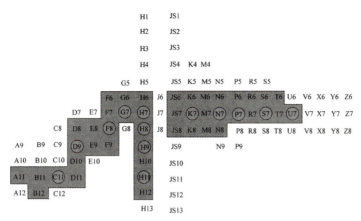

图 8-1-19 尺寸至 500 mm 孔的公差带

3. 配合种类的选用

国家标准在基本尺寸至 500 mm 范围内，对基孔制规定了 59 种常用配合，见表 8-1-4；对基轴制规定了 47 种常用配合，见表 8-1-5。在常用配合中又对基孔制、基轴制各规定了 13 种优先配合，带"▼"的配合为优先配合。

表 8-1-4 基孔制常用和优先配合

基准孔	轴																			
	a	b	c	d	e	f	g	h	js	k	m	n	p	r	s	t	u	v	x	y	z
	间隙配合								过渡配合				过盈配合								
H6						$\frac{H6}{f5}$	$\frac{H6}{g5}$	$\frac{H6}{h5}$	$\frac{H6}{js5}$	$\frac{H6}{k5}$	$\frac{H6}{m5}$	$\frac{H6}{n5}$	$\frac{H6}{p5}$	$\frac{H6}{r5}$	$\frac{H6}{s5}$	$\frac{H6}{t5}$					
H7						$\frac{H7}{f6}$ ▼	$\frac{H7}{g6}$ ▼	$\frac{H7}{h6}$ ▼	$\frac{H7}{js6}$	$\frac{H7}{k6}$ ▼	$\frac{H7}{m6}$	$\frac{H7}{n6}$ ▼	$\frac{H7}{p6}$ ▼	$\frac{H7}{r6}$	$\frac{H7}{s6}$ ▼	$\frac{H7}{t6}$	$\frac{u7}{u6}$ ▼	$\frac{H7}{v6}$	$\frac{H7}{x6}$	$\frac{H7}{y6}$	$\frac{H7}{z6}$
h8					$\frac{H8}{e7}$	$\frac{H8}{f7}$ ▼	$\frac{H8}{g7}$	$\frac{H8}{h7}$	$\frac{H8}{js7}$	$\frac{H8}{k7}$	$\frac{H8}{m7}$	$\frac{H8}{n7}$	$\frac{H8}{p7}$	$\frac{H8}{r7}$	$\frac{H8}{s7}$	$\frac{H8}{t7}$	$\frac{H8}{u7}$				
				$\frac{H8}{d8}$	$\frac{H8}{e8}$	$\frac{H8}{f8}$		$\frac{H8}{h8}$													
h9			$\frac{H9}{c9}$	$\frac{H9}{d9}$ ▼	$\frac{H9}{e9}$	$\frac{H9}{f9}$		$\frac{H9}{h9}$ ▼													
h10			$\frac{H10}{c10}$	$\frac{H10}{d10}$				$\frac{H10}{h10}$													
h11	$\frac{H11}{a11}$	$\frac{H11}{b11}$	$\frac{H11}{c11}$ ▼	$\frac{H11}{d11}$				$\frac{H11}{h11}$ ▼													
h12		$\frac{H12}{b12}$						$\frac{H12}{h12}$													

表 8-1-5 基轴制常用和优先配合

基准值	孔																				
	A	B	C	D	E	F	G	H	JS	K	M	N	P	R	S	T	U	V	X	Y	Z
	间隙配合								过渡配合				过盈配合								
h5						$\frac{F6}{h5}$	$\frac{G6}{h5}$	$\frac{H6}{h5}$	$\frac{JS6}{h5}$	$\frac{K6}{h5}$	$\frac{M6}{h5}$	$\frac{N6}{h5}$	$\frac{P6}{h5}$	$\frac{R6}{h5}$	$\frac{S6}{h5}$	$\frac{T6}{h5}$					
h6						$\frac{F7}{h6}$	$\frac{G7}{h6}$	$\frac{H7}{h6}$	$\frac{JS7}{h6}$	$\frac{K7}{h6}$	$\frac{M7}{h6}$	$\frac{N7}{h6}$	$\frac{P7}{h6}$	$\frac{R7}{h6}$	$\frac{S7}{h6}$	$\frac{T7}{h6}$	$\frac{U7}{h6}$				
h7					$\frac{E8}{h7}$	$\frac{F8}{h7}$		$\frac{H8}{h7}$	$\frac{JS8}{h7}$	$\frac{K8}{h7}$	$\frac{M8}{h7}$	$\frac{N8}{h7}$									
h8				$\frac{D8}{h8}$	$\frac{E8}{h8}$	$\frac{F8}{h8}$		$\frac{H8}{h8}$													
h9				$\frac{D9}{h9}$	$\frac{E9}{h9}$	$\frac{F9}{h9}$		$\frac{H9}{h9}$													
h10				$\frac{H10}{h10}$				$\frac{H10}{h10}$													
h11	$\frac{A11}{h11}$	$\frac{B11}{h11}$	$\frac{C11}{h11}$	$\frac{D11}{h11}$				$\frac{H11}{h11}$													
h12		$\frac{B12}{h12}$						$\frac{H12}{h12}$													

4. 基准制的选用

1) 一般情况下应优先选用基孔制，从而可减少定尺寸刀具和量具的品种、规格，有利于刀具和量具的生产和储备，从而降低成本。

2) 与标准件配合时，基准制的选择通常依标准件而定。例如，滚动轴承内圈与轴的配合采用基孔制，而滚动轴承外圈与孔的配合采用基轴制，如图 8-1-20 所示。

3) 为了满足配合的特殊要求，允许采用混合配合。例如，当机器上出现一个非基准孔（轴）和两个以上的轴（孔）要求组成不同性质的配合时，其中肯定至少有一个为混合配合。如图 8-1-21 所示的轴承座孔与轴承外径和端盖的配合：轴承外径与轴承座孔的配合按规定为基轴制过渡配合，因而轴承座孔为非基准孔；而轴承座孔与端盖凸缘之间应是较低精度的间隙配合，此时凸缘公差带必须置于轴承座孔公差带的下方，因而端盖凸缘为非基准轴。

图 8-1-20 与滚动轴承配合的基准制选择

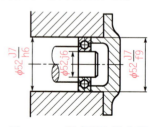

图 8-1-21 混合配合的应用

知识梳理

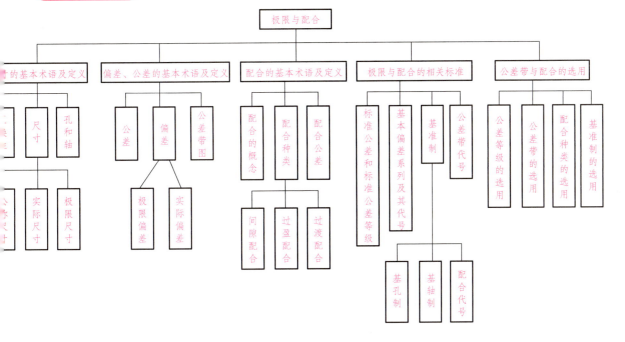

课题二　几何公差

学习目标

1. 了解几何公差的基本概念；
2. 理解几何公差及公差带；
*3. 初步掌握形状公差项目、基准、公差数值的选用。

课题导入

零件在加工过程中，由于受机床精度、加工方法等诸多因素的影响，表面、轴线、中心对称平面等的实际形状和位置与所要求的理想形状和位置，不可避免地存在误差。这方面的误差越大，零件的装配性能和使用性能就越低。因此，对于一些重要的零件，除了给定尺寸公差以外，还需要给定零件形状与位置误差的大小，简称几何公差。

单 元 八　机械零件的精度

试一试：
　　图 8-2-1 所示的零件图中，除了给定的尺寸公差以外，还对形状和位置提出了哪些要求？

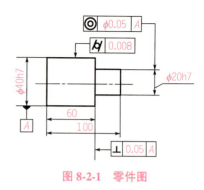

图 8-2-1　零件图

知识链接

一、几何公差的基本概念

1. 零件的几何要素

任何零件，尽管它们的形状、尺寸等几何特征不同，但是它们都是由若干个点、线、面构成的。我们把构成零件的这些点、线、面，统称为零件的几何要素，简称要素，如图 8-2-2 所示。

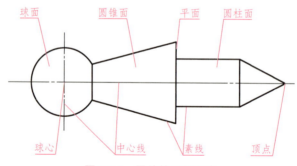

图 8-2-2　零件的几何要素

2. 组成要素

组成要素是指零件上的面或实际存在的线。

3. 导出要素

导出要素是指由一个或几个组成要素得到的中心点、中心线或中心面，如图 8-2-2 中的球心即为由组成要素球面得到的导出要素。

4. 公称组成要素

公称组成要素是指由技术制图或其他方法确定的理论正确组成要素，如图 8-2-3（a）所示。

5. 公称导出要素

公称导出要素是指由一个或几个公称组成要素导出的中心点、中心线或中心面，如图 8-2-3(a) 所示。

6. 实际(组成)要素

实际(组成)要素是指由接近实际(组成)要素所限定的工件实际表面的组成要素部分，如图 8-2-3(b) 所示。

7. 提取组成要素

提取组成要素是指按规定方法，由实际(组成)要素提取有限数目的点所形成的实际(组成)要素的近似替代，如图 8-2-3(c) 所示。

8. 提取导出要素

提出导出要素是指由一个或几个提取组成要素得到的中心点、中心线或中心面，如图 8-2-3(c) 所示。

9. 拟合组成要素

拟合组成要素是指按规定的方法(最小二乘法)，由提取组成要素形成的并具有理想形状的组成要素，如图 8-2-3(d) 所示。

10. 拟合导出要素

拟合导出要素是指一个或几个拟合组成要素导出的中心点、中心线或中心面，如图 8-2-3(d) 所示。

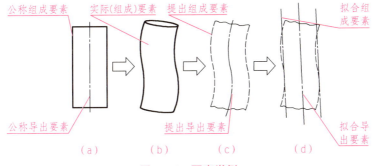

图 8-2-3 要素举例
(a)设计图形；(b)制造零件；(c)检测零件；(d)评定过程

11. 被测要素

被测要素是指给出了形状或位置公差要求的要素，即需要研究和测量的要素，是检测的对象。如图 8-2-1 中，对 $\phi 20h7$ 轴线提出了同轴度的要求，对 $\phi 40h7$ 的圆柱面提出了圆柱度的要求，它们都是被测要素。

12. 基准要素

基准要素是指用于确定被测要素方向或位置的要素。作为基准要素的理想要素简称基准。如图 8-2-1 中，ϕ20h7 的轴线对 ϕ40h7 的轴线有同轴度的要求，ϕ40h7 的轴线就是基准要素。

二、几何公差标准

几何公差是评定零件几何精度的重要技术指标。为了统一零件在设计、加工和检测等过程中对几何公差的认识和要求，国家制定了几何公差的标准，主要有 GB/T 1182—2008《产品几何技术规范（GPS）几何公差 形状、方向、位置和跳动公差标注》、GB/T 4249—2009《产品几何技术规范（GPS）公差原则》、GB/T 16671—2009《产品几何技术规范（GPS）几何公差 最大实体要求、最小实体要求和可逆要求》、GB/T 17851—2010《产品几何技术规范（GPS）几何公差 基准和基准体系》。

三、公差项目及符号

根据国家标准 GB/T 1182—2008《产品几何技术规范（GPS）几何公差 形状、方向、位置和跳动公差标注》，几何公差有形状公差、方向公差、位置公差和跳动公差 4 个类型，14 个公差项目。各个公差项目的名称和符号见表 8-2-1。

表 8-2-1　几何公差项目及符号

公差类型	几何特征	符　号	有无基准
形状公差	直线度	—	无
	平面度	▱	无
	圆度	○	无
	圆柱度	⌭	无
	线轮廓度	⌒	无
	面轮廓度	⌓	无
方向公差	平行度	∥	有
	垂直度	⊥	有
	倾斜度	∠	有
	线轮廓度	⌒	有
	面轮廓度	⌓	有

续表

公差类型	几何特征	符号	有无基准
位置公差	位置度	⊕	有或无
	同心度（用于中心点）	◎	有
	同轴度（用于轴线）	◎	有
	对称度	═	有
	线轮廓度	⌒	有
	面轮廓度	⌒	有
跳动公差	圆跳动	↗	有
	全跳动	↗↗	有

四、几何公差带的要素

几何公差带是用来限制被测实际要素变动的区域。该区域可以是平面区域或空间区域，只要被测实际要素能全部落在给定的公差带内，就表明该被测实际要素合格。

几何公差带具有形状、大小、方向和位置4个要素。

1. 公差带的形状

公差带的形状由公差项目及被测要素与基准要素的几何特征来确定，见表8-2-2。

表8-2-2 公差带的形状

平面区域		空间区域	
两平行直线	 ═	球	
两等距曲线	 ⌒	圆柱面	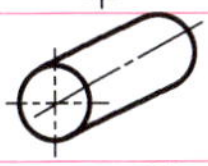
两同心圆	 ◎	两同轴圆柱面	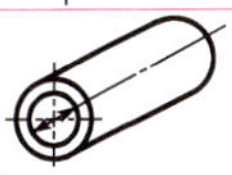
圆	 ⊕	两平行平面	
		两等距曲面	

单元八 机械零件的精度

2. 公差带的大小

公差带的大小是实际被测要素的形状和位置所允许变动的全量,即形位公差值 t。公差值可以是一个宽度(高度),也可以是一个直径。若公差带是圆形或圆柱形的,则在公差值前加注 ϕ,如是球形的,则加注 $S\phi$。

3. 公差带的方向

除非另有规定,公差带的宽度方向就是给定的方向或垂直于被测要素的方向。

4. 公差带的位置

在位置公差中,公差带的位置有理论正确尺寸定位和尺寸公差定位两种方法。理论正确尺寸是设计者对被测要素的理想要求,所以是不带公差的理想尺寸。若被测要素采用理论正确尺寸定位,则公差带的位置是固定的;若采用尺寸公差定位,则位置公差带的位置处于尺寸公差内浮动的状态,即位置公差带可以在尺寸公差带的区域内变动。

五、几何公差各项目的含义

1. 形状公差与公差带

形状公差限制形体本身形状误差的大小,其中直线度、平面度、圆度和圆柱度 4 个项目为单一要素,属于形状公差(见表 8-2-3～表 8-2-6);对于线、面轮廓度中无基准要求的应看做形状公差。

表 8-2-3 直线度公差带定义及其标注示例和解释

符号	公差带定义		标注示例和解释
一	在给定的平面内	在给定平面内,公差带是距离为公差值 t 的两条直线之间的区域	被测表面的素线,必须位于平行于图样所示投影而且距离为公差 0.1 mm 的两平行直线内
	在给定的方向上	在给定方向上,公差带是距离为公差值 t 的两平行平面之间的区域	被测圆柱面的任一素线必须位于距离为公差 0.1 mm 的两平行平面内

续表

符号	公差带定义	标注示例和解释
— 在任意方向上	若在公差值前加注 φ，则公差带是直径为公差值 t 的圆柱面内的区域	被测圆柱的轴线必须位于直径为 φ0.08 mm 的圆柱面内

表 8-2-4　平面度公差带定义及其标注示例和解释

符号	公差带定义	标注示例和解释
▱	公差带是距离为公差值 t 的两平行平面的区域	被测表面必须位于距离为公差值 0.08 mm 的两平行平面内

表 8-2-5　圆度公差带定义及其标注示例和解释

符号	公差带定义	标注示例和解释
○	公差带是在同一正横截面上，半径差为公差值 t 的两同心圆之间的区域	被测圆柱面上任一正横截面上的圆周必须位于半径差为公差值 0.02 mm 的两同心圆之间 被测圆锥面上任一正横截面上的圆周必须位于半径差为公差值 0.02 mm 的两同心圆之间 被测球通过球心任一横截面上的圆周必须位于相应截面上半径差为公差值 0.03 mm 的两同心圆之间

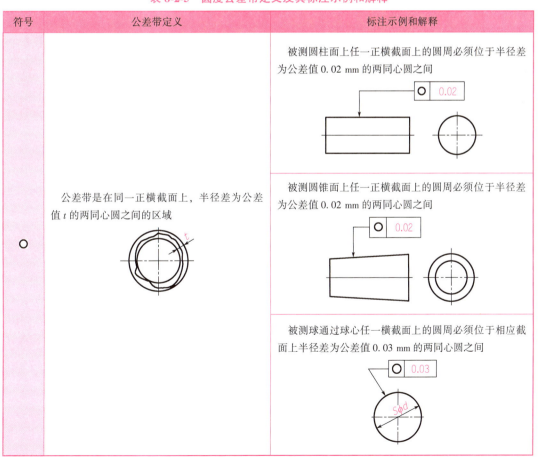

表 8-2-6 圆柱度公差带定义及其标注示例和解释

符号	公差带定义	标注示例和解释
⌭	公差带是半径差为公差值 t 的两同心圆柱面之间的区域	被测圆柱面必须位于半径差为 0.1 mm 的两同轴圆柱面之间

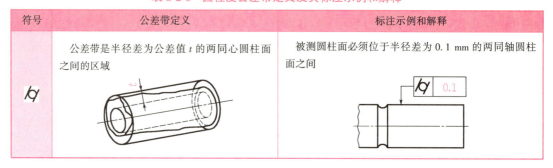

2. 轮廓度公差与公差带

轮廓度公差中的面轮廓和线轮廓公差，在有基准要求时是位置公差，公差带除了有大小和形状以外，位置可能固定，也可能浮动。轮廓度公差带定义及标注示例和解释见表 8-2-7。

表 8-2-7 轮廓度公差带定义及标注示例和解释

项目	符号	公差带定义	标准和解释	示例	
线轮廓度	⌒	公差带是包络一系列直径为公差值 t 的圆的两包络线之间的区域。诸圆的圆心位于具有理论正确几何形状的线上（无基准要求）	在平行于图样所示投影面的任一横截面上，被测轮廓线必须位于包络一系列直径为公差值 t，且圆心位于具有理论正确几何形状的线上的两包络线之间		
		公差带（有基准要求）	在平行于图样所示的在投影面的任一横截面上提取实际轮廓线必须位于包络一系列直径为公差值 t，且圆心位于由基准平面 A 和 B 所确定的理论正确几何形状上的两线上包络线之间		

续表

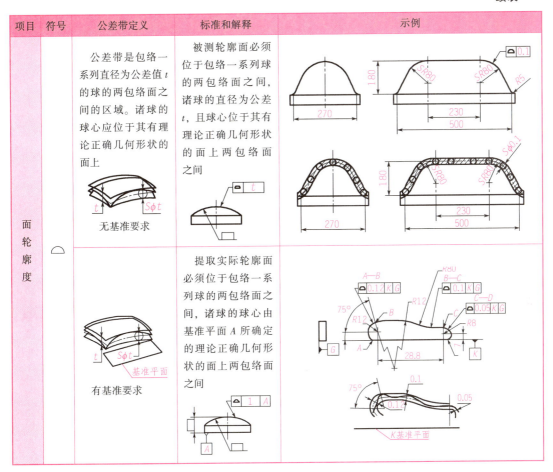

3. 方向公差与公差带

方向公差带是关联实际要素对基准在方向上允许的全变动量。方向公差有平行度、垂直度和倾斜度3项，它们都有面对面、线对线和线对面等几种情况。平行度、倾斜度、垂直度公差带定义及标注示例和解释见表8-2-8～表8-2-10。

表8-2-8　平行度公差带定义及标注示例和解释

续表

符号		公差带定义	标注示例和解释
//	面对线平行度公差	公差带是距离为公差值 t，且平行于基准线的两平行平面之间的区域	被测表面必须位于距离为公差值 0.1 mm 且平行于基准线 C（基准轴线）的两平行平面之间
	面对面平行度公差	公差带是距离为公差值 t，且平行于基准平面的两平面之间的区域	被测表面必须位于距离为公差值 0.01 mm，且平行于基准表面 D（基准平面）的两平行平面之间
	线对线平行度公差	公差带是两对互相垂直的距离分别为 t_1 和 t_2，且平行于基准线的两平行平面之间的区域	被测轴线必须位于距离分别为公差值 0.1 mm 和 0.2 mm 的在给定的互相垂直方向上且平行于基准轴线的两平行平面之间

续表

符号	公差带定义	标注示例和解释
∥	线对线平行度公差：若在公差值前加注 φ，则公差带是直径为公差值 t，且平行于基准线的圆柱面内的区域 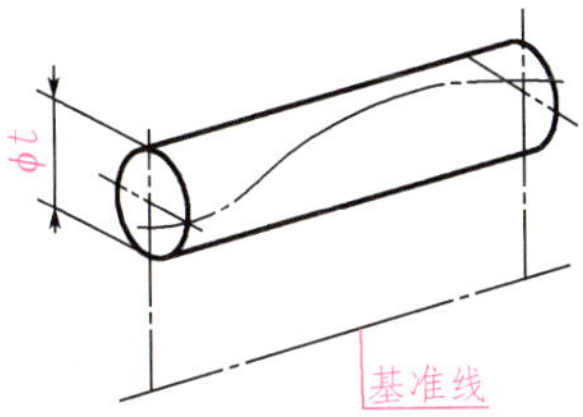	被测轴线必须位于直径为公差值 0.03 mm 且平行于基准线的圆柱面内 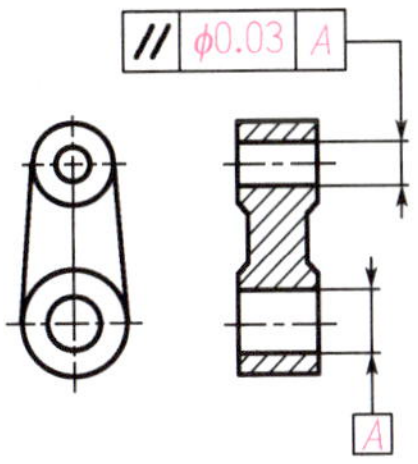 ∥ φ0.03 A
∥	线对线平行度公差：公差带是距离为公差值 t 且平行于基准线并位于给定方向上的两平行平面之间的区域	被测轴线必须位于距离为公差值 0.1 mm 且在给定方向上平行于基准轴线的两平行平面之间 ∥ 0.1 A；被测轴线必须位于距离为公差值 0.2 mm 且在给定方向上平行于基准轴线的两平行平面之间 ∥ 0.2 A

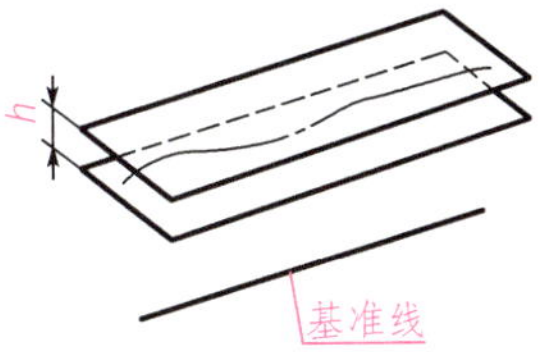

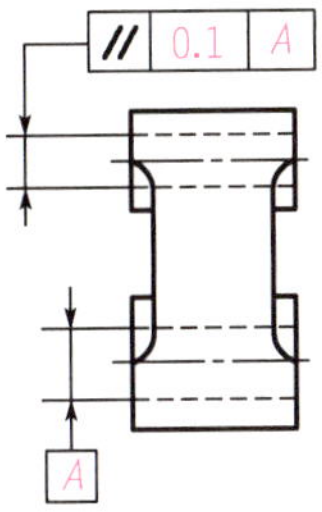

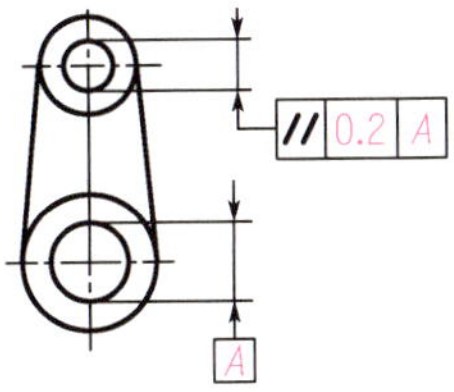

表 8-2-9　倾斜度公差带定义及标注示例和解释

符号	公差带定义	标注示例和解释
∠	线对线倾斜度公差：被测线和基准线在同一平面内：公差带是距离为公差值 t 且与基准线成一给定角度的平行平面之间的区域 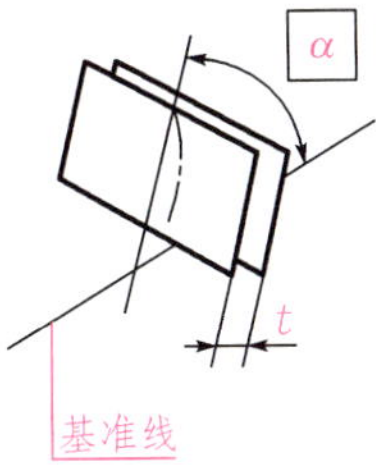	被测轴线必须位于距离为公差值 0.08 mm 且与 A-B 公共基准线成一理论正确角度的两平行平面之间 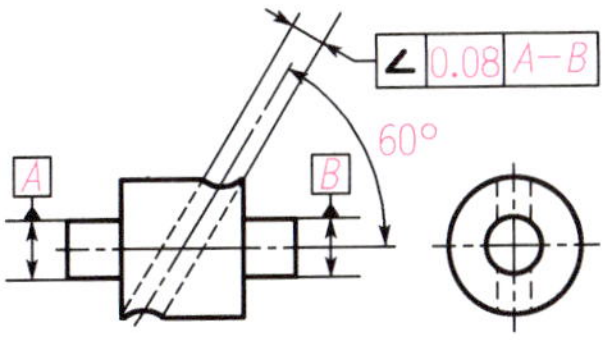 ∠ 0.08 A-B

续表

符号	公差带定义	标注示例和解释
∠ 线对面倾斜度公差	若在公差值前加注 φ，则公差带是直径为公差值 t 的圆柱面内的区域，该圆柱面的轴线应平行于基准的平面，并与基准体系成一给定的角度	被测轴线必须位于直径为 0.1 mm 的圆柱公差带内，该公差带应平行于基准平面 B 并与基准表面 A（基准平面）成理论正确角度 60°

表 8-2-10　垂直度公差带定义及标注示例和解释

符号	公差带定义	标注示例和解释
⊥ 线对线垂直度公差	公差带是距离为公差值 t 且垂直于基准线的两平行平面之间的区域	被测轴线必须位于距离公差值 0.06 mm 且垂直于基准线 A（基准轴线）两平行平面之间
线对面垂直度公差	在给定方向上，公差带是距离为公差值 t 且垂直于基准面的两平行平面之间的区域	在给定方向上被测轴线必须位于距离为公差值 0.1 mm 且垂直于基准表面 A 的两平行平面之间
线对面垂直度公差	公差带分别是互相垂直的距离为 t_1 和 t_2 且垂直于基准面的两平行平面之间的距离	被测轴线必须位于距离分别为公差值 0.2 mm 和 0.1 mm 的互相垂直于基准平面的两平行平面之间

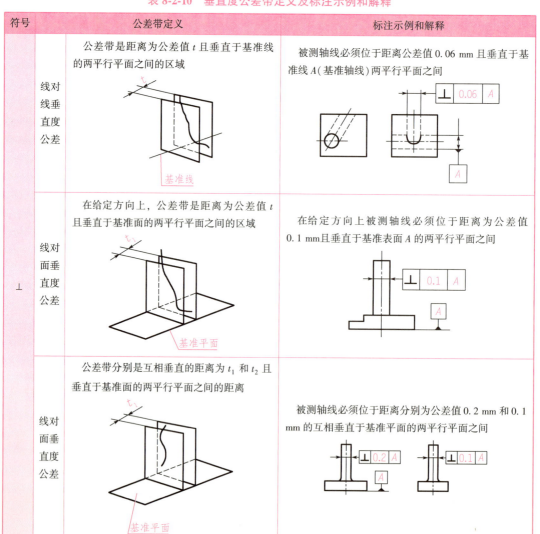

续表

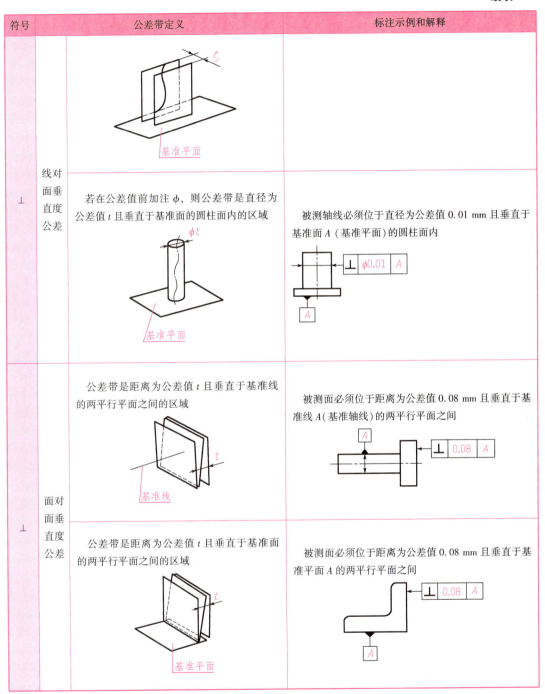

4. 位置公差与公差带

位置公差带是关联实际要素对基准在位置上所允许的变动量。位置公差有同轴度、对称度和位置度3项。位置度、同轴度和对称度公差带定义及标注示例和解释见表8-2-11~表8-2-13。

表 8-2-11　位置度公差带定义及其标注示例和解释

符号	公差带定义	标注示例和解释
⊕ 线的位置度公差	公差带是两对互相垂直的距离为 t_1 和 t_2 且以轴线的理想位置为中心对称配置的两平行平面之间的区域。轴线的理想位置由相对于三基面体系的理论正确尺寸确定，此位置度公差相对于基准给定互相垂直的两个方向	各个被测孔的轴线必须位于两对互相垂直的距离为 0.05 mm 和 0.2 mm，且相对于 C、A、B 基准表面（基准平面）所确定的理想位置对称配置的两平行平面之间
⊕ 线的位置度公差	若在公差值前加注 φ，则公差带是直径为 t 的圆柱面内的区域，公差带的轴线的位置由相对于三基面体系的理论正确尺寸确定 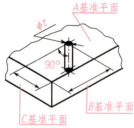	被测轴线必须位于直径为公差值 0.08 mm 且以相对于 C、A、B 基准表面（基准平面）所确定的理想位置为轴线的圆柱面内 每个被测轴线必须位于直径为公差值 0.1 mm 且以相对于 C、A、B 基准表面（基准平面）所确定的理想位置为轴线的圆柱面内 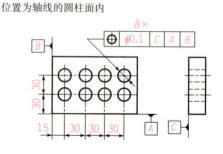

续表

符号	公差带定义	标注示例和解释
⊕ 平面或中心面的位置度公差	公差带是距离为公差值 t 且以面的理想位置为中心对称配置的两平行平面之间的区域，面的理想位置由相对于三基面体系的理论正确尺寸确定。	被测表面必须位于距离为公差值 0.05 mm 且以相对于基准线 B（基准轴线）和基准表面 A（基准平面）所确定的理想位置对称配置的两平行平面之间

表 8-2-12　同轴度公差带定义及标注示例和解释

符号	公差带定义	标注示例和解释
◎ 点的同心度公差	公差带是公差值为 ϕt，且与基准圆心同心的圆内的区域	外圆的圆心必须位于公差值为 $\phi 0.01$ mm 且与基准圆心同心的圆内
◎ 轴线的同轴度公差	公差带是公差值为 ϕt 的圆柱面的区域，该圆柱面的轴线与基准轴线重合	大圆的轴线必须位于公差值 $\phi 0.08$ mm 且与公共基准线 $A—B$（公共基准轴线）同轴的圆柱面内 ϕd 的轴线必须位于直径为公差值 0.1 mm 且与基准轴线同轴的圆柱面内

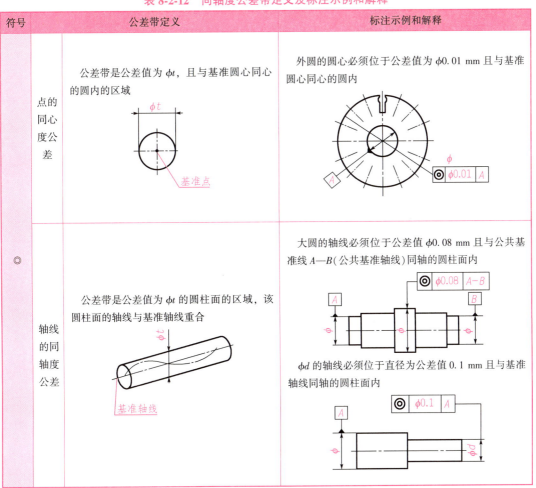

表 8-2-13 对称度公差带定义及其标注示例和解释

符号	公差带定义	标注示例和解释
≡ 中心平面的对称度公差	公差带是距离为公差值 t 且相对于基准的中心平面对称配置的两平行平面之间的区域	被测中心平面必须位于距离为公差值 0.08 mm 且相对于基准中心平面 A 对称配置的两平行平面之间
		被测中心平面必须位于距离为公差值 0.08 mm 且相对于公共基准中心平面 $A—B$ 对称配置的两平行平面之间

5. 跳动公差与公差带

跳动公差用于控制跳动，是以特定的检测方式为依据的公差项目。跳动公差包括圆跳动公差和全跳动公差。圆跳动、全跳动公差带定义及标注示例和解释见表 8-2-14~表 8-2-15。

表 8-2-14 圆跳动公差带定义及标注示例和解释

符号	公差带定义	标注示例和解释
↗ 端面圆跳动公差	公差带是在与基准同轴的任一半径位置的测量圆柱面上距离为 t 的两圆之间的区域	被测面围绕基准线 A（基准轴线）旋转一周时，在任一测量平面内的轴向跳动量均不得大于 0.1 mm

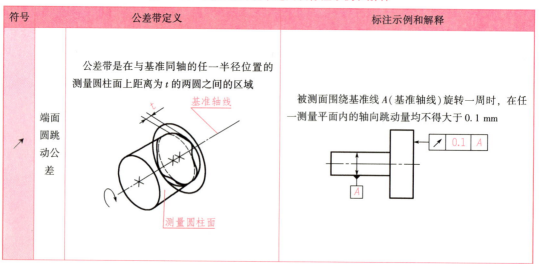

续表

符号	公差带定义	标注示例和解释
斜向圆跳动公差	公差带是在与基准同轴的任一测量圆锥面上距离为 t 的两圆之间的区域。 除另有规定外，其测量方向应与被测面垂直	被测面绕基准线 C(基准轴线)旋转一周时，在任一测量圆锥面上的跳动量均不得大于 0.1 mm
		被测曲面围绕基准线 A(基准轴线)旋转一周时，在任一测量曲面上的跳动量均不得大于 0.1 mm
圆跳动公差	圆跳动公差是被测要素绕基准轴线旋转一周(零件和测量仪器间无轴向位移)过程中，相对于某一固定点的允许的最大变动量 t，圆跳动公差适用于每一个不同的测量位置。 注意：圆跳动误差可能包括圆度、同轴度、垂直度或平面度误差。这些误差的总值不超过给定的圆跳动公差	
径向圆跳动公差	公差带是在垂直于基准轴线的任一测量平面内半径差为公差值 t 且圆心在基准轴线上的两个同心圆之间的区域。跳动通常是围绕轴线旋转一整周，也可对部分圆周进行控制	被测要素围绕基准线 A(基准轴线)并同时受基准表面 B(基准平面)的约束旋转一周时，在任一测量平面内的径向圆跳动量不得大于 0.1 mm

续表

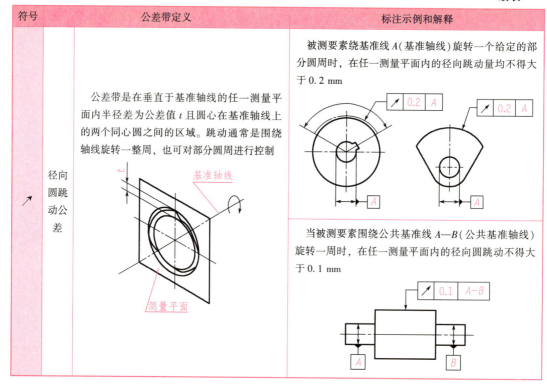

表 8-2-15 全跳动公差带定义及标注示例和解释

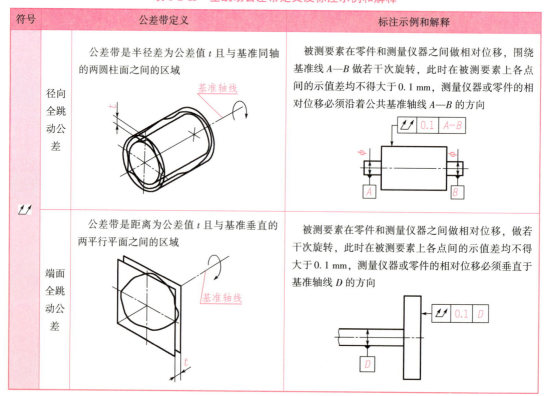

六、几何公差的标注

1. 几何公差代号

几何公差的标注一般采用框格的形式进行标注,该框格由两格或多格组成,它可以水平绘制,也可以垂直绘制,如图 8-2-4 所示。框格中从左到右依次表示的含义如下:

1) 第 1 格表示公差项目符合。
2) 第 2 格表示公差数值及有关符号。
3) 第 3 格及以后各格表示基准代号及有关符号。

图 8-2-4 几何公差代号

2. 指引线

指引线标注时可由公差框格的任一端引出,并与框格端线垂直,当被测要素是轮廓要素时,指引线箭头应当指向轮廓素线或轮廓素线的延长线上,且明显地与尺寸线错开;当被测要素为中心要素时,指引线箭头要与该要素的尺寸线对齐,如图 8-2-5 所示。

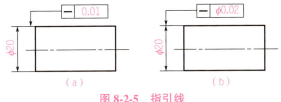

图 8-2-5 指引线

3. 基准

基准用一个大写字母表示,字母标注在基准框格内,与一个涂黑的或空白的三角形相连。为了防止混淆,字母 E、I、J、M、O、P、L、R、F 不能用做基准代号。无论基准符号在图样上的方向如何,圆圈内的字母要水平书写,如图 8-2-6 所示。

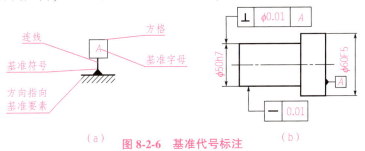

图 8-2-6 基准代号标注

单元八 机械零件的精度

知识梳理

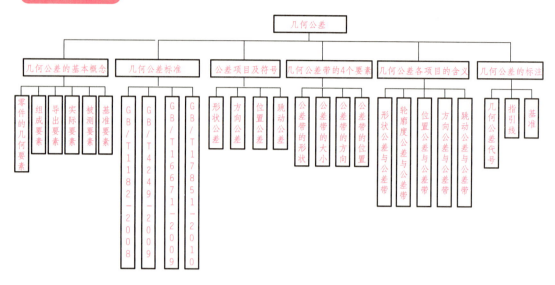

课题三 常用测量量具的使用

学习目标

*1. 熟悉基本测量手段，会使用常用测量量具；
2. 会选用常用量具并对零件进行测量。

课题导入

实践证明，有了先进的公差标准，还要有相应的技术测量措施，这样零件的使用功能和互换性才能得到保证。不同的地点、不同的时间、不同的机床制造出来的零部件必须通过测量控制，才能满足设计要求。

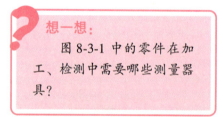

想一想：
图 8-3-1 中的零件在加工、检测中需要哪些测量器具？

图 8-3-1 典型零件

课题三 常用测量量具的使用

知识链接

一、计量单位

我国在1984年规定了计量单位一律采用《中华人民共和国法定计量单位》。"米"为长度的基本单位,但是在机械制造中经常使用毫米为常用单位,米(m)、毫米(mm)、微米(μm)的换算关系如下:

$$1\text{ m} = 10^3\text{ mm} = 10^6\text{ μm}$$

1983年第17届国际计量大会审议并通过了"米"的定义:1米是光在真空中在1/299 792 458 s时间内的行程的长度。在国际单位中,还经常使用英寸(in),1in≈25.4 mm。

角度的单位是度(°)、分(′)、秒(″),其换算关系如下:

$$1° = 60′,\ 1′ = 60″$$

二、测量器具的分类

测量器具是测量仪器和测量工具的总称。测量器具按照测量原理、结构特点及用途可以分为4大类,见表8-3-1。

表8-3-1 测量器具的分类

类型		相关说明	图示
量具	标准量具	量具是以固定形式复现量值的计算器具,一般结构比较简单,没有传动放大系统。 标准量具是用来复现单一量值的量具,如直角尺、量块等。 通用量具是用来复现一定范围内的一系列不同量值的量具,如游标卡尺、千分尺等。	量块　直角尺
	通用量具		固定刻线量具 钢直尺 游标量具 游标卡尺 螺旋测微量具 千分尺

299

续表

类型		相关说明	图示
量规	光滑极限量规	量规是没有刻度的专用计量器具。光滑极限量规用于检验光滑圆柱形工件的合格性，主要有环规、卡规、塞规等。螺纹量规用于综合检验螺纹的合格性，主要有螺纹环规、螺纹塞规。圆锥量规用于检验圆锥的锥度及尺寸，主要有锥度套规和锥度塞规	 环规 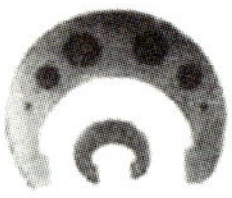　卡规 　塞规
	螺纹量规		 螺纹环规 　螺纹塞规
	圆锥量规		 锥度套规  锥度塞规
量仪	机械式量仪	量仪是将被测几何量值转换成可直接观察的指示值或等效信息的计量器具。量仪一般有传动放大系统，其将测量杆微小的直线位移传动放大，转变为指针的角位移，最后由指针在刻度盘上指出示值	机械式量仪  百分表 　杠杆表 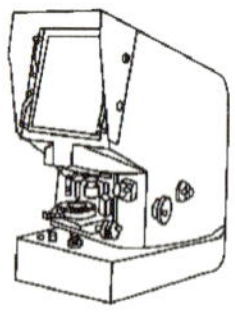　台式投影仪 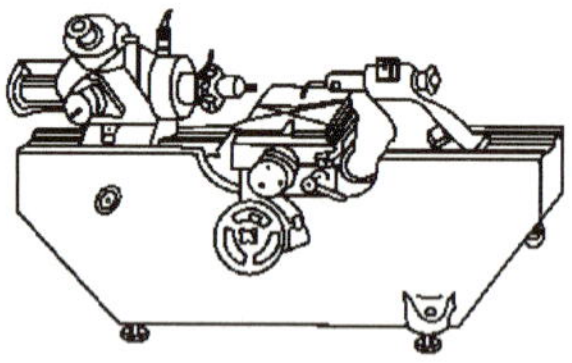 卧式测长仪
	光学式量仪		
	电动式量仪		
	气动式量仪		
计量装置		计量装置是指为了确定被测几何量值所必须使用的计量器具和辅助设备的总体。计量装置能够测量较多的几何量和较复杂的零件	 三坐标测量机

三、常用测量器具的使用

1. 游标量具

（1）常用游标量具的种类。常用游标量具的种类见表 8-3-2。

游标卡尺

表 8-3-2　常用游标量具的种类

种类	结构图	测量范围/mm	分度值/mm
三面卡尺（Ⅰ型）	刀口内测量爪、紧固螺钉、尺框、尺身、游标、深度尺、外测量爪	0~125、0~150	0.02、0.05
双面卡尺（Ⅲ型）	刀口内测量爪、紧固螺钉、尺框、尺身、游标、微调装置、内外测量爪	0~200、0~300	0.02、0.05
单面卡尺（Ⅳ型）	紧固螺钉、尺身、尺框、游标、微调装置、内外测量爪	0~200、0~300	0.02、0.05
		0~500	0.02、0.05、0.1
		0~1 000	0.05、0.1

（2）游标卡尺的读数方法。图 8-3-2 所示为测量长度、内径、深度的示意图，其读数方法如下：

1）读整数。读出游标上零线左边尺身的毫米整数，图 8-3-2 所示为 27 mm。

2）读小数。判断游标上哪一条刻线与尺身刻线对齐，游标刻线的序号（格数）乘以该游标卡尺的精度即可得到小数部分的读数值，图8-3-2所示为13×0.02=0.26(mm)。

3)求和。将上述两项读数值相加，即为被测工件的读数，图8-3-2所示为27+0.26=27.26(mm)。

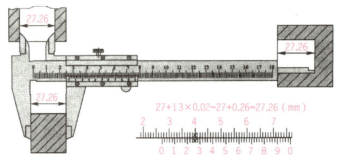

图8-3-2 测量长度、内径、深度的示意图

(3)游标卡尺的使用。游标卡尺的使用如图8-3-3所示。

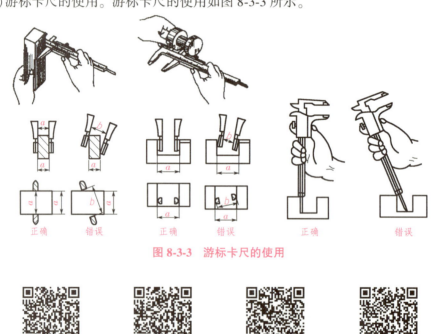

图8-3-3 游标卡尺的使用

用游标卡尺测量
工件长度

用游标卡尺测量
工件内孔

用游标卡尺测量
工件深度

用游标卡尺测量
外径

在使用游标卡尺时，应注意以下几项：

1)测量前应先把内、外测量爪和被测量表面擦拭干净，检查游标卡尺各部件的相互作用，如游标在尺身上是否移动灵活、紧定螺钉能否起到紧固作用等。

2)校对游标卡尺的准确性，外测量爪中固定量爪和活动量爪贴合时应无明显的光隙，尺身零线与游标零线应对齐。

3)测量时，应先将两测量爪张开到略大于被测尺寸，再将固定量爪的测量面紧贴工件，轻轻移动活动量爪至测量爪接触工件表面为止，并找出最小尺寸。测量时，游标卡尺测量面的连线要垂直于被测表面，不可处于歪斜的位置，否则测量结果不正确，如图 8-3-3 所示。

4）读数时，卡尺应朝着亮光的地方，视线应垂直于尺面。

2. 螺旋测微量具

（1）螺旋测微量具的种类。螺旋测微量具是利用螺旋副的运动原理进行测量和读数的一种测微量具。其按用途可分为外径千分尺、内径千分尺、深度千分尺及专门测量螺纹中径尺寸的螺纹千分尺和测量齿轮公法线长度的公法线千分尺等，它们的结构相似，读数原理相同。常用千分尺见表 8-3-3。

表 8-3-3　常用千分尺

名称	图样	特点
内径千分尺		用来测量孔径等内尺寸，有 5～30 mm 和 25～50 mm 两种测量范围。其固定套筒上的刻线与外径千分尺刻线方向相反，但读数方法与外径千分尺相同
内径千分尺（接杆式）		在不加接长杆时，可测量 50～63 mm 的孔径或内尺寸。去掉千分尺前端的保护螺母，把接长杆与内径千分尺旋合，便可改变（一般是增大）测量范围
螺纹千分尺		主要用于测量螺纹的中径尺寸，其结构与外径千分尺基本相同，只是砧座与测量头的形状有所不同，其附有各种不同规格的测量头，每一对测量头用于一定的螺距范围，测量时可根据螺距选用相应的测量头。测量时 V 形测量头与螺纹牙型的凸起部分相吻合，锥形测量头与螺纹牙型沟槽部分相吻合，从固定套管和微分筒上可读出螺纹的中径尺寸
公法线千分尺		用于测量齿轮的公法线长度，两个测砧的测量面做成两个相互平行的圆平面。测量前先把公法线千分尺调到比被测尺寸略大，然后把测头插到齿轮齿槽中进行测量，即可得到公法线的实际长度

（2）外径千分尺的结构及工作原理。外径千分尺主要由尺架、固定测头、活动测头、固定套筒、微分筒、测力装置、锁紧装置等部分组成，如图 8-3-4 所示。外径千分尺的规格按测量范围可分为 0～25 mm、25～50 mm、50～75 mm、75～100 mm、100～125 mm 等，使用时可根据被测工件的尺寸大小适当选取。

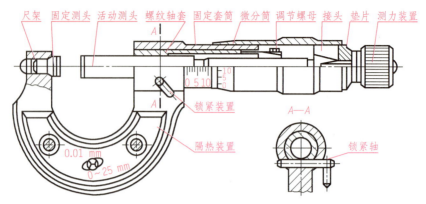

图 8-3-4 千分尺的结构

外径千分尺通过旋转活动套筒使测量螺杆进行左右移动，活动套筒每旋转一圈，测量螺杆移动 0.5 mm。活动套筒圆周上刻有刻度线，每一小格代表读数精度为 0.01 mm。固定套筒上刻有整数格刻线，每一小格代表 1 mm。为了便于准确读数，固定套筒上还刻有半数格，可以方便地读出半毫米数。固定套筒配合活动套筒即可以读出完整的零件尺寸。

（3）千分尺的读数方法。千分尺具体的读数方法如图 8-3-5 所示。

1）在固定套筒上读出最靠近活动套筒边缘的毫米数或半毫米数。

2）用活动套筒上与固定套筒的基准线对齐的刻线格数，乘以外径千分尺的测量精度，读出不足 0.5 mm 的数。

3）将前两项读数相加，即为被测零件的尺寸读数。

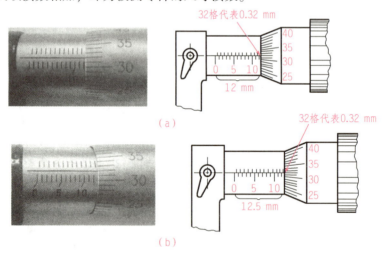

图 8-3-5 千分尺的读数方法
（a）读数值[12+0.32=12.32（mm）]；（b）读数值[12.5+0.32=12.82（mm）]

做一做：
读出图 8-3-6 中的千分尺的读数。

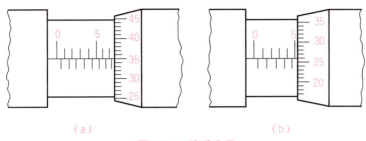

图 8-3-6 读千分尺

(4) 千分尺的使用。

1) 校零。测量前应检查零位的准确性，0~25 mm 规格的外径千分尺直接检查零位的准确性，其余规格的外径千分尺采用量棒检查零位的准确性，如图 8-3-7 所示。

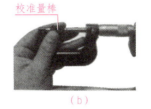

外径千分尺的使用

图 8-3-7 校零
(a) 直接校零；(b) 量棒校零

2) 擦拭干净外径千分尺的测量面和工件的被测量表面，以保证测量准确。

3) 测量时，测微螺杆的轴线应垂直于零件的被测表面，可单手或双手握持外径千分尺对工件进行测量，如图 8-3-8 所示。先转动微分筒，当测微螺杆的测量面接近工件被测量表面时，再转动测量装置，当听到两三声"咔咔"声后，测量力适当，停止转动，读出读数。

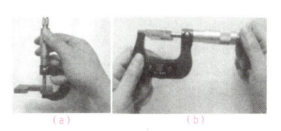

图 8-3-8 千分尺的测量方法
(a) 单手测量；(b) 双手测量

4) 测量平面尺寸时，一般测量工件四角和中间五点，狭长平面测两头和中间三点，如图 8-3-9 所示。

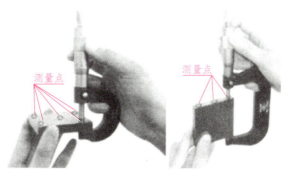

图 8-3-9 千分尺测量点的选择

3. 百分表

百分表是一种最常用的机械式量仪，是将被测工件的尺寸经过机械结构放大后，通过读数装置表示出来的一种测量工具。百分表体积小，结构紧凑，读数方便，测量范围大，对长度尺寸能进行相对测量，还可以测量工件的直线度、平面度及平行度等误差，也可以在机床或偏摆仪等专用装置上测量工件的跳动误差等。百分表的常用测量范围有 0~3 mm、0~5 mm、0~10 mm 3 种。

外径百分表的结构如图 8-3-10 所示。

其分度原理为：百分表的测量杆移动 1 mm，通过齿轮传动系统，使大指针回转一周，刻度盘沿圆周刻有 100 个刻度，当指针转过 1 格时，表示测量的尺寸变化为 1/100 = 0.01（mm），即百分表的分度值为 0.01 mm。表盘上的短指针记录长指针转过的圈数。

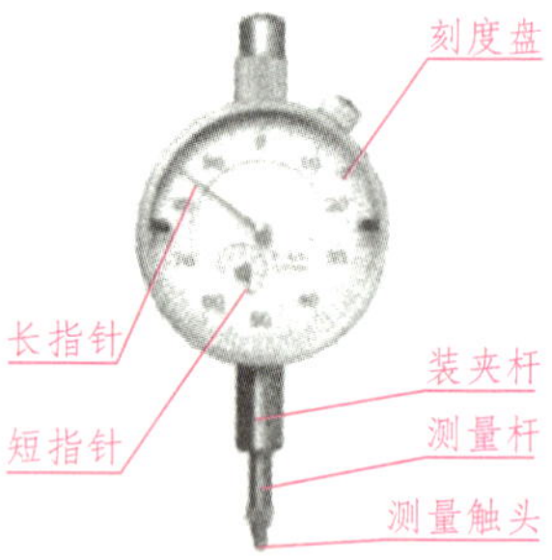

百分表在使用时，要注意测量杆垂直于被测表面，测圆柱直径时需通过被测圆柱面的轴线；要保持一定的初始测量力，使测量头开始与被测表面接触时测量杆压缩 0.3~1 mm；不得将工件强行推入测量头下，避免损坏量仪，如图 8-3-11 所示。

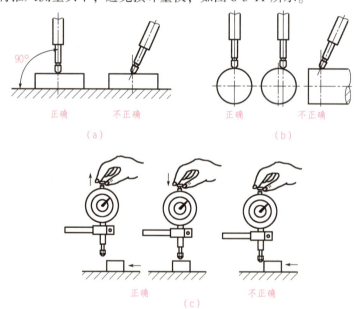

图 8-3-10 外径百分表的结构

图 8-3-11 百分表的使用

常用的百分表架如图 8-3-12 所示。

内径百分表由百分表和专用表架组成，如图 8-3-13 所示，其用于测量孔的直径和孔的形状误差，特别适宜深孔的测量，需根据被测孔径大小更换测量头。

课题三 常用测量量具的使用

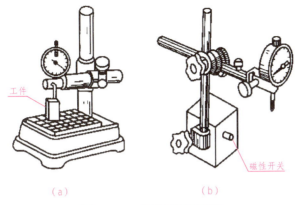

（a）　　　　　　　　　（b）

图 8-3-12　常用的百分表架

（a）百分表架；（b）磁性表架

内径百分表测量孔径的步骤

百分表的结构介绍

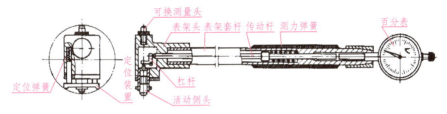

图 8-3-13　内径百分表

4. 万能角度尺

万能角度尺是用来测量工件内外角度的量具，其按分度值可以分为 5′ 和 2′ 两种。万能角度尺由主尺、游标、基尺、卡块、直角尺、直尺组成，如图 8-3-14 所示。利用基尺、直角尺和直尺的不同组合，可以进行 0°~320° 的测量。

万能角度尺刻线原理与游标卡尺的读数原理相似。尺身刻度线每格为 1°，游标刻线共 30 格为 29°，每格为 29°/30，与尺身 1 格相差 1°-（29°/30）= 2′，即万能角度尺的分度值为 2′，如图 8-3-15 所示。

万能角度尺的读数方法与游标卡尺的读数方法相似，即先从尺身上读出游标零刻度线指示的整度数，再判断游标上的第几格刻度线与尺身上的刻度线相对齐，确定"分"的数值，最后把两者数值相加，就是被测角度的数值。

在图 8-3-16 中，游标上的零刻度线在 69°~70°，所以被测角度的整度数值为 69°；游标上第 21 格的刻度线与尺身上的刻度线相对齐，所以被测角度的"分"的数值是 2′×21=42′；最后被测角

万能角度尺

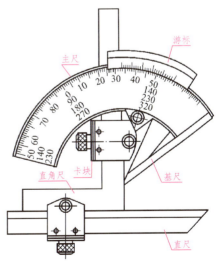

图 8-3-14　万能角度尺

307

度的数值等于69°+ 42′= 69°42′。

图 8-3-15　万能角度尺的刻线原理

图 8-3-16　万能角度尺的读数

万能角度尺的组合形式如图 8-3-17 所示。

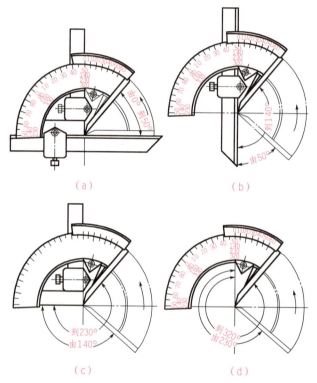

图 8-3-17　万能角度尺的组合形式
（a）测量 0°~50°角度；（b）测量 50°~140°角度；
（c）测量 140°~230°角度；（d）测量 230°~320°角度

四、几何误差的检测

几何误差的检测主要是指根据测得的几何误差值是否在几何公差的范围内，判断零件是否合格。

为了能正确检测几何误差，便于选择合理的检测方案，国家标准 GB/T 1958—2004《产品几何量技术规范（GPS）　形状和位置公差　检测规定》中规定了几何误差的 5 条检测原则及应用这 5 条原则的 108 种检测方法。检测几何误差时，根据被测对象的特点和客观条件,可以按照这 5 条原则,在 108 种检测方法中选择一种最合理的方法;也可根据实际生产条件,采用标准规定以外的检测方法和检测装置,但要保证能获得正确的检测结果。

1. 几何误差的检测

几何误差的检测见表 8-3-4。

表 8-3-4 几何误差的检测

检测项目	检测方法	检测案例示意图
直线度误差的检测	将工件安装在平行于平板的两顶尖之间,沿铅垂轴横截面的两条素线测量,同时记录两指示表在各测点的读数差(绝对值),取各测点读数差的一半的最大值为该轴横截面轴线的直线度误差。按上述方法测量若干个轴横截面,取其中最大的误差值作为该外圆轴线的直线度误差	测量外圆轴线的直线度误差
平面度误差的检测 平面度测量	将工件支承在平板上,用指示表调整被测平面对角线上的 a 与 b 两点,使之等高,再调整另一对角线上 c 与 d 两点,使之等高,然后移动指示表测量平面上各点,指示表的最大读数与最小读数之差即为该平面的平面度误差	测量平面度误差
圆度误差的检测	使圆锥面的轴线垂直于测量横截面,同时固定轴向位置。在工件回转一周的过程中,指示表读数的最大值的一半即为该横截面的圆度误差。按上述方法测量若干横截面,取其中最大的误差值作为该圆锥面的圆度误差	测量圆锥面的圆度误差
圆柱度误差的检测	将工件放在平板上的 V 形架(V 形架的长度大于被测圆柱面的长度)内。在工件回转一周的过程中,测出一个正横截面上的最大读数与最小读数。按上述方法,连续测量若干正横截面,取各横截面内所测得的所有读数中最大读数与最小读数的差值的一半,作为该圆柱面的圆柱度误差	测量外圆表面的圆柱度误差

2. 方向、位置、跳动误差的检测

在方向、位置、跳动误差的检测中，被测实际要素的方向、位置是根据基准来确定的。而理想基准要素是不存在的，在实际测量中，通常用模拟法来体现基准，即用有足够精确形状的表面来体现基准平面、基准轴线、基准中心平面等，如图 8-3-18 所示。

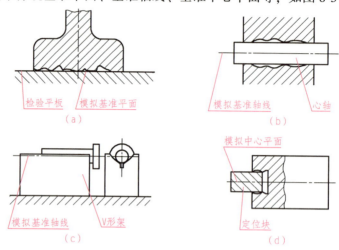

图 8-3-18 用模拟法体现基准

方向、位置、跳动误差的检测见表 8-3-5。

表 8-3-5 方向、位置、跳动误差的检测

检测项目	检测方法	检测案例示意图
平行度误差的检测	将工件放置在平板上，用指示表测量被测平面上各点，指示表的最大读数与最小读数之差即为该工件的平行度误差	测量面对面的平行度误差
垂直度误差的检测	将工件套在心轴上，心轴固定在 V 形架内，基准孔轴线通过心轴由 V 形架模拟。用指示表测量被测端面上各点，指示表的最大读数与最小读数之差即为该端面的垂直度误差	测量端面对孔轴线的垂直度误差

续表

检测项目	检测方法	检测案例示意图
同轴度误差的检测	将工件放置在两个等高V形架上,沿铅垂轴横截面的两条素线测量,同时记录两指示表在各测点的读数差(绝对值),取各测点读数差的最大值为该轴横截面轴线的同轴度误差。转动工件,按上述方法测量若干个轴横截面,取其中最大的误差值作为该工件的同轴度误差	测量 ϕd 的轴线对两端 ϕd_1 公共轴线的同轴度误差
对称度误差的检测	基准轴线由V形架模拟,键槽中心平面由定位块模拟。测量时用指示表调整工件,使定位块沿径向与平板平行并读数,然后将工件旋转180°后重复上述测量,取两次读数的差值作为该测量横截面的对称度误差。按上述方法测量若干个轴横截面,取其中最大的误差值作为该工件的对称度误差	测量轴上键槽中心平面对 ϕd 轴线的对称度误差
圆跳动误差的检测	将工件安装在两同轴顶尖之间,在工件回转一周的过程中,指示表读数的最大差值即为该测量横截面的径向圆跳动误差。按上述方法测量若干正横截面,取各横截面测得的跳动量的最大值作为该工件的径向圆跳动误差	测量轴 ϕd 圆柱面对两端中心孔公共轴线的径向圆跳动误差

做一做：

图 8-3-19 所示为典型的轴类零件，试正确选用常用量具对零件进行测量，并做记录。

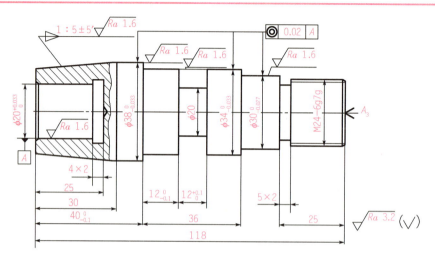

图 8-3-19　典型轴类零件

知识梳理

用齿厚游标卡测齿厚

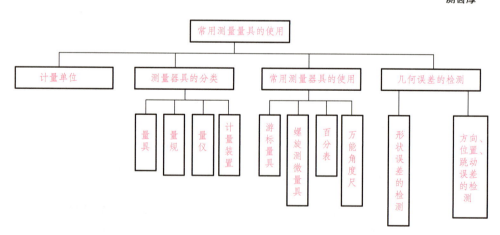

单元九　气压传动与液压传动

气压传动是以压缩空气为工作介质，进行能量传递和控制的一种传动方式；液压传动是以液体为工作介质，进行能量传递和控制的一种传动方式。在机械工程上采用气压与液压传动技术，可简化机器的结构，减小机器质量，减少材料消耗，降低制造成本，减轻劳动强度，提高工作效率和工作的可靠性。

流体力学的起源与发展

课题一　气压传动与液压传动的工作原理

学习目标

1. 了解气压传动与液压传动的工作原理、基本参数和传动特点；
2. 理解气压传动与液压传动系统的组成及图形符号。

课题导入

气压传动与液压传动和带传动、链传动、齿轮传动等一样，是常用的传动形式。公交车的开关门和制动装置都采用气压传动技术，如图9-1-1所示。

图9-1-1　公交车车门

自动卸货车卸货时，在油缸的作用下，车斗自动翻起卸货，如图9-1-2所示。挖掘机在油缸的作用下，挖斗挖起泥土。自动卸货车和挖掘机都采用液压传动。

单 元 九 气压传动与液压传动

图 9-1-2 自卸料翻斗

 想一想：
举出工程中其他气压传动与液压传动的应用实例。

液压与气压传动的
应用与发展简述

知识链接

一、气压传动与液压传动的工作原理、特点及组成

气压传动与液压传动的工作原理、组成及特点见表 9-1-1。

液压传动的工作
原理

表 9-1-1 气压传动与液压传动的工作原理、组成及特点

传动类型 项目	液压传动	气压传动
工作原理	利用液压泵将原动机输出的机械能转变为液体的压力能，然后在控制元件的控制及辅助元件的配合下，利用执行元件将液体的压力能转变为机械能，从而完成直线或回转运动并对外做功。 液压传动常以液压油为工作介质，依靠液体密封容积的变化来传递运动，是依靠液体内部的压力传递动力的能量转换装置	利用空气压缩机将原动机输出的机械能转变为空气的压力能，然后在控制元件的控制及辅助元件的配合下，利用执行元件将空气的压力能转变为机械能，从而完成直线或回转运动并对外做功。 气压传动以空气为工作介质，依靠气体密封容积的变化来传递运动，是依靠气体内部的压力传递动力的能量转换装置

课题一　气压传动与液压传动的工作原理

续表

项目 \ 传动类型	液压传动	气压传动
组成部分	动力部分：将原动机提供的机械能转换为液体压力能的装置，为系统提供压力油，如液压泵	气源装置：将原动机提供的机械能转换为气体压力能的装置，为系统提供压缩空气，如气泵、气站、三联件等
	执行部分：将液压能转换为机械能，输出直线运动或旋转运动，并对外做功的装置，如液压缸、液压马达	执行元件：将气压能转换为机械能，输出直线运动或旋转运动，并对外做功的装置，如气缸、气动马达
	控制部分：控制和调节液体的压力、流量、流动方向，以保证执行元件完成预期的工作运动，如各类阀、信号检测元件	控制元件：由主控元件、信号处理及控制元件组成，其中主控元件主要控制执行元件的运动方向；信号处理及控制元件主要控制执行元件的运动速度、时间、顺序、行程及系统压力等，如换向阀、顺序阀、压力控制阀、调速阀等
	辅助部分：将前3个部分连接在一起，组成一个系统，起输送、存储、过滤、测量、密封等作用，如管件、管接头、油箱、滤油器、蓄能器、密封件、控制仪表等	辅助元件：将前3个部分连接在一起，组成一个系统，起输送、过滤净化、润滑、消音、冷却、测量等作用，如气管、管接头、过滤器、油雾器、消声器
工作特点	优点： （1）能实现速度、扭矩、功率的无级调节，调速范围宽。 （2）传动平稳，便于实现频繁换向和过载保护。 （3）易于获得很大的力或力矩，承载能力大。 （4）在传递相同功率的情况下，液压传动装置的体积小，质量小，结构紧凑。 （5）液压元件已系列化、标准化，便于设计、制造。 （6）易于控制和调节，便于构成"机-电-液-光"一体化，且易实现过载保护。 （7）元件自润滑性好，使用寿命长	优点： （1）以空气为工作介质，用量不受限制，排气处理简单，不污染环境。 （2）气动装置结构简单、轻便，安装、维护简单。 （3）安全可靠，可应用于易燃、易爆、多尘埃、辐射、强磁、振动、冲击等恶劣环境中。若系统过载，执行元件会停止或打滑。 （4）空气流动损失小，压缩空气可集中供气，便于远距离输送。 （5）与液压传动相比，具有动作迅速、反应快、维护简单、管路不易堵塞的特点，且不存在介质变质、补充和更换等问题
	缺点： （1）存在泄漏，传动比不准确，传动效率低。 （2）易污染环境。 （3）对油液质量及元件精度、安装调整、维护要求高，维修保养较困难。 （4）不宜在温度很高或很低的条件下工作	缺点： （1）速度稳定性差，气缸的动作速度受负载变化的影响较大。 （2）工作压力较低，一般低于1.5 MPa，不适用于重载系统。 （3）噪声大，排放空气的声音很大，需要加装消声器

工程实例：

1）图9-1-3所示为气动剪切机的气压传动系统，其工作过程具体分析如下：

剪切前：在图 9-1-3（a）中，空气压缩机产生的压缩空气经后冷却器、油水分离器、储气罐、分水滤气器、减压阀、油雾器到达换向阀，小部分气体经节流通路 a 进入换向阀的下腔 A，使上腔弹簧压缩，换向阀的阀芯位于上端；大部分压缩空气经换向阀由 b 路进入气缸的上腔，而气缸的下腔经 c 路、换向阀与大气相通，使气缸活塞处于最下端位置。

剪切：当上料装置把工料送入剪切机并到达规定位置时，工料压下行程阀，换向阀的阀芯下腔压缩空气经 d 路、行程阀排入大气，在弹簧的推动下，换向阀阀芯向下运动至下端；压缩空气则经换向阀后由 c 路进入气缸的下腔，上腔经 b 路、换向阀与大气相通，气缸活塞向上运动，带动剪刀上行剪断工料。

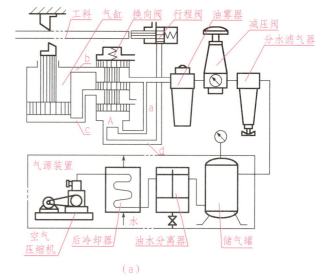

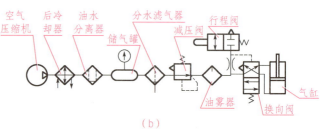

图 9-1-3　气动剪切机的气压传动系统
（a）气动剪切机的气压传动系统；（b）图形符号表示的工作原理图

剪切后：工料剪下后，与行程阀脱开，行程阀的阀芯在弹簧作用下复位，d 路堵死，换向阀的阀芯上移，气缸活塞向下运动，又恢复到剪切前的状态。

2）图 9-1-4 所示为机床工作台液压传动系统，其工作过程具体分析如下：

电动机带动液压泵工作，液压泵从油箱吸油，经过滤器输入压力油管中，再经节流阀、手动换向阀流入液压缸。

1）当换向阀的阀芯处于中间位置时，换向阀的进、回油口 P、A、B、O 均被堵死，使液压缸两油腔既不进油也不回油，活塞停止运动，工作台停止。此时，液压泵输出的压力油液全部经过溢流阀流回油箱，即在液压泵继续工作的情况下，也可以使工作台在任意位置停止。

2）当手动换向阀阀芯向左拉时，油口 P 与 B、A 与 O 分别相通。压力油经油口 P、B 流入液压缸右腔，液压缸左腔油液经油口 A、O 流回油箱，液压缸活塞左移，带动机床工作台 5 左移。

3）当手动换向阀阀芯向右拉时，油口 A 与 P 相通、B 与 O 相通，压力油经油口 P、A 流入液压缸左腔，液压缸右腔油液经油口 B、O 流回油箱，液压缸活塞右移，带动机床工作台右移。

课题一　气压传动与液压传动的工作原理

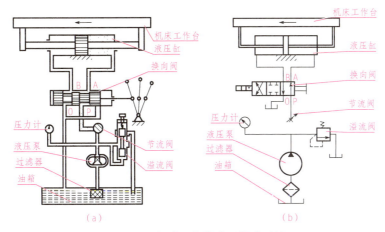

图 9-1-4　机床工作台液压传动系统
（a）机床工作台液压传动系统；（b）图形符号表示的工作原理图

> **做一做：**
> 给汽车换轮胎时，用液压千斤顶轻轻地压几下，就可以把汽车抬起。试分析液压千斤顶是如何用很小的力就将很重的汽车抬起的。

二、气（液）压元件的图形符号

图 9-1-3（a）和图 9-1-4（a）所示的气动剪切机气压传动系统和机床工作台液压传动系统的工作原理直观性强，容易理解，但绘制较复杂，特别是当系统中元件较多时，绘制更为困难。为简化原理图的绘制，系统中各元件可用图形符号表示，图 9-1-3（b）和图 9-1-4（b）就是用图形符号绘制的气动剪切机气动传动系统图和机床工作台液压传动系统图。图中的图形符号只表示元件的功能、操作（控制）方法及外部连接口，不表示元件的具体结构及参数、连接口的实际位置和元件的安装位置。GB/T 786.1—2009《液体传动系统及元件图形符号和回路图》对液压气动元（辅）件的图形符号做了具体规定。

气动图形符号
（2021 版）

三、气（液）压传动的基本参数

1. 压力

垂直作用在单位面积气（液）体上的力称为压力，用字母 P 表示，$P=F/A$。其国际单位制的单位为帕斯卡，即 N/m^2（牛/米²），符号为 Pa。1 MPa $= 10^3$ kPa $= 10^6$ Pa。

2. 流量

单位时间内流过某一通道横截面的气（液）体体积称为流量，用字母 q 表示，$q=V/t$。其国际单位为 m^3/s，工程单位为 L/min，1 $m^3/s = 6×10^4$ L/min。

317

单 元 九 气压传动与液压传动

知识梳理

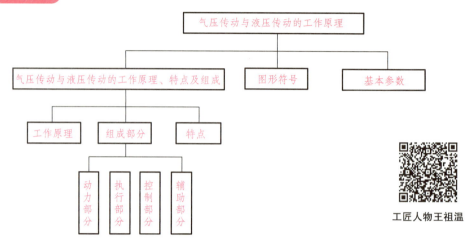

工匠人物王祖温

课题二 气压传动

学习目标

1. 了解气源装置及辅助元件的结构;
*2. 了解气动控制元件与基本回路的组成、特点和应用;
3. 能识读一般气压传动系统图。

课题导入

气压传动的工作原理类似于液压传动的工作原理,气压传动系统由气源装置、执行元件、控制元件以及一些必要的辅助元件组成,这些元件是组成气压传动系统最基本的单元,其性能直接影响系统的使用性能以及能否实现所要达到的工作要求。只有充分理解了各组成元件的工作原理、性能特点并能正确识别相应的图形符号以后,才能完成气压传动系统的设计、安装、使用、维护等工作。

知识链接

一、气压传动元件

(一)气源装置及气动辅助元件

1. 气源装置

对空气进行压缩、净化,向各个设备提供干净、干燥的压缩空气的装置称为空气压缩站(简称空压站)或气源装置,是气压传动(以下简称气动)的动力源。气源装置的工作流程如图 9-2-1 所示。

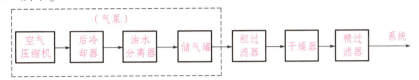

图 9-2-1　气源装置的工作流程

气源装置的组成见表 9-2-1。

表 9-2-1　气源装置的组成

组成部分	结构示意图	图形符号	作　用
空气压缩机			产生压缩空气的装置,它将机械能转化为气体的压力能。使用最广泛的是活塞式压缩机。工业中使用的活塞式压缩机通常是两级的
后冷却器			将空气压缩机出口的压缩空气冷却至 40 ℃ 以下,使压缩空气中的油雾和水气达到饱和,析出并凝结成油滴和水滴,分离出来,以便将其清除,达到初步净化压缩空气的目的。后冷却器有风冷式和水冷式两大类

319

续表

组成部分	结构示意图	图形符号	作　　用
油水分离器	(出口、入口、排油水，D、H 标注)	手动 / 自动	将经后冷却器降温析出的水滴和油滴等杂质从压缩空气中分离出来
储气罐	(出口、压力计、安全阀、储气罐、入口、排气阀)	(储气罐符号)	消除气源输出气体的压力脉动，储存一定数量的压缩空气，解决短时间内用气量大于空气压缩机输出气量的矛盾，保证供气的连续性和平稳性，并进一步分离压缩空气中的水分和油分
干燥器	(干燥空气、干燥剂、冷凝水、潮湿空气、冷凝水排放)	(干燥器符号)	进一步除去压缩空气中含有的水分、油分和颗粒杂质等，使压缩空气干燥

2. 气动辅助元件

气动系统中主要的辅助元件见表 9-2-2。

课题二 气压传动

表 9-2-2 气动系统的主要辅助元件

元件名称	结构示意图	图形符号	相关说明
空气过滤器	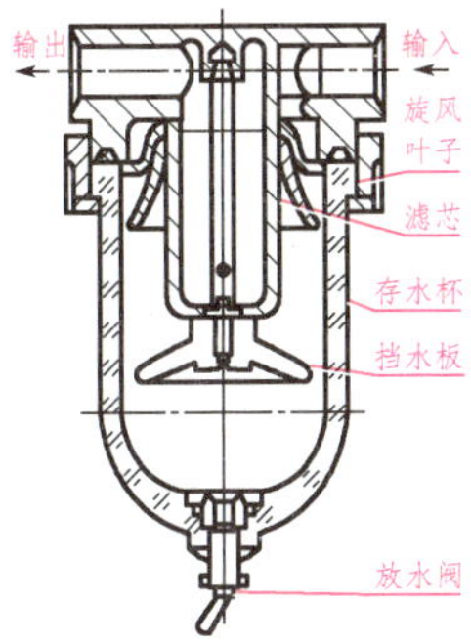 （输出、输入、旋风叶子、滤芯、存水杯、挡水板、放水阀）	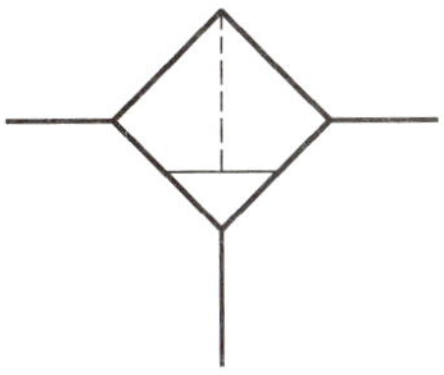 菱形过滤器符号	分离压缩空气中含有的水分、油分以及灰尘等杂质，使压缩空气得到净化
油雾器	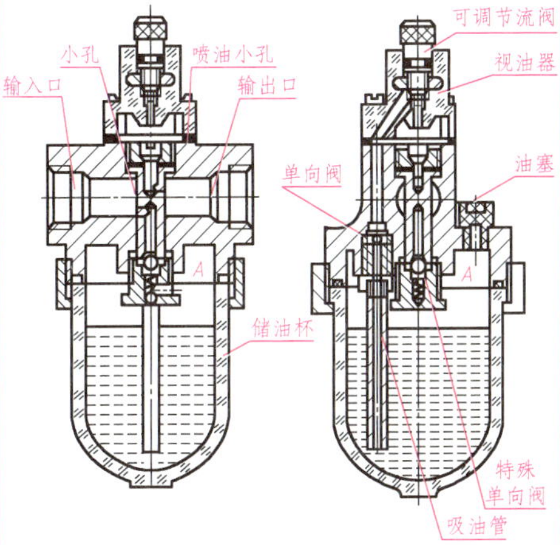 （小孔、喷油小孔、输入口、输出口、可调节流阀、视油器、单向阀、油塞、储油杯、特殊单向阀、吸油管）	 菱形油雾器符号	把润滑油雾化后注入压缩空气中，随着压缩空气进入需要润滑的部件，达到润滑气动元件的目的
气源处理装置	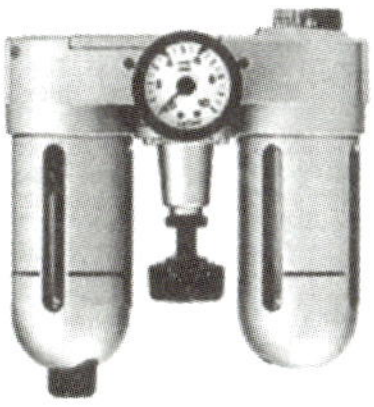 （实物图）	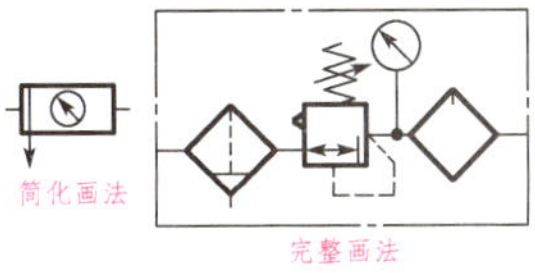 简化画法 / 完整画法	空气过滤器、油雾器和减压阀装在一起称为气源处理装置。空气过滤器安装在减压阀之前，油雾器安装在减压阀之后，即压缩空气经空气过滤器至减压阀，再经油雾器输出
消声器	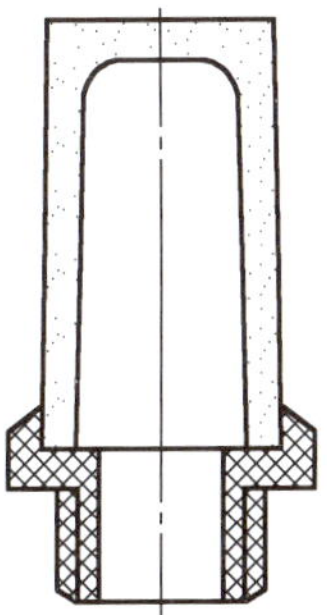 吸收型消声器	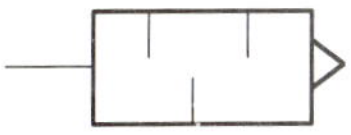 消声器符号	消除和减弱压缩空气直接从气缸或换向阀排向大气时所产生的噪声。消声器应安装在气源处理装置的排气口

(二)气动执行元件

气动执行元件的功能是将压缩空气的压力能转换成机械能。常用的气动执行元件见表9-2-3。

表9-2-3 常用的气动执行元件

元件名称	结构示意图	图形符号	相关说明
气缸	单作用气缸（活塞杆、过滤片、止动套、弹簧、活塞）		压缩空气只能使活塞向一个方向运动，另一个方向的运动需要借助外力，如重力、弹簧力等，常用于行程短、对输出力和运动速度均要求不高的场合
气缸	双作用气缸（后缸盖、活塞、缸筒、活塞杆、缓冲密封圈、前缸盖、导向套、防尘圈）		压缩空气交替地从气缸两端进入并排出，推动活塞往复运动。常用于机械及包装机械设备
摆动气缸	叶片式摆动气缸 (a)单叶片式；(b)双叶片式（定子、叶片轴转子）		一种在一定角度范围内往复摆动的气动执行元件，多用于物体的转位、工作的翻转、阀门的开闭等场合
气动马达	叶片式气动马达（定子、转子、叶片）		将压缩空气的压力能转换成机械能，驱动机构做旋转运动，输出转矩。最常用的是叶片式和活塞式。叶片式主要用于风动工具、高速旋转机械及矿山机械等

还可以应用压缩空气推动气马达做旋转运动，如工程中的风钻、气动扳手，图9-2-2所示均为气动马达的应用。

(三)气动控制元件

气动控制元件是控制压缩空气的流动方向、压力和流量或发送信号的元件,分为方向控制阀、压力控制阀和流量控制阀3大类。此外,还有通过控制气流方向和通断以实现各种逻辑功能的气动逻辑元件等。

常用的气动控制元件见表9-2-4。

图9-2-2 气动马达的应用
(a)风钻;(b)气动扳手

表9-2-4 常用的气动控制元件

名称		图形符号	相关说明
方向控制阀	单向阀	P₁ ─◇─ P₂	用来控制气流只能单向通过的方向控制阀。气体只能从 P_1 流向 P_2,反向时单向阀内的通路则会被阀芯封闭
	换向阀	二位二通换向阀 常断型二位三通换向阀 二位四通换向阀 二位五通换向阀	主要功能是改变气体流动方向,从而改变气动执行元件的运动方向。阀芯相对于阀体所具有的不同工作位置称为"位",图形符号中一个方框代表一个工作位置;换向阀与系统相连的接口数目称为"通"。图形符号中"↓、↑"表示油口连通关系,"⊥、⊤"表示油口堵塞。换向阀的常用控制方法见下表: | 人力控制 | 机械控制 | 电气控制 | 直接压力控制 | |---|---|---|---| | 一般符号 | 弹簧控制 | 单作用电磁铁 | 加压或卸压控制 |
压力控制阀	减压阀(调压阀)		将较高的输入压力调整到符合设备使用要求的压力,并保持输出压力的稳定
	溢流阀(安全阀)		当储气罐或气动回路压力超过某气压安全阀定值时,打开安全阀向外排气,起过载保护作用
	顺序阀		依靠回路中压力的变化来控制执行机构按顺序动作

续表

名称		图形符号	相关说明
流量控制阀	节流阀		通过改变阀的通流面积来调节流量，以达到改变执行机构运动速度的目的
	排气节流阀		由节流阀和消声器组合而成。安装在排气口上，通过控制排入大气中的气体流量来改变执行机构的速度，并通过消声器减少排气声音

二、气动基本回路

气动系统与液压系统一样，无论多复杂，也都是由一些基本回路组成的。这些回路按其控制目的和功能不同，可分为压力控制回路、换向控制回路、速度控制回路和延时控制回路，见表9-2-5。

表9-2-5　气动基本回路

回路类型	回路图	相关说明
压力控制回路		利用减压阀控制执行元件的输出压力
换向控制回路	(a)　　　　　(b) 单作用气缸换向回路	图(a)用二位三通电磁阀控制气缸上、下运动。当电磁铁通电时，气缸向上运动，失电时气缸在弹簧作用下返回。 图(b)用三位五通先导式电磁阀控制气缸上、下和停止的回路。气缸可停于任何位置，但定位精度不高
	(a)　(b)　(c)　(d) 双作用气缸换向回路	图(a)为用小通径的手动阀控制二位五通主阀来操纵气缸换向的回路，图(b)为用二位五通双电控阀控制双作用缸的换向回路，图(c)为用两小通径的手动阀与二位四通主阀来控制气缸换向的回路，图(d)为用三位四通电磁换向阀控制气缸换向并有中位停止功能的回路

续表

回路类型	回路图	相关说明
速度控制回路	(a) (b) 单作用气缸速度控制回路	图(a)用两个反向安装的单向节流阀分别控制活塞杆的伸出及缩回的速度。 图(b)中，气缸上升时可调速，下降时则通过快速排气阀排气，使气缸快速返回
	(a)　　　　(b) 双作用气缸速度控制回路	图(a)所示为双作用气缸的进气节流调速回路，图(b)所示为双作用气缸的排气节流调速回路。排气节流的运动比较平稳
	缓冲回路	由速度控制阀和行程阀配合使用的缓冲回路。当活塞向右运动时，缸右腔的气体经行程阀再由三位五通阀排掉，当活塞运动到末端，活塞杆上的挡块碰到行程阀时，行程阀切换，气体就只能经节流阀排出，这样活塞运动速度就得到了缓冲
延时控制回路	延时断开回路	当操作手动阀时，储气罐被充气，压力很快上升，换向阀立刻被切换并有气体输出。松开手动阀后，由于储气罐储存的压缩空气经节流阀排空需一段时间，故换向阀的控制信号延时撤除，使换向阀延时换向

续表

回路类型	回路图	相关说明
延时控制回路	延时接通回路	当按下手动阀时，其输出分为两路，一路至换向阀的左侧，使该阀换向（处于左位），气缸无杆腔进气，有杆腔排气，活塞杆伸出。另一路经单向节流阀的节流阀向储气罐充气，待储气罐中的压力升高至差动型换向阀的切换压力时，该阀换向（处于右位），使有杆腔进气，无杆腔排气，活塞杆缩回。延时时间的长短可根据需要选择不同大小的储气罐或调节单向节流阀来实现

三、气动系统图的识读

下面以气动灌装机的气压传动系统（见图9-2-3）为例说明气压传动系统图的识读方法。

气动灌装机的动作要求为：当把需灌装的瓶子放在工作台上后，脚踩下启动按钮，气缸前伸开始灌装；在灌装完毕后气缸快速自动退回准备第二次灌装。

1. 图形符号的解读

图9-2-3中图形符号所对应的元件：1—气源；2—气动三联件；3—脚动式二位三通换向阀；4、5—机动式二位三通换向阀；6—双气控二位五通换向阀；7—快速排气阀；8—双作用气缸。

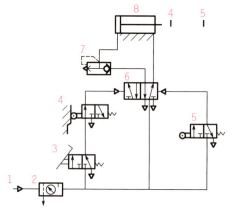

图9-2-3 气动灌装机的气压传动系统

2. 动作回路分析

（1）初始状态。压缩空气经主控阀6的右位进入双作用气缸8的右腔，活塞杆收回至左端，并压下行程阀4。

（2）灌装。脚踏下换向阀3：气源1—气动三联件2—换向阀3左位—换向阀4左位—换向阀6左位工作。

进气路：气源1—气动三联件2—换向阀6左位—快速排气阀7—缸8左腔（活塞右移，活塞杆伸出）。

排气路：缸8右腔—换向阀6左位—大气。

活塞杆伸出超过位置4时，阀4在弹簧力的作用下复位，右位接入系统工作，阀6左边的控制压缩空气断开。

（3）快速退回。活塞杆运行到位置5时，将行程阀5压下，使其左位接入系统工作，使主控阀 6 右位接入系统工作。

进气路：气源 1—气动三联件 2—换向阀 6 右位—缸 8 右腔。

排气路：缸 8 左腔—快速排气阀 7—大气（活塞左移，活塞杆快速收回）。

活塞杆收回时，行程阀 5 在弹簧力的作用下复位；退回至位置 4 时，又将行程阀 4 压下，等待下一轮动作。

知识梳理

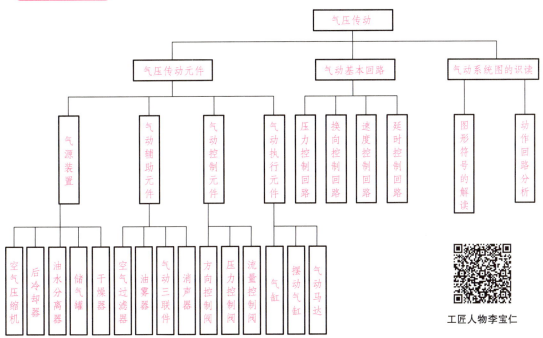

工匠人物李宝仁

课题三　液压传动

学习目标

1. 了解液压动力元件、执行元件、控制元件和辅助元件的结构，理解其工作原理；

*2. 了解液压传动基本回路的组成、特点和应用；

*3. 能识读一般液压传动系统图。

液压与气动发展史

课题导入

液压传动系统由动力元件、执行元件、控制元件以及一些必要的辅助元件组成，这些元件是组成液压传动系统最基本的单元，其性能直接影响系统的使用性能以及能否实现所

单 元 九 气压传动与液压传动

要达到的工作要求。只有充分理解了各组成元件的工作原理、性能特点并能正确识别相应的图形符号以后，才能完成液压传动系统的设计、安装、使用、维护等工作。

知识链接

一、常用液压元件

（一）液压动力元件

1. 液压泵的工作原理

液压传动系统的动力元件通常为液压泵，其功能是将原动机的机械能转换成液压油的压力能，为液压传动系统提供具有一定压力和流量的液压油。

图 9-3-1 所示为单柱塞液压泵的工作原理。柱塞向右移动时，密封腔 a 的容积变大形成局部真空，油箱中油液在大气压作用下，顶开单向阀 1、关闭单向阀 2，流入密封腔 a，液压泵吸油；当柱塞向左移动时，密封腔 a 的容积变小，油液受挤压，顶开单向阀 2，关闭单向阀 1，压入系统，液压泵压油。原动机驱动偏心轮不断旋转，柱塞往复运动，液压泵就不断地吸油和压油，这样液压泵就将原动机输入的机械能转换成液体的压力能输出。由此可见，液压泵是靠密封容积的交替变化实现吸油和压油的，故常称为容积式泵。

液压图形符号（2021）

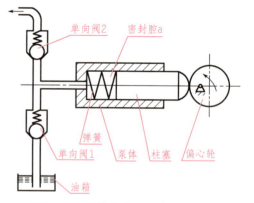

图 9-3-1 单柱塞液压泵的工作原理

2. 液压泵的分类

液压泵的常用分类方法及类型见表 9-3-1。

表 9-3-1 液压泵的常用分类方法及类型

分类方法	泵的类型		
按泵的结构形式分类	旋转式液压泵	齿轮泵	外啮合式
			内啮合式
		叶片泵	单作用式
			双作用式
		柱塞泵	轴向式
			径向式
		螺杆泵	
	往复式液压泵		

328

续表

分类方法	泵的类型	
按泵输出的流量能否调节分类	定量液压泵	
	变量液压泵	
按泵输油方向能否改变分类	单向泵	
	双向泵	
按泵的额定压力分类	低压泵(压力 0~2.5 MPa)	
	中压泵(压力 2.5~8 MPa)	
	中高压泵(压力 8~16 MPa)	
	高压泵(压力 16~32 MPa)	
	超高压泵(压力大于 32 MPa)	

3. 常用液压泵

常用液压泵见表 9-3-2。

表 9-3-2 常用液压泵

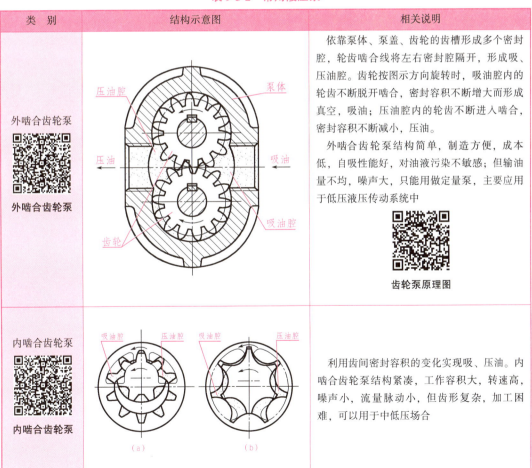

类别	结构示意图	相关说明
外啮合齿轮泵		依靠泵体、泵盖、齿轮的齿槽形成多个密封腔，轮齿啮合线将左右密封腔隔开，形成吸、压油腔。齿轮按图示方向旋转时，吸油腔内的轮齿不断脱开啮合，密封容积不断增大而形成真空，吸油；压油腔内的轮齿不断进入啮合，密封容积不断减小，压油。 外啮合齿轮泵结构简单，制造方便，成本低，自吸性能好，对油液污染不敏感；但输油量不均，噪声大，只能用做定量泵，主要应用于低压液压传动系统中
内啮合齿轮泵		利用齿间密封容积的变化实现吸、压油。内啮合齿轮泵结构紧凑，工作容积大，转速高，噪声小，流量脉动小，但齿形复杂，加工困难，可以用于中低压场合

续表

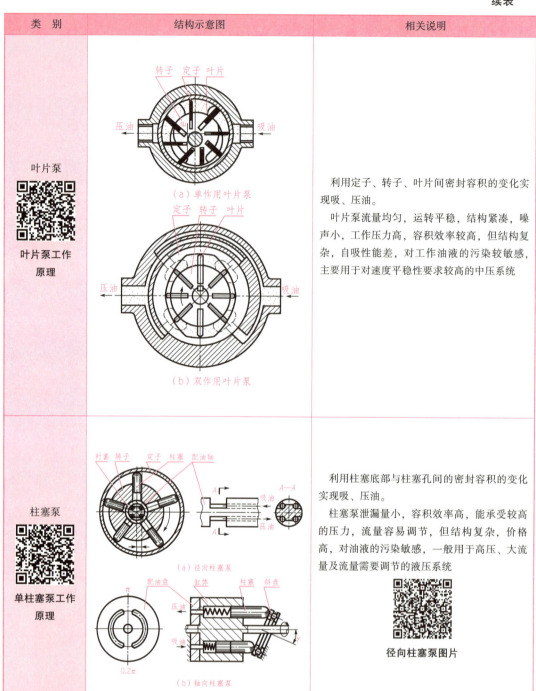

类 别	结构示意图	相关说明
叶片泵 叶片泵工作原理	（a）单作用叶片泵 （b）双作用叶片泵	利用定子、转子、叶片间密封容积的变化实现吸、压油。 叶片泵流量均匀，运转平稳，结构紧凑，噪声小，工作压力高，容积效率较高，但结构复杂，自吸性能差，对工作油液的污染较敏感，主要用于对速度平稳性要求较高的中压系统
柱塞泵 单柱塞泵工作原理	（a）径向柱塞泵 （b）轴向柱塞泵	利用柱塞底部与柱塞孔间的密封容积的变化实现吸、压油。 柱塞泵泄漏量小，容积效率高，能承受较高的压力，流量容易调节，但结构复杂，价格高，对油液的污染敏感，一般用于高压、大流量及流量需要调节的液压系统 径向柱塞泵图片

4. 常见液压泵的图形符号

常见液压泵的图形符号见表 9-3-3。

表 9-3-3　常见液压泵的图形符号

泵的类型	单向定量泵	单向变量泵	双向定量泵	双向变量泵
图形符号				

（二）液压执行元件

液压缸是液压传动系统的执行元件，它完成液体压力能转换成机械能的过程，实现执行元件的直线往复运动。液压缸可分为活塞式、柱塞式和摆动式 3 种。应用最普遍的是活塞式液压缸，其结构如图 9-3-2 和图 9-3-3 所示。其工作原理是：一端油口进油，另一端油口回油，压力油作用在活塞上形成一定的推力，使得活塞杆前伸或后缩。

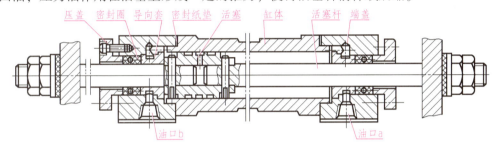

图 9-3-2　双活塞杆液压缸的结构

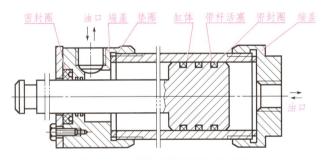

图 9-3-3　单活塞杆液压缸的结构

常用液压缸的图形符号见表 9-3-4。

表 9-3-4　常用液压缸的图形符号

液压缸的名称	图形符号	相关说明
单活塞杆液压缸	单用作缸	活塞在压力油作用下只能做单方向运动，返回行程须借助于运动件的自重或其他外力将活塞推回

续表

液压缸的名称	图形符号	相关说明
单活塞杆液压缸 单杆缸	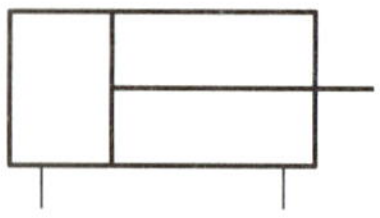 双作用缸	单边有杆，往复两个方向的运动都由压力油作用实现，双向推力和速度不等
双活塞杆液压缸	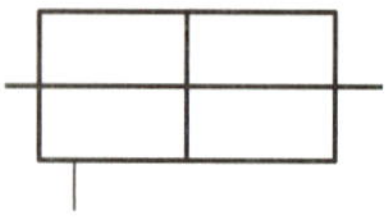 单作用缸	活塞的两侧都装有活塞杆，只能向活塞一侧供给压力油，返回行程通常利用弹簧力、重力或外力推回
	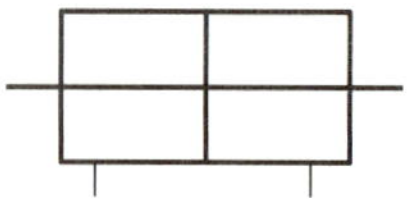 双作用缸	双边有杆，双向液压驱动，可实现等速往复运动
伸缩液压缸	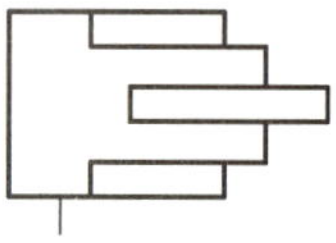 单作作缸　　单作用伸缩缸	以短缸获得长行程，用液压油由大到小逐节推出，靠外力由小到大逐节缩回
	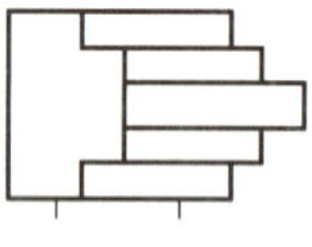 双作用缸	双向液压驱动，伸出由大到小逐节推出，由小到大逐节缩回
柱塞式液压缸	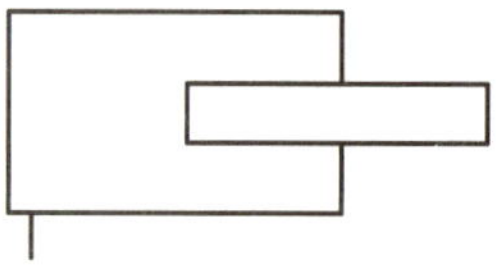 柱塞缸	柱塞仅单向运动，返回行程利用自重或负荷将柱塞推回
齿条传动液压缸	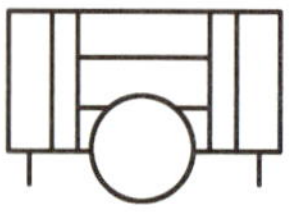	活塞的往复运动经装在一起的齿条驱动齿轮获得往复回转运动

（三）液压控制元件

在液压传动系统中，为了控制与调节液流的方向、压力和流量，以满足工作机械的各种要求，就要用到控制阀。控制阀又称液压阀，简称阀。控制阀是液压传统系统中不可缺少的重要元件。根据用途和工作特点不同，控制阀分为方向控制阀、压力控制阀和流量控制阀3大类。

332

1. 方向控制阀

方向控制阀用来控制油液的流动方向，按用途分为单向阀和换向阀。

（1）单向阀。单向阀控制油液只能向一个方向流动，而不能反方向流动。常用单向阀见表9-3-5。

表9-3-5　常用单向阀

元件名称	结构示意图	图形符号	相关说明
普通单向阀			当油液从 P_1 口流入时，油液压力克服弹簧的弹力和阀芯移动的摩擦力，使阀芯右移，打开阀口，油液通过阀芯上的径向孔、轴向孔，从 P_2 流出。当油液从 P_2 流入时，油液压力及弹簧力使阀芯紧压在阀体上，P_2 与 P_1 口不通，油液不能流通
液控单向阀			当控制口 K 未通压力油时，功能与普通单向阀一样，压力油只能由 P_1 流向 P_2，反向截止；控制口 K 通压力油时，活塞、顶杆右移，推动阀芯右移，油口 P_1 与 P_2 连通，允许油液双向流通

（2）换向阀。换向阀有多种形式，按阀芯的运动方式分为滑阀和转阀，常见的是滑阀。滑阀利用阀芯相对阀体位置的变化，实现油路接通或关断，使液压执行元件启动、停止或变换运动方向。其工作原理见表9-3-6。

表9-3-6　滑阀的工作原理

阀芯位置	工作示意图	相关说明
阀芯处于中位		油口 P、T、A、B 均堵塞，液压腔两腔不通压力油，处于停止状态
阀芯处于右位		油口 P 与油口 B 通，油口 A 与油口 T 通，液压缸下腔进油，上腔回油，活塞向上移动

续表

阀芯位置	工作示意图	相关说明
阀芯处于左位	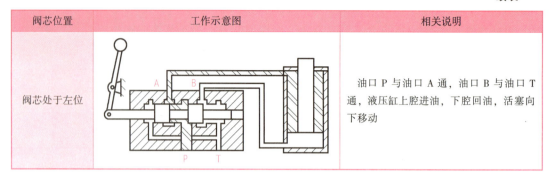	油口 P 与油口 A 通，油口 B 与油口 T 通，液压缸上腔进油，下腔回油，活塞向下移动

滑阀的结构如图 9-3-4 所示。

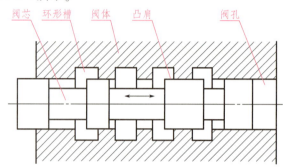

图 9-3-4　滑阀的结构

各类换向阀的图形符号见表 9-3-7。

表 9-3-7　各类换向阀的图形符号

项目	图形符号			说　明
位	一位	二位	三位	"位"是指阀芯的工作位置数，用方格表示
位与通	二位二通	二位三通	二位四通	"↑"箭头表示两油口连通，但不表示流向。"⊥"为堵塞符号，表示油口不通流。一个方格内，箭头、堵塞符号与方格的交点数为油口通路数，称为"通"。三位阀的中位、二位阀画有弹簧的一格为阀的常态位。常态位应画出外部连接油口（格外画短竖线）
	二位五通	三位四通	三位五通	

续表

项目	图形符号			说明
阀口标志	压力油的进油口 P	通油箱的回油口 T		连接执行元件的工作油口 A、B

换向阀的控制方式和复位弹簧符号画在主体符号两端任意位置上。换向阀常用的控制方式符号见表9-3-8。

表9-3-8 换向阀常用的控制方式符号

控制方式	手动按钮弹簧复位	脚踏操作弹簧复位	手柄操作	带定位的手柄操作	机动式操控		液动式	电磁动式	电液式
					滚轮式	顶杆式			
图形符号									

三位换向阀在中位(常态位)时，各油口的连通方式称为中位机能。中位机能不同，阀在常态时对系统的控制性能不同。三位四通换向阀常见的中位机能见表9-3-9。

表9-3-9 三位四通换向阀常见的中位机能

型号	结构简图	图形符号	中位通路状况、特点及应用
O			各油口全封闭；液压泵及系统不卸荷，液压缸闭锁。液压缸充满油，从静止到启动平稳，制动时运动惯性引起液压冲击较大，换向位置精度高，可用于多个换向阀的并联工作
H			各油口全连通；液压泵及系统卸荷，活塞在液压缸中浮动。液压缸从静止到启动有冲击，制动比O型平稳，换向位置变动大
Y			进油口封闭，液压缸两腔与回油口连通；泵及系统不卸荷，活塞在液压缸中浮动，液压缸从静止到启动有冲击，制动性能介于O型和H型之间
P			回油口封闭，液压缸两腔与进油口连通；泵及系统不卸荷，可实现差动连接，液压缸从静止到启动平稳，换向位置变动比H型小，应用广泛

续表

型号	结构简图	图形符号	中位通路状况、特点及应用
M			进油口与回油口连通；缸闭锁，泵及系统卸荷，液压缸从静止到启动较平稳，制动性能与 O 型相同，可用于泵卸荷、液压缸闭锁的系统中

2. 压力控制阀

压力控制阀用于实现系统压力的控制，或利用系统中的压力变化来控制其他液压元件的动作。它利用作用于阀芯上的液压力与弹簧力相平衡的原理进行工作。常用的压力控制阀见表 9-3-10。

表 9-3-10　常见的压力控制阀

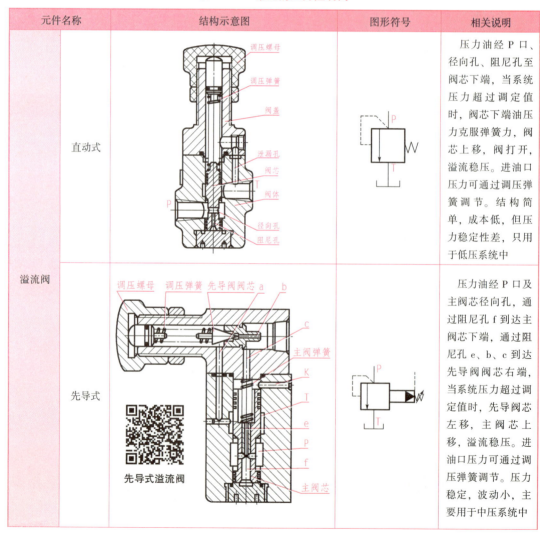

元件名称		结构示意图	图形符号	相关说明
溢流阀	直动式			压力油经 P 口、径向孔、阻尼孔至阀芯下端，当系统压力超过调定值时，阀芯下端油压力克服弹簧力，阀芯上移，阀打开，溢流稳压。进油口压力可通过调压弹簧调节。结构简单，成本低，但压力稳定性差，只用于低压系统中
	先导式			压力油经 P 口及主阀芯径向孔，通过阻尼孔 f 到达主阀芯下端，通过阻尼孔 e、b、c 到达先导阀阀芯右端，当系统压力超过调定值时，先导阀阀芯左移，主阀芯上移，溢流稳压。进油口压力可通过调压弹簧调节。压力稳定，波动小，主要用于中压系统中

续表

元件名称		结构示意图	图形符号	相关说明
减压阀	直动式			常态时，P、A口连通，当A口压力超过调定值时，阀芯右移，P口的进油压力和流量减小，实现减压
	先导式			由主阀与先导阀组成，高压油P_1经减压缝隙h后降为P_2，经出油口B输出。当输出压力超过调定值时，先导阀打开，主阀芯上移，减压缝隙开口减小，调节压力至调定值。出油口压力可通过调压弹簧调节
顺序阀	直动式			进油口压力P_1能克服弹簧力时，阀芯上移，P_1口与P_2口连通
	先导式			进油口P_1压力能克服先导阀弹簧力时，先导阀阀芯、主阀芯上移，P_1口与P_2口连通

续表

元件名称	结构示意图	图形符号	相关说明
压力继电器 柱塞式压力继电器	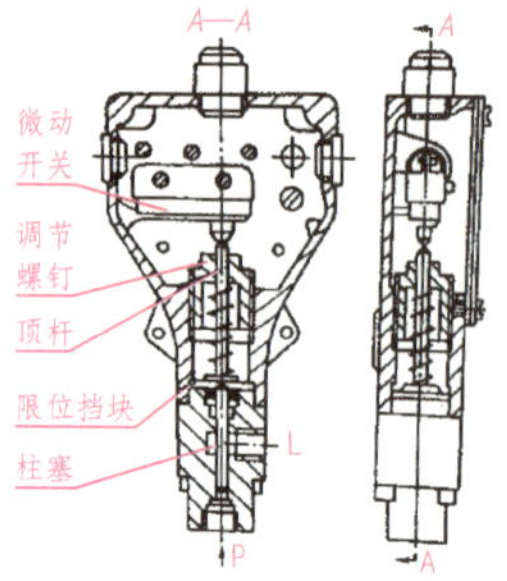	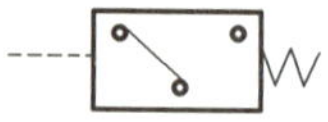	压力油通过 P 口作用于柱塞底部，当油压力能克服弹簧力时，柱塞上移，推动顶杆上移，触动微动开关发出信号，控制电气元件动作。其是一种液-电信号转换元件

3. 流量控制阀

流量控制阀的作用是控制液压系统中液体的流量，依靠改变阀口通流面积的大小来调节通过阀口的流量，达到调节执行元件运动速度的目的。常用的流量控制阀见表9-3-11。

表 9-3-11　常用的流量控制阀

元件名称	结构示意图	图形符号	相关说明
普通节流阀	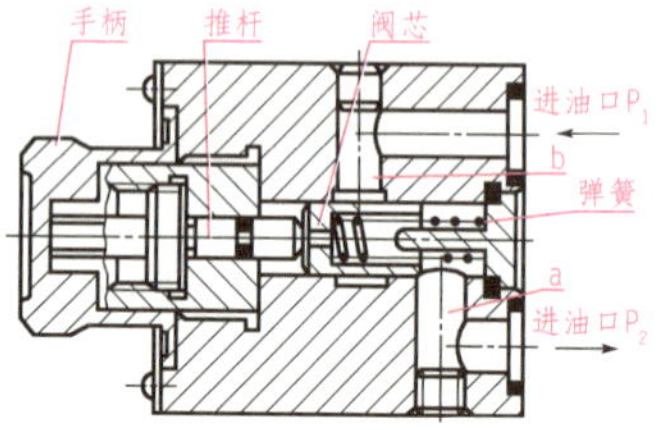	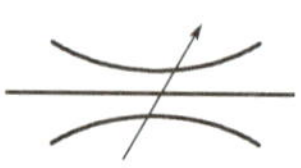	压力油从进油口 P_1 进入，通过孔 b、阀芯右端的节流口、孔 a，再通过出油口 P_2 流出。通过旋转手柄，使阀芯左右移动，改变节流口的通流面积，调节出口流量
调速阀	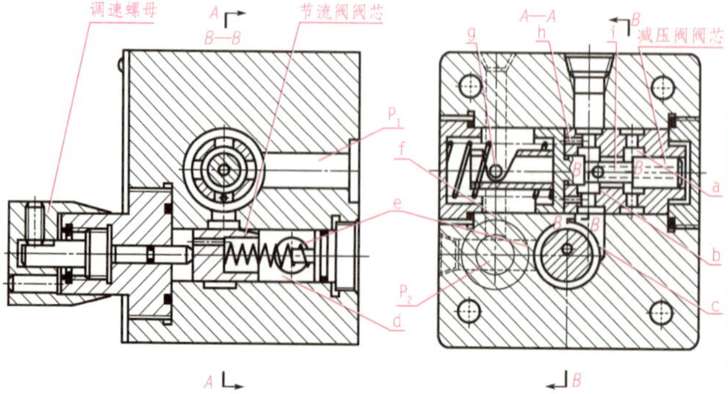	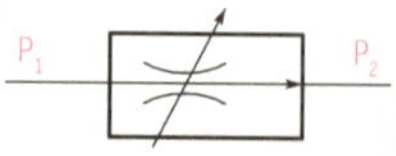	由减压阀和节流阀串联组成，可以使节流阀前后的压力差保持不变，一般用于运动速度要求平稳的场合

338

（四）液压辅助元件

液压辅助元件也是液压系统的基本组成之一。常用的液压辅助元件见表 9-3-12。

表 9-3-12　常用的液压辅助元件

元件名称	图形符号	实物图	功用
蓄能器	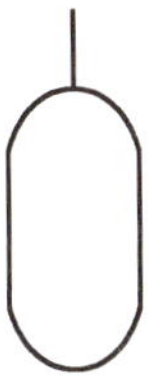		储存或释放油液的压力能，补偿泄漏，保持系统压力恒定，减小系统压力的脉动冲击
过滤器	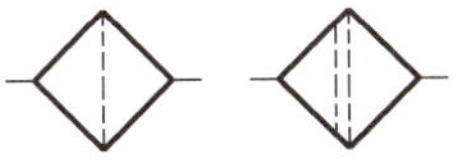 粗　　精	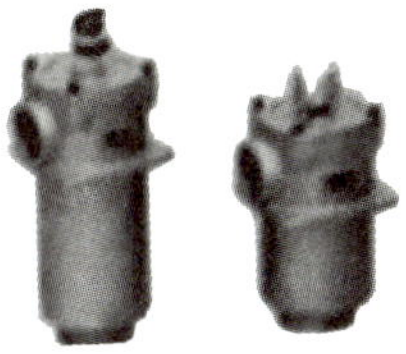	滤清油液中的杂质，保证系统管路畅通，使系统正常工作。分为粗过滤器和精过滤器
油箱			储油，散发油液中的热量，释放混在油液中的气体，沉淀油液中的杂质等

● 二、液压基本回路

液压传动系统不管多么复杂，都是由一些基本回路所组成的。液压基本回路见表 9-3-13。

表 9-3-13　液压基本回路

回路类型		回路原理图	说　明
方向控制回路	换向回路	换向回路 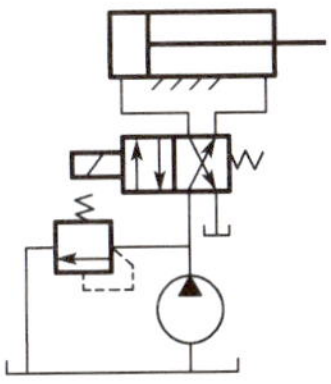	电磁铁得电，换向阀左位工作，活塞杆右移；反之，活塞杆左移。换向阀可用二位（或三位）、四通或五通；控制方式可人力、机械或电气
	闭锁回路	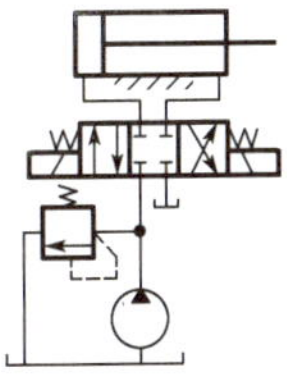	两电磁铁均失电时，液压缸的两工作油口被封闭，可实现执行元件在任意位置停止，防止其停止后的窜动。除 O 型机能外，还可用 M 型机能或液控单向阀实现闭锁回路

339

续表

回路类型		回路原理图	说　明
压力控制回路	压力调定回路		通过溢流阀调定系统的压力，系统中可安装多个不同调定值的溢流阀，实现系统的多级压力调定
	减压回路		通过减压阀使局部油路或个别执行元件得到比主系统低的压力
	增压回路		通过增压缸使局部油路或个别执行元件得到比主系统高的压力
	卸荷回路		卸荷回路可使液压泵输出的油液以最小的压力直接流回油箱，以减小泵的输出功率，减小系统发热，延长泵的使用寿命。可采用二位二通换向阀短接或滑阀的 M 型、K 型机能实现泵的卸荷
速度控制回路	进油路节流调速回路		节流阀装在执行元件的进油路上，调节节流阀，控制进入缸的流量。结构简单，但系统效率低，速度稳定性差，一般应用于功率较小、负载变化不大的液压传动系统中

续表

回路类型		回路原理图	说　明
速度控制回路	回油路节流调速回路 **回油路节流调速回路**	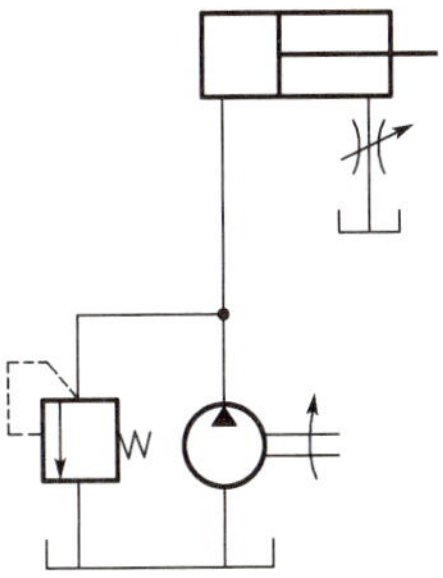	节流阀装在执行元件的回油路上，调节节流阀，控制进入缸的流量。运动的平稳性比进油节流调速回路好，广泛应用于功率不大、负载变化较大或运动平稳性要求较高的液压传动系统中
	旁油路节流调速回路 **旁油路节流调速回路**	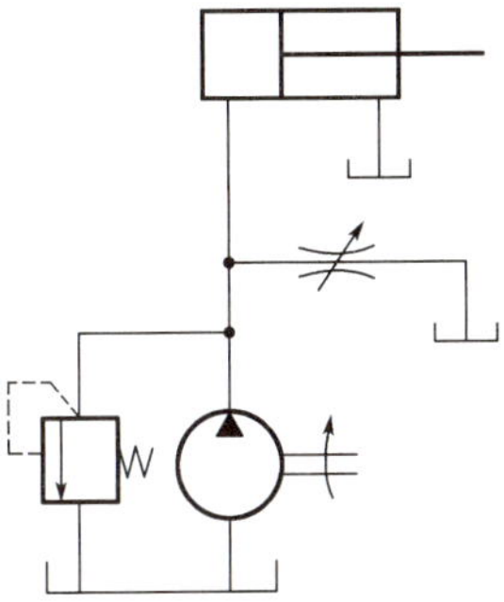	节流阀装在与执行元件并联的旁油路上，调节节流阀，控制进入缸的流量。效率较高，速度平稳性较差，仅用于高速、重载、对速度平稳性要求不高的场合
	容积调速回路	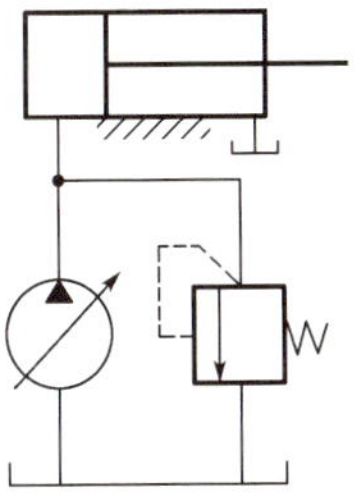	通过改变变量泵的排量，调节执行元件的运动速度。压力和流量损耗小，效率高，适用于功率较大的液压传动系统中
	容积、节流复合调速回路	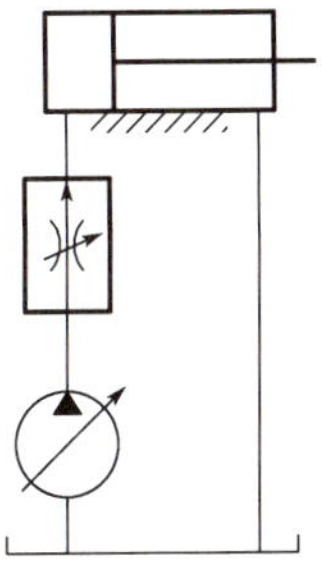	同时采用变量泵、调速阀调节执行元件的运动速度。效率高，发热量小，执行元件的运动速度基本不受负载变化的影响

续表

回路类型		回路原理图	说　明
压力控制回路	速度换接回路		采用流量阀短接，使执行元件实现快速与慢速的互换，也可采用调速阀的串、并联实现执行元件速度的互换
顺序动作回路	用压力控制的顺序动作回路		通过不同压力调定值的顺序阀或压力继电器控制执行元件实现"夹紧—工进—快退—松开"的动作顺序。普遍采用的是压力继电器控制；采用顺序阀的回路仅适用于液压缸数量不多、负载阻力变化不大的液压传动系统
	用行程控制的顺序动作回路		通过行程阀或行程开关控制执行元件的动作顺序。行程控制的回路工作可靠，但改变动作顺序较困难；行程开关控制的回路改变动作顺序和行程方便，但电气线路复杂，可靠性取决于电气元件的质量

三、液压传动系统图的识读

下面以 MJ-50 型数控车床的液压传动系统（见图 9-3-5）为例说明液压传动系统图的识读方法。

本设备中卡盘的松夹、刀架的正反转、刀架的松开与夹紧、尾座套筒的伸缩等动作均由液压传动系统实现。液压传动系统中各电磁阀的电磁铁动作由数控系统的 PC 控制实现。

下面对液压传动系统的动作回路进行分析。

工匠人物马文星

1. 卡盘的松夹

夹紧回路：

进油路：变量泵1—单向阀2—减压阀8—换向阀4左位（3YA 不得电）—换向阀3左位（1YA 得电，2YA 失电）—液压缸17右腔（活塞左移）。

回油路：液压缸17左腔—换向阀3左位—油箱。

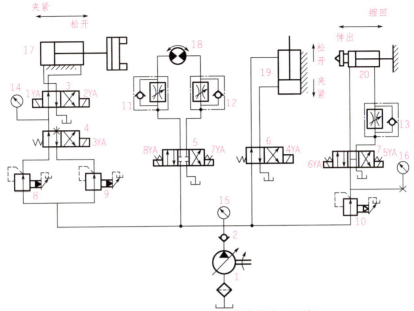

图 9-3-5　MJ-50 型数控车床的液压系统

1—单向变量泵；2—单向阀；3—二位四通电磁换向阀；4、6—二位四通电磁换向阀(单电磁铁)；5—三位四通电磁换向阀(O 型机能)；7—三位四通电磁换向阀(H 型机能)；8、9、10—先导型减压阀；11、12、13—单向调速阀；14、15、16—压力表；17—单出杆液压缸(卡盘松夹缸)；18—液压马达(刀架转位马达)；19—单出杆液压缸(刀架松夹缸)；20—单出杆液压缸(活塞杆固定，尾座套筒伸缩缸)

松开回路：

进油路：变量泵 1—单向阀 2—减压阀 8—换向阀 4 左位(3YA 不得电)—换向阀 3 右位(1YA 失电，2YA 得电)—液压缸 17 左腔(活塞右移)。

回油路：液压缸 17 右腔—换向阀 3 右位—油箱。

当卡盘处于高压夹紧状态时，夹紧力的大小由减压阀 8 来调整；当卡盘处于低压夹紧状态时，夹紧力的大小由减压阀 9 来调整(3YA 得电)，换向阀阀 4 右位工作。夹紧压力由压力表 14 来显示。

2. 刀架的松夹

刀架夹紧：

进油路：变量泵 1—单向阀 2—换向阀 6 左位(4YA 不得电)—液压缸 19 上腔(活塞下移)。

回油路：液压缸 19 下腔—换向阀 6 左位—油箱。

刀架松开：

进油路：变量泵 1—单向阀 2—换向阀 6 右位(4YA 得电)—液压缸 19 下腔(活塞上移)。

回油路：液压缸 19 上腔—换向阀 6 右位—油箱。

3. 刀架的回转

4YA 通电，刀架松开。

刀架正转：

进油路：变量泵 1—单向阀 2—换向阀 5 左位(8YA 得电，7YA 失电)—单向调速阀 11 中的节流阀—液压马达 18 的左腔(马达顺时针转)。

回油路：液压马达 18 的右腔—单向调速阀 12 中的单向阀—换向阀 5 左位—油箱。

343

刀架反转：

进油路：变量泵 1—单向阀 2—换向阀 5 右位(8YA 失电，7YA 得电)—单向调速阀 12 中的节流阀-液压马达 18 的右腔(马达逆时针转)。

回油路：液压马达 18 的左腔—单向调速阀 11 中的单向阀-换向阀 5 右位—油箱。

等刀架转到位后，4YA 断电，液压缸使刀架夹紧。

4. 尾座套筒的伸缩

套筒伸出：

进油路：变量泵 1—单向阀 2—减压阀 10—换向阀 7 左位(6YA 得电，5YA 失电)—液压缸 20 左腔(缸体左移)。

回油路：液压缸 20 右腔—单向调速阀 13 中的单向阀—换向阀 7 左位—油箱。

套筒缩回：

进油路：变量泵 1—单向阀 2—减压阀 10—换向阀 7 右位(6YA 失电，5YA 得电)—单向调速阀 13 中的调速阀—液压缸 20 右腔(缸体右移)。

回油路：液压缸 20 左腔—换向阀 7 右位—油箱。

知识梳理

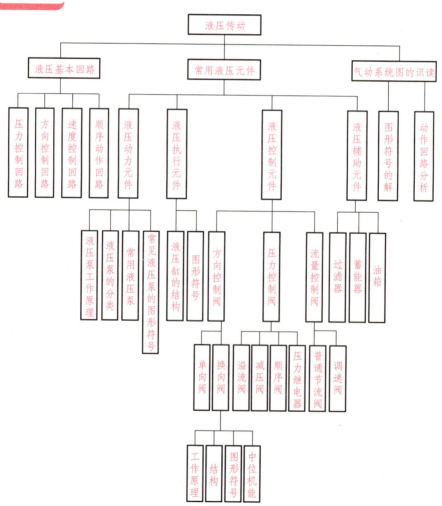

课题四 气动(液压)传动回路的搭建

学习目标

用气压与液压元件搭建简单常用回路。

课题导入

一台设备的液压传动系统不论多么复杂或简单,都是由一些液压基本回路组成的。所谓液压基本回路,就是由一些液压元件组成的、完成特定功能的油路结构。熟悉和掌握几种常用的基本回路是分析液压传动系统的基础。通过基本回路的学习与操作训练,以达到对液压传动系统的设计与调试的目的。

知识链接

一、气动控制回路的搭建

在操作实验台上找出相应的元件,搭建成图 9-4-1 所示的气动控制回路,要求活塞杆在手柄操纵下伸出,并能自动缩回到原位。

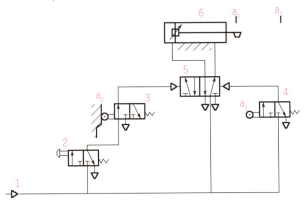

图 9-4-1 气动控制回路

1—空气压缩机;2—换向阀;3、4—行程阀;5—主控阀;6—气缸

工匠人物焦宗夏

1. 任务分析

图 9-4-1 所示的气动控制回路的工作过程如下:

(1)初始状态。压缩空气经主控阀 5 的右位进入气缸 6 的右腔,活塞杆缩回至左端,

并在 a_0 位置压下行程阀 3，行程阀 3 左位接入系统。

(2) 活塞杆伸出。先操纵换向阀 2 的手柄，使其左位接入系统工作，压缩空气使主控阀 5 的左位接入系统工作。

进气路：空气压缩机 1—主控阀 5 左位—气缸 6 左腔（活塞右移，活塞杆伸出）。

排气路：气缸 6 右腔—主控阀 5 左位—大气。

活塞杆伸出超过位置 a_0 时，行程阀 3 在弹簧力的作用下复位，右位接入系统工作，主控阀 5 左边的控制压缩空气断开。

(3) 活塞杆退回。活塞杆伸出至位置 a_1 时，将行程阀 4 压下，使其左位接入系统工作，压缩空气使主控阀 5 的右位接入系统工作。

进气路：空气压缩机 1—主控阀 5 右位—气缸 6 右腔（活塞左移，活塞杆缩回）。

排气路：气缸 6 左右腔—主控阀 5 右位—大气。

活塞杆收回时，行程阀 4 在弹簧力的作用下复位；退回至 a_0 位置时，又将行程阀 3 压下，等待下一轮动作。

2. 搭建气动控制回路时要遵循的操作规程

1) 熟悉实训设备（气源的开关、气压的调整、管路的连接等）的使用方法。
2) 检查所有气管是否有破损、老化，气管口是否平整。
3) 打开气源时，手握气源开关观察一段时间，防止因管路没接好被打出。
4) 打开气源，观察、记录回路运行情况，对设备使用中出现的问题进行分析和解决。
5) 完成操作后，及时关闭气源。

3. 设备及工具

气动综合实训台及配套工具。

4. 操作过程

(1) 搭建步骤。

1) 根据气动控制回路中的图形符号找出各气动元件（见表 9-4-1），并检查是否良好。

表 9-4-1 气动控制回路所用气动元件

序号	元件名称	图形符号	实物示意图	数量
1	双作用单活塞杆气缸			1
2	双气控二位五通换向阀			1

续表

序号	元件名称	图形符号	实物示意图	数量
3	机动二位三通换向阀			2
4	手动二位三通换向阀			1
5	三通接头			若干
6	气管			若干

2）在气压综合实训台上依次按照执行元件—主控阀—辅助控制阀—溢流阀的顺序，并遵循从上至下的原则，将元件有序地安装在安装板上并固定好，如图9-4-2所示。

3）根据回路图进行主气路、控制气路的连接和管路的连接，并固定好管路。

图9-4-2 气动元件的布局与固定

4）确认连接正确和可靠后，打开气源运行系统，根据气路图，调试回路，实现回路的功能。

（2）工艺要求。

1）元件安装要牢固，不能出现松动。

2）管路连接要可靠，气管插头要插入到底。

3）管路走向要合理，避免管路过度交叉。

5. 任务实施评价

搭建气动控制回路的评价标准见表9-4-2。

表 9-4-2　搭建气动控制回路的评价标准

序号	项目	评分标准	分值	自评	组评	师评	备注
1	元件安装	元件安装不牢固，扣 3 分/只	30				
		元件选用错误，扣 5 分/只					
		漏接、脱落、漏气，扣 2 分/处					
2	管路布置	布局不合理，扣 2 分/处	30				
		长度不合理，扣 2 分/根					
		没有绑扎或绑扎不到位，扣 2 分/处					
3	通气	通气不成功，扣 5 分/次	30				
		时间调试不正确，扣 3 分/处					
4	文明实训	没有条理地摆放工具、器件，扣 4 分	10				
		完成后没有及时清理工位，扣 6 分					
	合　　计		100				

二、液压控制回路的搭建

在操作实验台上找出相应的元件，搭建成图 9-4-3 所示的液压控制回路，要求活塞能精确停留在任意，且液压缸停止运动时，液压泵卸荷。

工匠人物杨华勇

1. 任务分析

图 9-4-3 所示的液压控制回路的工作过程如下：

（1）活塞杆伸出。将换向阀 5 的手柄操纵至左位，使其左位接入系统工作。

进油路：泵 2—换向阀 5 左位—缸 6 左腔（活塞右移，活塞杆伸出）。

回油路：缸 6 右腔—换向阀 5 左位—油箱。

（2）活塞杆退回。将换向阀 5 的手柄操纵至右位，使其右位接入系统工作。

进油路：泵 2—换向阀 5 右位—缸 6 右腔（活塞左移，活塞杆缩回）。

回油路：缸 6 左腔—换向阀 5 右位—油箱。

（3）活塞的任意位置停留。在活塞伸出或缩回的过程，随机将换向阀 5 的手柄操纵至中位，使活塞停留在任意位置。

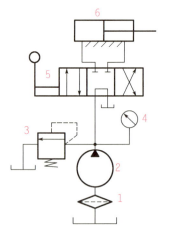

图 9-4-3　液压控制回路

2. 搭建液压控制回路时的操作规程

1）熟悉实训设备（液压泵、压力的调整、管路的连接等）的使用方法。

2）检查所有油管是否有破损、老化，速接管口是否完好以防脱落漏油。

3)打开液压泵时,观察一段时间,防止因管路没接好被打出或漏油。

4)打开液压缸,观察、记录回路运行情况,对设备使用中出现的问题进行分析和解决。

5)完成操作后,及时关闭液压泵电源。

3. 设备及工具

液压综合实训台及配套工具。

4. 操作过程

(1)搭建步骤。

1)根据液压控制回路中的图形符号找出各液压元件(见表9-4-3),并检查型号是否正确,性能是否良好。

表 9-4-3　液压控制回路所用液压元件

序号	元件名称	图形符号	实物示意图	数量
1	双作用单活塞杆液压缸			1
2	手动三位四通换向阀			1
3	直动式溢流阀			1
4	压力表			1
5	三通接头			若干

续表

序号	元件名称	图形符号	实物示意图	数量
6	油管	——————	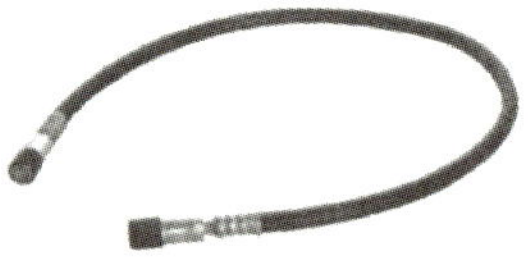	若干

2）在液压综合实训台上依次按照执行元件—主控阀—辅助控制阀—溢流阀的顺序，并遵循从上至下的原则，将元件有序的安装在安装板上并固定好，如图9-4-4所示。

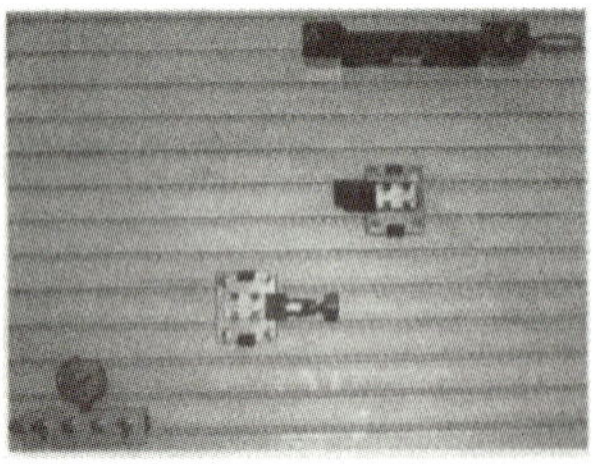

3）根据回路图进行管路连接，并固定好管路。在连接液压元件时，要注意查看每个元件各油口的标号。

图 9-4-4 液压元件的布局与固定

4）确认连接正确和可靠后，启动油泵运行系统，根据图9-4-3，观察液压缸在运动中和运动终了后的变化；调试回路实现状态功能，操纵手动阀，观察液压缸伸出和缩回的情况。

5）停止泵的运转，关闭电源，拆卸管路，整理元件并放回原来位置。

（2）工艺要求。

1）元件安装要牢固，不能出现松动。

2）管路连接要可靠，油管接口接入要牢固。

3）管路走向要合理，避免管路过度交叉。

5. 任务实施评价

搭建液压控制回路的评价标准见表9-4-4。

表 9-4-4 搭建液压控制回路的评价标准

序号	项目	评分标准	分值	自评	组评	师评	备注
1	元件安装	元件安装不牢固，扣3分/只	30				
		元件选用错误，扣5分/只					
		漏接、脱落、漏油，扣2分/处					
2	管路布局	布局不合理，扣2分/处	30				
		长度不合理，扣2分/根					
3	通油	油路不成功，扣5分/次	30				
		时间调试不正确，扣3分/处					
4	文明实训	没有条理地摆放工具、器件，扣2分	10				
		完成后没有及时清理工位，扣3分					
		合　　计	100				

课题四　气动(液压)传动回路的搭建

知识梳理

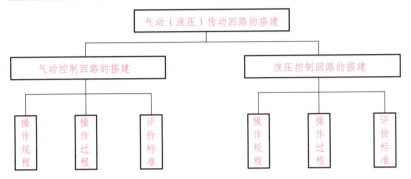

工匠人物曾广商

单元十 机械基础综合实践

本单元是综合实践性环节,通过对平口钳、齿轮泵、CA6140型车床床头箱等典型机械的拆装、调试、分析,了解分析机械组成的方法,了解机械各部分的作用,培养分析机械的能力,是对学生进行机械基础综合能力训练的重要环节,也是实现本课程教学目标的关键性环节。

课题一 平口钳的拆装

学习目标

1. 了解平口钳的结构和主要零部件;
2. 熟悉平口钳的夹紧原理;
3. 会正确使用相应的拆装工具;
4. 能正确进行平口钳的拆卸和装配。

平口钳装配和运动仿真

课题导入

平口钳又名机用台虎钳,是一种通用夹具,常用于安装小型工件。它是铣床、钻床的随机附件。将其固定在机床工作台上,用来装夹工件进行切削加工,如图10-1-1所示。通过平口钳的拆装,可以了解平口钳的结构和主要零部件,熟悉平口钳装夹工件的原理,增强对机械零件的认识。

图10-1-1 平口钳

一、平口钳的基本知识

1. 平口钳的工作原理

用扳手转动丝杠，通过丝杠螺母带动活动钳身移动，形成对工件的夹紧与松开。被夹工件的尺寸不得超过 70 mm。

2. 平口钳的结构

平口钳的装配结构是可拆卸的螺纹连接和销连接。活动钳身的直线运动是由螺旋运动转变的，工作表面是螺旋副、导轨副及间隙配合的轴和孔的摩擦面。由图 10-1-1 可见，平口钳组成简练，结构紧凑。

3. 平口钳装夹工件的注意事项

1) 工件的被加工面必须高出钳口，否则就要用平行垫铁垫高工件。

2) 为了能装夹得牢固，防止加工时工件松动，必须把比较干整的平面贴紧在垫铁和钳口上。要使工件贴紧在垫铁上，应该一面夹紧，一面用手锤轻击工件的表面，光洁的平面要用铜棒进行敲击，以防止敲伤光洁表面。

4. 平口钳的特点

1) 为了不使钳口损坏和保持已加工表面，夹紧工件时在钳口处垫上铜片。用手挪动垫铁以检查夹紧程度，如有松动，说明工件与垫铁之间贴合不好，应该松开平口钳重新夹紧。

2) 刚性不足的工件需要支实，以免夹紧力过大使工件变形。

二、拆卸平口钳

根据图 10-1-2 所示的平口钳装配图，合理选用拆卸工具，正确拆卸平口钳。

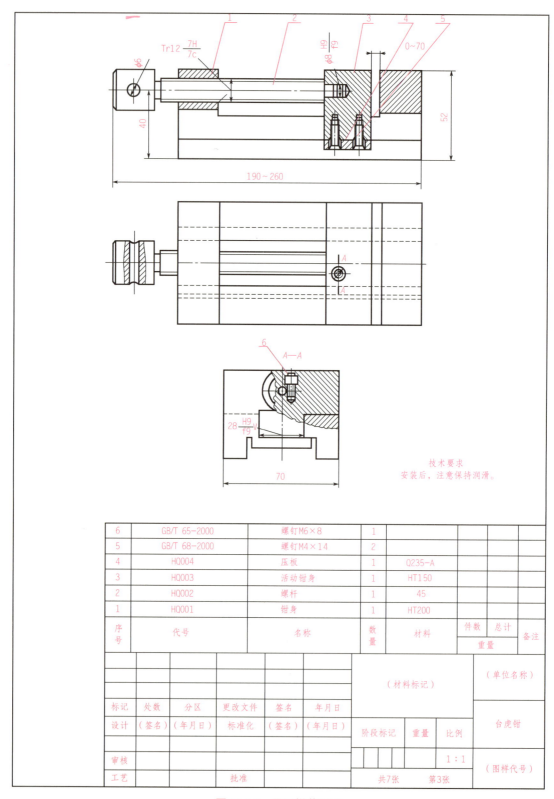

图 10-1-2 平口钳装配图

1. 拆卸平口钳的常用工具

拆卸平口钳的常用工具见表 10-1-1。

表 10-1-1 拆卸平口钳的常用工具

工具名称	实物示意图
螺钉旋具	
锤子	
内六角扳手	

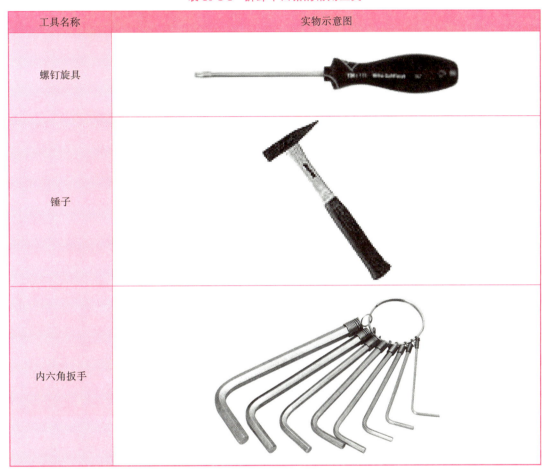

2. 平口钳拆卸步骤

平口钳的拆卸步骤见表 10-1-2。

表 10-1-2 平口钳的拆卸步骤

步骤	操作内容	操作示意图
第一步	准备工作：准备好拆卸所需的工具和平口钳，整理好工作环境	

续表

步骤	操作内容	操作示意图
第二步	拆卸压板：将平口钳立起，用内六角扳手拧松两个压板螺钉后，取下压板	
第三步	拆卸活动钳身：将平口钳平放，逆时针转动螺杆至其退出活动钳身，取出活动钳身	
第四步	拆卸螺杆：逆时针转动螺杆至其退出钳身	

续表

步骤	操作内容	操作示意图
第五步	清理：用代用巾、毛刷对拆卸下的零部件进行清理	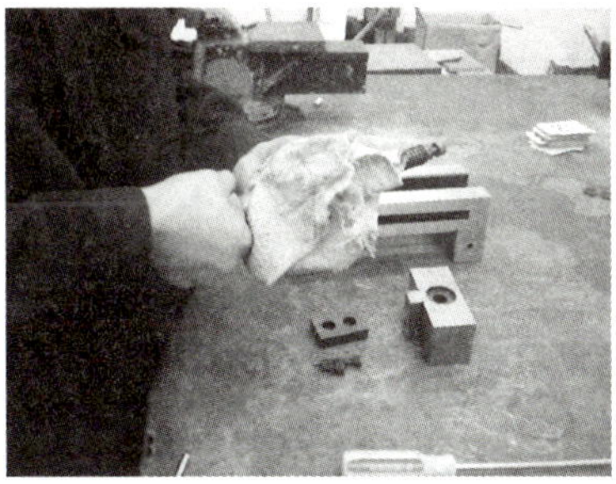 
第六步	拆卸完成：正确标记各零件，并按顺序摆放好零部件及工具	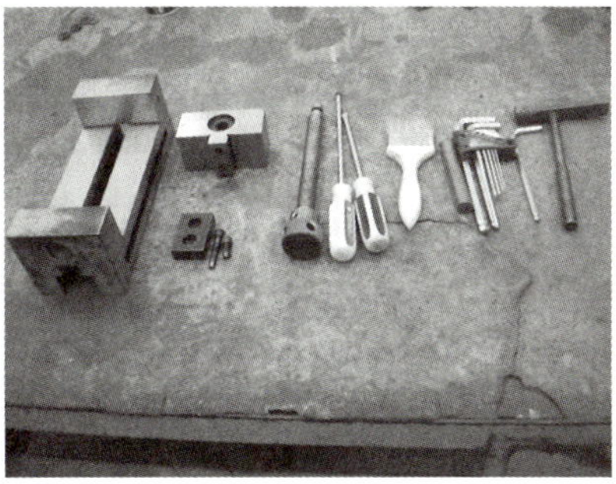

拆卸平口钳的评价标准见表10-1-3。

表10-1-3 拆卸平口钳的评价标准

评价项目	评价指标	分值	评价方式		
			自检	互检	专检
操作内容检测	合理选择拆卸工具	20			
	正确使用拆卸工具	30			
	正确标记各零部件	20			
	清理各零部件	10			
职业素养	安全文明生产	20			
合计		100			
综合评价					

三、装配平口钳

平口钳的装配步骤见表 10-1-4。

表 10-1-4 平口钳的装配步骤

步骤	操作内容	操作示意图
第一步	准备工作： （1）完成钳身及活动钳身的刮、研工作，达到规定要求。 （2）准备好装配所需的工具，清洗好所要装配的零部件，并整理好工作现场	
第二步	用锉刀去除螺杆上的毛刺	
第三步	在螺杆和钳身的螺母上涂上润滑油	
第四步	在固定钳身上顺时针旋转装入螺杆	

续表

步骤	操作内容	操作示意图
第五步	用锉刀去除活动钳身上的毛刺	
第六步	将固定钳身立起，装入活动钳身	
第七步	用塞尺检测活动钳身与固定钳身间的配合间隙，修配调整至要求	
第八步	装上压板，并分几次逐步拧紧两个螺钉，转动螺杆无阻滞感，轴向窜动适当	

续表

步骤	操作内容	操作示意图
第八步	装上压板，并分几次逐步拧紧两个螺钉，转动螺杆无阻滞感，轴向窜动适当	
第九步	完成装配，清理场地	

装配平口钳的评价标准见表10-1-5。

表10-1-5 装配平口钳的评价标准

序号	项目	评分标准	分值	自评	组评	师评	备注
1	操作内容检测	合理选择装配工具	20				
		正确使用装配工具	30				
		装配工艺合理	30				
2	职业素养	安全文明生产	20				
		合　　计	100				

知识梳理

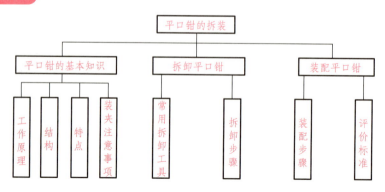

课题二　齿轮泵的拆装

学习目标

1. 通过齿轮泵的拆卸，了解齿轮泵的结构、工作原理及主要零部件；
2. 掌握齿轮泵的拆卸过程；
3. 通过齿轮泵的装配，掌握齿轮泵的组装过程。

课题导入

齿轮泵的拆装是拆装技术过程中比较典型的一项综合练习。通过齿轮泵拆装，能学会合理选用工具进行齿轮泵的拆卸与装配，并认识齿轮泵的结构及其工作性能，掌握齿轮泵的结构特点，了解齿轮泵的工作原理。

知识链接

一、齿轮泵简介

1. 齿轮泵的工作原理

齿轮泵(见图 10-2-1)的最基本形式是两个尺寸相同、相互啮合的齿轮，装在一个紧密配合的内部类似"8"字形壳体(见图 10-2-2)内，齿轮的外径、两侧与壳体紧密配合，液体从吸入口进入两个齿轮中间，并充满这一空间，随着齿轮的啮合旋转沿壳体运动，至出油口排出。

齿轮泵的工作原理

图 10-2-1　齿轮泵

图 10-2-2　齿轮泵壳体

2. 齿轮泵的用途

齿轮泵用于输送黏性较大的液体，如润滑油和燃烧油，不宜输送黏性较低的液体(如水和汽油等），不宜输送含有颗粒杂质的液体，可作为润滑系统油泵和液压系统油泵，广泛用于发动机、汽轮机、离心压缩机、机床以及其他设备。

3. 外啮合齿轮泵的结构

外啮合齿轮泵的结构如图 10-2-3 所示。

图 10-2-3　外啮合齿轮泵的结构

二、拆卸齿轮泵

1. 拆卸齿轮泵的注意事项

1）预先准备好拆卸工具。
2）螺钉要对称松卸。
3）拆卸时应注意做好记号。
4）注意不要碰伤或损坏零件和轴承等。
5）紧固件应借助专用工具拆卸，不得任意敲打。
6）拆卸前，要切断电动机电源，并在电气控制箱上设置"设备检修，严禁合闸"的警告牌；关闭管路上吸、排截止阀；旋开排出口上的螺塞，将管系及泵内的油液放出，然后拆下吸、排管路。

齿轮泵拆装与维护

2. 拆卸齿轮泵的步骤

拆卸齿轮泵的步骤见表 10-2-1。

表 10-2-1　拆卸齿轮泵的步骤

操作步骤及说明	操作方法图示	所用工具
拆螺钉：用内六角扳手将输出轴侧的端盖螺钉拧松（拧松之前在端盖与本体的结合处做上记号），并取出螺钉		内六角扳手
拆端盖：用螺钉旋具轻轻沿端盖与本体的结合面处将端盖撬松，注意不要撬太深，以免划伤密封面，因密封主要是靠两密封面的加工精度及泵体密封面上的卸油槽来实现的		铜棒、一字旋具

续表

操作步骤及说明	操作方法图示	所用工具
拆垫片		
拆压盖螺母		活扳手
拆填料压盖		
拆锁紧螺母		勾头扳手
拆主动轴,在齿轮上做好相应记号		铜棒
拆主动齿轮		铜棒、台虎钳
拆从动轴,在齿轮上做好相应记号		铜棒

续表

操作步骤及说明	操作方法图示	所用工具
拆从动齿轮	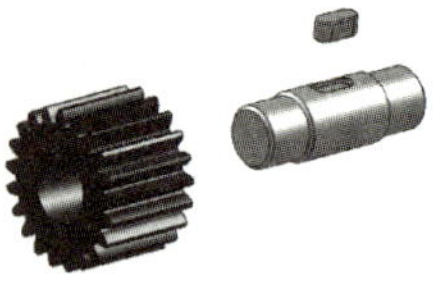	铜棒、台虎钳
拆填料		
用煤油或轻柴油将拆下的所有零部件进行清洗并放于容器内妥善保管，以备检查和测量		

3. 拆卸齿轮泵的检测评价

拆卸齿轮泵的评价标准见表10-2-2。

表10-2-2 拆卸齿轮泵的评价标准

评价项目	评价内容	分值	测评方式		
			自检	互检	专检
任务检测	合理选择拆卸工具	10			
	正确使用拆卸工具	30			
	正确标记	20			
	零部件清理	20			
职业素养	安全文明生产	20			
	合计	100			
综合评价					

三、组装齿轮泵

1. 组装齿轮泵的步骤

组装齿轮泵的步骤见表10-2-3。

表 10-2-3　组装齿轮泵的步骤

操作步骤及说明	操作方法图示	所用工具
准备工作：准备装配用的工具、材料等；修整去掉各部位毛刺，用油石修磨，齿端部不许倒角，然后认真清洗各零件		
检测各零件：应保证齿轮宽度小于泵体厚度 0.02 mm，装配后的齿顶圆与泵体弧面间隙应在 0.13～0.16 mm		
组装从动轴		铜棒、台虎钳
组装主动轴		铜棒、台虎钳
装配主、从动轴		铜棒、台虎钳
装垫片	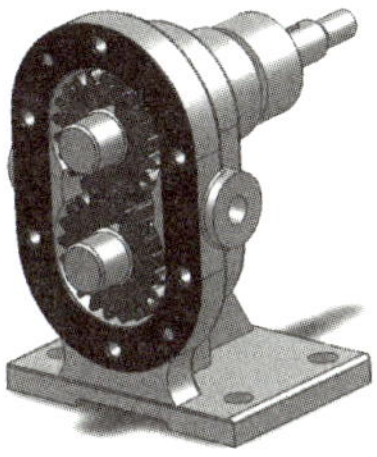	
装端盖：泵体与端盖配合接触面间不加任何密封垫		
装螺钉		内六角扳手

续表

操作步骤及说明	操作方法图示	所用工具
装填料、填料压盖、螺母、压盖螺母：各零件装配后插入定位销，然后对角交叉，用均匀力紧固各螺钉		勾头扳手、活扳手、一字旋具
调试：齿轮泵装配后用手转动输入轴，应转动灵活，无阻滞现象		

2. 组装齿轮泵的检测评价

组装齿轮泵的评价标准见表 10-2-4 所示。

表 10-2-4　组装某型号的齿轮泵评价标准

序号	项目	评分标准	分值	自评	组评	师评	备注
1	任务检测	合理选择装配工具	20				
		正确使用装配工具	30				
		装配工艺合理	30				
2	职业素养	安全文明生产	20				
	合　计		100				

知识梳理

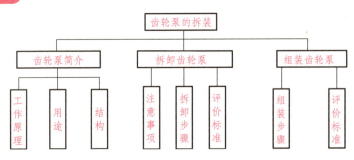

课题三　CA6140型车床床头箱的拆装

学习目标

1. 了解床头箱的传动结构、传动顺序及作用；
2. 能够在规定时间内完成床头箱的拆装；
3. 熟练装配操作方法，合理使用工具。

课题导入

CA6140型车床(见图10-3-1)是回转体零件加工的通用设备，通过对CA6140型车床床头箱的拆卸与装配，可深层次掌握普通车床的床头箱的传动结构、传动顺序及作用，提高车床机械部分拆装调试的技能，为将来从事机床的维护与调整打下良好的基础，同时提高协作完成任务的综合素质。

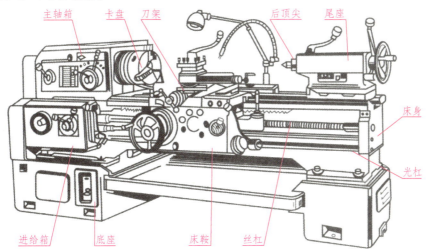

图10-3-1　CA6140型车床

知识链接

一、床头箱的传动系统

CA6140型车床床头箱的展开图如图10-3-2所示。

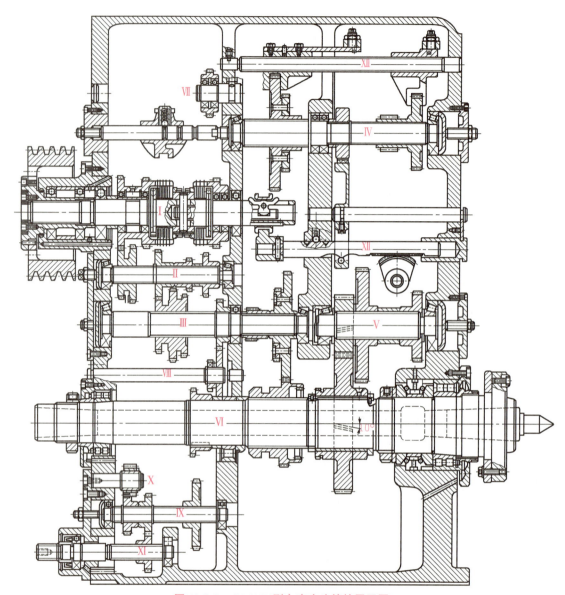

图 10-3-2　CA6140 型车床床头箱的展开图

二、安全操作规程

1) 拆卸机床前应首先检查电源是否断开。
2) 拆卸床头箱零部件前必须首先拆卸床头箱箱盖。
3) 严禁用铁锤(器)直接击打零部件。
4) 拆卸较重要零部件时需用龙门吊架。起重时，应检查吊索有无损坏，注意吊装平稳，吊钩下严禁站人。
5) 拆下的零部件要经清洗后放在配件箱内的配件架上。

6）装配前检查各零部件是否清洗干净。
7）严格遵照安全操作规程装配。

三、拆卸所需工具及材料

1. 拆装工具

33件套筒扳手、5.5~32开口扳手、活扳手、一字形和十字形螺钉旋具、内六角扳手、单头钩形扳手、内外卡簧钳、锤子、拔销器、拉力器、三爪铰链式拉卸工具、销子冲、1.5 m撬杆、三角刮刀、大小铝棒（或纯铜棒）、垫铁、龙门吊架、专用工具等。

2. 检验工具

游标卡尺、外径千分尺、百分表、磁力表架、内径百分表、杠杆百分表、可调V形铁、V形铁、7∶24检验棒、方箱、钢珠、检验车床、检验平板。

3. 材料

清洗用油槽、清洗用油或清洗剂、棉纱、润滑油、油布、铜皮、毛刷。

四、CA6140型车床床头箱的拆卸

CA6140型车床床头箱的拆卸步骤见表10-3-1。

表10-3-1　CA6140型车床床头箱的拆卸步骤

序号	拆卸步骤	主要操作内容
1	准备工作	放完床头箱中机油
		松开带轮上的固定螺母，用三爪铰链式拉卸工具拆下带轮
		拆下主轴箱盖
2	拆润滑机构和变速操纵机构	松开各油管螺母
		拆下过滤器
		拆下单相油泵
		拆下变速操纵机构
3	拆卸Ⅰ轴	松开正车摩擦片
		松开箱体轴承座固定螺钉
		用专用顶丝将轴承座连同Ⅰ轴一起拆出
		将Ⅰ轴竖直放在木板上，拆下轴承座与轴承
		用销子冲拆下元宝键上的销子，取出元宝键和轴套
		拆下另一端的轴承、反车离合器
		拆除花键一端轴套、双联齿轮、锁片和正车摩擦片
		松开正反车调整螺母，用冲子冲出销子，取出拉杆
		竖起轴，用铝棒将滑套和调整螺母卸下

续表

序号	拆卸步骤	主要操作内容
4	拆卸Ⅱ轴	先拆下压盖，后拆下轴上卡环
		用拔销器拆卸Ⅱ轴
		取出Ⅱ轴零件与齿轮
5	拆卸Ⅳ轴的拨叉轴	松开拨叉固定螺母
		用拔销器拔出定位销子
		松开轴上的固定螺钉
		用铝棒敲出拨叉轴
		将拨叉和各零件拿出
6	拆卸Ⅳ轴	松开制动钢带
		松开压盖螺钉，拆下调整螺母
		用拔销器拔出前盖，再拆下后端端盖
		拆下左端拨叉机构紧固螺母，取出螺孔中的定位钢珠和弹簧
		用铝棒冲击拆下拨叉轴、拨叉、轴承
		拆下两端卡环，拆下Ⅳ轴
7	拆卸Ⅲ轴	用拔销器直接取出Ⅲ轴，再取出各零件
8	拆卸Ⅵ轴	拆下后端轴承盖，松开顶丝，拆下后螺母
		拆下前法兰盘
		在主轴前端装上拉力器，将轴上的卡环取出后，将主轴零件一一取出
9	拆卸Ⅴ轴	拆下Ⅴ轴前端盖，再取出油盖
		用铝棒将Ⅴ轴从前端敲出
		拆下Ⅴ轴上各零件
10	拆卸正常螺距机构	用销子冲拆下手柄销子，拆下前手柄
		用螺钉旋具拆下后手柄顶丝，拆下后手柄
		取出箱体中的拨叉
11	拆卸增大螺距机构	用销子冲拆下手柄销子，拆下手柄
		拆下手柄轴
		拆下轴和拨叉
12	拆卸主轴变速机构	拆下变速手柄冲子，用螺钉旋具松开顶丝，拆下手柄
		卸下变速盘上的螺钉，拆下变速盘
		拆下螺钉，取出压板，拆下顶端齿轮
13	拆卸Ⅶ轴	拆下Ⅶ轴上的挂轮箱及各齿轮
		拧松Ⅶ轴紧固螺钉
		用铝棒冲出Ⅶ轴
		拆下Ⅶ轴上各零件
14	拆卸轴承外环	拧下螺钉，拆下主轴后轴承
		依次取出各轴承外环

续表

序号	拆卸步骤	主要操作内容
15	拆下主轴箱中其他零件	拆下主轴拨叉和拨叉轴
		拆下制动带
		拆下扇形齿轮
		拆下轴前定位片和定位套
		拆下离合器拨叉轴
		拆下正反车变向齿轮
16	清洗零件	粗洗各零部件
		精洗各零部件
		清洗主轴箱各部位

CA6140型车床床头箱拆卸的评价标准见表10-3-2。

表10-3-2　CA6140型车床床头箱拆卸评价标准

序号	项目	评分标准	分值	自评	组评	师评	备注
1	拆卸顺序	不按顺序操作全扣	10				
2	被拆卸零件有无人为损伤	有一处损伤扣3分	10				
3	卸下零部件的摆放	摆放不正确全扣	10				
4	测量方法	方法不正确全扣	10				
5	测量精度	方法不正确全扣	10				
6	装拆、测量要点答辩	错一项扣5分	40				
7	严格遵守安全操作规程	违反安全规程全扣	10				
	合计		100				

五、CA6140型车床床头箱的装配

CA6140型车床床头箱的装配步骤见表10-3-3。

表10-3-3　CA6140型车床床头箱的装配步骤

序号	装配步骤	主要操作内容
1	Ⅰ轴的组装	在滑套内孔的花键槽上涂润滑油，将滑套套上Ⅰ轴，装上调整螺母
		将拉杆穿入Ⅰ轴轴孔中，用销子将滑套定位
		用螺母刀将调整螺母调紧
		将Ⅰ轴竖直，依次安装元宝键一端的反车摩擦片、锁片、垫片
		在轴上涂润滑油，装上齿轮滑套，并将摩擦片嵌入相应的缺口中
		依次装上隔环、向心球轴承、两半圆套筒、凸轮、平键、元宝键，按动元宝键，滑套滑动应自如
		将轴反向竖起，依次安装正车摩擦片、锁片、垫片、齿轮滑套、轴套
		按动元宝键，滑套的行程不小于2 mm，否则需进行调整

续表

序号	装配步骤	主要操作内容
2	安装轴承外环	在箱体内分别装上Ⅱ、Ⅲ、Ⅳ、Ⅴ轴承外环
3	安装Ⅶ轴	从箱体左侧，将Ⅶ轴穿入箱体
		依次装上中间轴承、卡簧、滑移齿轮、右端轴承、端盖、调整螺钉
4	安装变向齿轮轴	将变向齿轮轴从箱体后端穿入轴承孔
		装上变向齿轮，将轴安装到位，拧紧顶丝
5	安装离合器操纵机构	将齿条轴从箱体前端穿入轴承孔，装上顶珠、弹簧，拧上调整螺钉
		装上扇形齿轮，拧紧紧固螺钉
		装上轴套，将定位片用螺钉固定好
		分别将两个拨叉装到对应位置，并用顶丝定位
6	安装增大螺距手柄	将手柄轴从轴承孔中穿入主轴箱
		将拨叉轴套入轴端，将调整手柄轴对准安装孔，用铝棒敲击轴进入安装孔
		装上端盖、操纵手柄，打上定位销
7	安装正常螺距手柄	将滑块和手柄轴装好，由箱体内穿出
		调整Ⅶ轴上滑移齿轮位置，使滑块与齿轮滑块槽接合好
		安装里面的手柄，拧紧顶丝、装上顶珠
		调整螺钉，使手柄转动灵活，定位可靠
		安装外边手柄，用销子定位，并将顶珠调整合适
8	安装主轴变速操纵机构	将手柄轴穿入箱体，在轴端装上齿轮，装上压盖，调整齿轮至合适位置，拧紧定位螺钉
		将变速盘与手柄装在一起，再装到轴上，用销子固定，再装上读数指示框
9	安装Ⅴ轴	装上里端轴承
		将装好前端轴承的Ⅴ轴由轴承孔穿入箱体
		依次装上小齿轮、轴套、大齿轮、斜齿轮、轴套，并将轴对准里端轴承孔
		装外端轴承外环，装好Ⅴ轴，装好油盖、端盖
		调整好轴承间隙，使Ⅴ轴转动灵活
10	安装主轴变速拨叉轴	将拨叉轴由箱体后部穿入，套上拨叉后，对准安装孔装好，并用挡铁定位，拧紧螺钉
11	安装Ⅱ轴	安装好里端的轴承
		将Ⅱ轴从箱体后部轴承孔中穿入，依次装上双联滑移齿轮1、拨叉、双联滑移齿轮2、轴套、齿轮
		将轴装到位，装好外端轴承
12	安装Ⅲ轴	分别装好里端轴承和中间轴承
		将装好外端轴承的Ⅲ轴从轴承孔中穿入，依次装上三联齿轮、卡簧、斜齿轮、小直齿轮、大直齿轮
		分别装好Ⅱ、Ⅲ轴的油盖、端盖，调整好轴承间隙至合适
13	安装Ⅳ轴	将Ⅳ轴由箱体前端穿入箱体，穿过中间轴承孔后，套上双联齿轮
		依次装上中间轴承、卡簧、制动环、卡簧、双联滑移齿轮
		装上前轴承，将轴安装到位后，装好左端轴承

续表

序号	装配步骤	主要操作内容
14	安装Ⅲ轴的拨叉轴和拨叉	安装拨叉轴一端的轴套，放入拨叉，使拨叉放入Ⅲ轴齿轮的拨叉槽中
		穿入拨叉轴，安装在轴套中
		装上箱体外的堵盖，调整好拨叉间隙，拧入并固定好拨叉顶丝
		调整Ⅳ轴的轴承间隙
		安装好制动带，并大致调整
15	安装Ⅳ轴的拨叉轴和拨叉	分别将两个拨叉卡在两个大齿轮上
		将拨叉轴从前端穿入，穿过第二个拨叉后，装上摇杆，再装入轴承中
		在箱体上装入销子，对摇杆进行定位
		分别装上左、右拨叉的定位钢珠，并调整至合适位置
16	安装主轴	先将前轴承装上主轴，再套上挡圈、轴套，再装上双向推力球轴承，装上调节螺母
		擦干净主轴承孔，装入卡簧及前轴承外圈
		装上后端轴承，装上压环、压盖，拧紧螺钉
		从主轴后部穿入铁棒，将零件按安装顺序一一套上铁棒，再将铁棒穿入，通过中间隔墙后套上中间滑移齿轮，调整螺母、轴套、大斜齿轮
		将主轴由前轴承孔中穿入箱体，并逐个将各个零件套上，并安装到位
		在主轴箱后端装上拉力器进行主轴安装，至前轴承全部进入轴承孔后，拆下拉具
		装上前轴承端盖，拧紧螺钉
		装上后轴承螺母
17	安装Ⅰ轴	将滑环装在拨叉轴上（键槽向上）
		将Ⅰ轴元宝键向上穿入，从箱体后端和拨叉轴的滑环配合好
		将Ⅰ轴装配到位
		装上后轴承、轴承座、带轮
18	安装好挂轮箱	
19	安装主轴变速操纵机构	调整主轴变速齿轮到最高或最低转速位置
		将变速操纵机构装入箱体内，紧固好
20	安装油泵和过滤器	
21	装上床头箱盖	

CA6140型车床床头箱的装配评价标准见表10-3-4。

表10-3-4　CA6140型车床床头箱的装配评价标准

序号	项目	考核要求	评分标准	分值	自评	组评	师评	备注
1	准备工作	准备工作充分，无遗漏	准备工作不充分，有遗漏，影响操作连续进行，每出现1次扣1分	5				

续表

序号	项目	考核要求	评分标准	分值	自评	组评	师评	备注
2	检验主轴的轴向窜动	允许误差不大于 0.015 mm	每超差 0.005 mm 扣 2 分	15				
3	检验主轴轴肩支承面的跳动	允许误差不大于 0.015 mm	每超差 0.005 mm 扣 2 分	15				
4	检验主轴定心轴颈径向跳动	允许误差不大于 0.01 mm	每超差 0.005 mm 扣 2 分	15				
5	检验操纵、制动部分	操作灵活可靠，定位准确，主轴在 300 r/min 速度下制动不超过 3 转	手柄转动不灵活，不可靠，定位不准确，扣 1 分；制动每超过 2 转扣 2 分	20				
6	装配与调整的方法	装配与调整方法正确、熟练	操作方法不正确，反复拆装，任意敲击零件，调整方法不正确，每有 1 次扣 1 分	25				
7	工具、量具的使用	合理使用工具、量具	使用工具、量具不合理，操作方法不正确，每出现 1 次扣 1 分	5				
8	安全文明生产	符合安全操作规程，工作现场整洁	违反安全操作规程，每有 1 次扣 1 分；工作现场混乱扣 1 分	5				
合计			100					

知识梳理

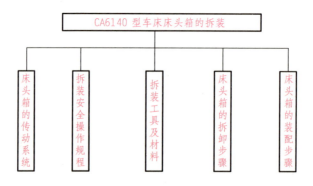

374

参 考 文 献

[1] 胡家秀. 机械基础(多学时)(第2版)[M]. 北京:机械工业出版社,2018.
[2] 王英杰. 机械基础[M]. 北京:机械工业出版社,2018.
[3] 栾学钢,赵玉奇,陈少斌. 机械基础:多学时[M]. 北京:高等教育出版社,2010.
[4] 刘京华. 机械基础:多学时[M]. 北京:中国劳动社会保障出版社,2010.
[5] 牟志华,张海军. 液压与气动技术[M]. 北京:中国铁道出版社,2010.
[6] 胡海青. 气压与液压传动控制技术基本常识[M]. 北京:高等教育出版社,2005.
[7] 马成荣. 机械基础:少学时[M]. 北京:人民邮电出版社,2010.
[8] 柴鹏飞,黄正轴. 机械基础:少学时[M]. 北京:机械工业出版社,2011.
[9] 王庆海. 机械基础:少学时[M]. 北京:电子工业出版社,2010.
[10] 张国军,彭磊. 钳工技术及技能训练[M]. 北京:北京理工大学出版社,2012.
[11] 李煜. 钳工技能训练(中级工)[M]. 西安:陕西师范大学出版社,2007.
[12] 张国军. 机械制造技术实训指导[M]. 2版. 北京:电子工业出版社,2012.
[13] 张国军,王余扣. 气动与液压控制技术项目训练教程[M]. 北京:高等教育出版社,2015.
[14] 张国军,杨羊. 机电设备装调工艺与技术(机械分册)[M]. 北京:北京理工大学出版社,2012.
[15] 张国军,胡剑. 机电设备装调训练与考级[M]. 北京:北京理工大学出版社,2012.
[16] 王英杰. 金属工艺学[M]. 北京:高等教育出版社,2003.